天线测量新技术与工程应用

万继响　刘灵鸽　赵　兵
张启涛　雷　娟　丁　伟　著

西北工業大學出版社
西　安

【内容简介】 本书结合天线测量的工程实践，不仅介绍了天线测量的基础理论，论述了远场测量，紧缩场测量，各类近场测量的发展历史、测量原理、系统组成等，还针对新型复杂天线对高效、高精度测量的需求，介绍了近年来出现的天线新型测量技术，并首次对星载天线在轨测量技术进行了系统描述。本书是西安空间无线电技术研究所相关专业人员几十年从事天线测量工作的技术成果和过程经验的总结，具有专业特点鲜明、与工程实践结合紧密等特点。

本书的主要读者对象为从事天线测量的工程技术人员，也可供高等学校相关专业师生参考。

图书在版编目(CIP)数据

天线测量新技术与工程应用 / 万继响等著. —西安：西北工业大学出版社，2023.7

ISBN 978-7-5612-8828-3

Ⅰ. ①天… Ⅱ. ①万… Ⅲ. ①微波天线-测量技术 Ⅳ. ①TN822

中国国家版本馆 CIP 数据核字(2023)第 122045 号

TIANXIAN CELIANG XINJISHU YU GONGCHENG YINGYONG

天线测量新技术与工程应用

万继响 刘灵鸽 赵兵 张启涛 雷娟 丁伟 著

责任编辑：朱晓娟　　**策划编辑**：张　晖
责任校对：季苏平　　**装帧设计**：董晓伟
出版发行：西北工业大学出版社
通信地址：西安市友谊西路 127 号　　邮编：710072
电　　话：(029)88493844，88491757
网　　址：www.nwpup.com
印 刷 者：陕西瑞升印务有限公司
开　　本：787 mm×1 092 mm　　1/16
印　　张：12.75
字　　数：318 千字
版　　次：2023 年 7 月第 1 版　　2023 年 7 月第 1 次印刷
书　　号：ISBN ISBN 978-7-5612-8828-3
定　　价：78.00 元

前　言

天线是无线电设备中用来发射或接收电磁波的设备，天线测量的任务是采用实验的方法测定和检验天线的参数，验证理论分析和计算是否正确，判定即将交付使用的天线是否合格。

天线有多种类型，星载天线的主要类型有喇叭天线、反射面天线、相控阵天线等。西安空间无线电技术研究所作为国内星载天线研究开发“国家队”，是我国第一幅空间固面可展开天线、第一幅空间机械可动天线、第一幅空间网状天线、第一幅空间智能抗干扰天线的诞生地，目前形成了以多波束天线、相控阵天线、大型可展开天线和太赫兹天线为代表的新一代空间天线产品序列。

天线测量技术伴随着天线技术的进步而逐步发展。从1990年引进国内第一套平面近场测量系统，到2020年自主研发国内第一套集机械臂的远场、平面近场、柱面近场、球面近场、增益标定等功能于一体的智能综合性天线测量系统，以及2021年联合国内单位研制的最高工作频率750 GHz的紧缩场，西安空间无线电技术研究所经历了国外引进—消化吸收—自主可控—创新进步的发展历程。

天线测量是一个融合的学科，涉及电磁场与微波技术、自动控制技术、机械设计、信号处理、软件等各相关专业，正是由于各专业的融合发展，因此近年来天线测量领域出现了许多旨在提高天线测量精度或提升测量效率的新方法、新技术。本书的撰写组成员有幸参与了各类传统及新型星载天线的测量以及天线测量系统研制全过程，积累了丰富的实践经验，形成了特有的技术和创新成果，将这些经验、新技术和新成果提炼、总结，呈献给从事相关专业学习和工作的同行，会对专业的交流和发展起到一定的助推作用。

本书对天线测量的基础理论及各类天线测量方法做了较为详细的介绍，重点对近年来出现的天线测量新技术、新型的天线测量方法做了较为全面的梳理和描述。本书是笔者多年来在天线测量领域开展研究和实践工作的总结，其主要特点是紧密围绕工程应用展开论述，结合典型的工程案例，可以为高等学校相关专业的大学生及从事天线测量的工程技术人员提供必要的知识。

本书共8章。第1章和第3章由万继响撰写，第2章由赵兵撰写，第4章和第7章由刘灵鸽撰写，第5章由张启涛撰写，第6章由雷娟撰写，第8章由丁伟、万继响撰写。

在撰写本书的过程中，曾参阅了相关文献资料，在此谨对其作者表示感谢。

由于水平有限，书中难免有疏漏和不足之处，恳请广大读者批评指正。

著　者

2023年1月

目　录

第1章　天线辐射特性测量的理论基础

在介绍天线测量之前，有必要了解相关的基础知识，本章将对天线测量的理论基础做简要的介绍。说到天线测量就不得不说电磁场，说到电磁场就不得不说麦克斯韦方程组。从简单的静电场，到均匀媒质下的简谐电磁场，再到各向异性媒质的复杂电磁场，均可以由麦克斯韦方程表示和计算。麦克斯韦方程是电磁场在数学领域“美”的体现。

1.1　麦克斯韦方程及其解

电磁场理论是一套完整的理论体系，是天线测量的理论依据。为方便读者，本节简要介绍与天线测量相关的一些内容，这是天线近场测量——平面近场、柱面近场和球面近场测量得以实现的算法基础。

1.1.1　麦克斯韦方程

在自由空间中，电磁场满足的基本方程为

$$\nabla\times\boldsymbol{E}+\mu_0\frac{\partial\boldsymbol{H}}{\partial t}=\boldsymbol{0}\text{（法拉第电磁感应定律）}\tag{1.1-1}$$

$$\nabla\times\boldsymbol{H}-\varepsilon_0\frac{\partial\boldsymbol{E}}{\partial t}-\boldsymbol{J}=\boldsymbol{0}\text{（安培定律）}\tag{1.1-2}$$

$$\nabla\cdot\mu_0\boldsymbol{H}=\nabla\cdot\boldsymbol{B}=0\text{（磁场高斯定律）}\tag{1.1-3}$$

$$\nabla\cdot\varepsilon_0\boldsymbol{E}=\nabla\cdot\boldsymbol{D}=\rho\text{（电场高斯定律）}\tag{1.1-4}$$

式中：$\boldsymbol{E}$，$\boldsymbol{H}$——空间点的电场和磁场强度矢量；

$\boldsymbol{B}$，$\boldsymbol{D}$——磁通量密度和电通量密度矢量；

J——电流密度（A/m^2）；

ρ——体积电荷（C/m^3）；

μ_0，ε_0——自由空间的磁导率和介电常数。

当场矢量按简谐规律变化，且时变因子定义为 $e^{j\omega t}$ 时，麦克斯韦方程可写成

$$\nabla\times\boldsymbol{E}=-j\omega\mu_0\boldsymbol{H}\tag{1.1-5}$$

$$\nabla\times\boldsymbol{H}=(\sigma+\mathrm{j}\omega\varepsilon_0)\boldsymbol{E} \tag{1.1-6}$$

$$\nabla\cdot\boldsymbol{B}=0 \tag{1.1-7}$$

$$\nabla\cdot\boldsymbol{E}=\frac{\rho}{\varepsilon_0} \tag{1.1-8}$$

以上方程描述了电磁场与自由电荷、电流的关系，电荷与电流是场源。

1.1.2 边界条件

根据电磁场的微分方程(麦克斯韦方程)和边界条件来求解电磁场。电磁场的边界条件为

$$\left.\begin{aligned}\hat{\boldsymbol{n}}\times(\boldsymbol{E}_1-\boldsymbol{E}_2)&=\boldsymbol{0}\\ \hat{\boldsymbol{n}}\times(\boldsymbol{H}_1-\boldsymbol{H}_2)&=\boldsymbol{K}_{\mathrm{f}}\\ \hat{\boldsymbol{n}}\cdot(\boldsymbol{D}_1-\boldsymbol{D}_2)&=\eta_{\mathrm{f}}\\ \hat{\boldsymbol{n}}\cdot(\boldsymbol{B}_1-\boldsymbol{B}_2)&=0\end{aligned}\right\} \tag{1.1-9}$$

式中：$\hat{\boldsymbol{n}}$——边界上的法向单位矢量；

场矢量下标 1——边界一边的值；

场矢量下标 2——边界另一边的值；

$\boldsymbol{K}_{\mathrm{f}}$，$\eta_{\mathrm{f}}$——边界上的表面电流矢量和表面电荷。

1.1.3 位函数与波方程

由麦克斯韦方程直接求解电磁场是困难的，因此引入位函数，然后由场源求位函数，再由位函数计算电场或磁场。在电磁场理论中，经常使用的位函数包括矢量位、标量位和赫兹矢量位，定义如下：

矢量电位 $\boldsymbol{A}$：

$$\boldsymbol{B}=\nabla\times\boldsymbol{A} \tag{1.1-10}$$

矢量磁位 $\boldsymbol{A}^*$：

$$\boldsymbol{D}=\nabla\times\boldsymbol{A}^* \tag{1.1-11}$$

标量电位 Φ：

$$\boldsymbol{E}=-\nabla\Phi-\frac{\partial\boldsymbol{A}}{\partial t} \tag{1.1-12}$$

标量磁位 Φ^*：

$$\boldsymbol{H}=-\nabla\Phi^*-\frac{\partial\boldsymbol{A}^*}{\partial t} \tag{1.1-13}$$

赫兹电位 $\boldsymbol{\Pi}$：

$$\boldsymbol{A}=\mu\varepsilon\frac{\partial\boldsymbol{\Pi}}{\partial t},\Phi=-\nabla\cdot\boldsymbol{\Pi} \tag{1.1-14}$$

赫兹磁位 $\boldsymbol{\Pi}^*$：

$$\boldsymbol{A}^*=\mu\varepsilon\frac{\partial\boldsymbol{\Pi}^*}{\partial t},\Phi^*=-\nabla\cdot\boldsymbol{\Pi}^* \tag{1.1-15}$$

洛伦兹条件：

$$\nabla\cdot\boldsymbol{A}+\mu\varepsilon\frac{\partial\Phi}{\partial t}+\mu\sigma\Phi=0 \tag{1.1-16}$$

位函数满足以下形式的微分方程：

$$\nabla^2\boldsymbol{A}-\mu\varepsilon\frac{\partial^2\boldsymbol{A}}{\partial t^2}=-\mu\boldsymbol{J} \tag{1.1-17}$$

$$\nabla^2\Phi-\mu\varepsilon\frac{\partial^2\Phi}{\partial t^2}=-\frac{\rho}{\varepsilon} \tag{1.1-18}$$

$$\nabla^2\boldsymbol{\Pi}-\mu\varepsilon\frac{\partial^2\boldsymbol{\Pi}}{\partial t^2}-\mu\sigma\frac{\partial\boldsymbol{\Pi}}{\partial t}=-\frac{\boldsymbol{P}}{\varepsilon} \tag{1.1-19}$$

$$\nabla^2\boldsymbol{\Pi}^*-\mu\varepsilon\frac{\partial^2\boldsymbol{\Pi}^*}{\partial t^2}-\mu\sigma\frac{\partial\boldsymbol{\Pi}^*}{\partial t}=-\boldsymbol{M}^* \tag{1.1-20}$$

式中：$\boldsymbol{P}$ ——单位体积中分子电矩矢量和电极化强度(c/m^2)；

$\boldsymbol{M}^*$ ——单位体积内磁矩矢量和磁化强度(A/m)。

式(1.1-17)～式(1.1-20)的解为波函数，上述方程称为波方程。由赫兹电位 $\boldsymbol{\Pi}$ 和赫兹磁位 $\boldsymbol{\Pi}^*$ 可以计算相应的电场和磁场：

$$\boldsymbol{E}=\nabla\times\nabla\times\boldsymbol{\Pi}-\mu\nabla\times\frac{\partial\boldsymbol{\Pi}^*}{\partial t} \tag{1.1-21}$$

$$\boldsymbol{H}=\nabla\times\left(\varepsilon\frac{\partial\boldsymbol{\Pi}}{\partial t}+\sigma\boldsymbol{\Pi}\right)+\nabla\times\nabla\times\boldsymbol{\Pi}^* \tag{1.1-22}$$

在直角坐标系中，矢量位的三个分量均可满足波方程。在柱坐标系中，矢量位的 z 坐标分量也满足波方程。但是，在球坐标系中，矢量位的所有分量均无法满足波方程。

由式(1.1-19)～式(1.1-20)可知，在无源区域的赫兹位满足以下方程：

$$\left(\nabla^2-\mu\varepsilon\frac{\partial^2}{\partial t^2}\right)\boldsymbol{\Pi}=0 \tag{1.1-23}$$

$$\left(\nabla^2-\mu\varepsilon\frac{\partial^2}{\partial t^2}\right)\boldsymbol{\Pi}^*=0 \tag{1.1-24}$$

1.1.4　波方程的基本解

波方程的基本解是指麦克斯韦方程最基本、最重要的解。在均匀、各向同性区域，基本解有平面波、柱面波和球面波。先介绍波动的有关概念和术语。

(1)等相面：在同一时刻，空间波动中相位相同的点连成的表面称为等相面。

(2)等幅面：在同一时刻，空间波动中振幅相同的点连成的表面称为等幅面。

(3)平面波：等相面为平面的波称为平面波。

(4)均匀平面波：等相面和等幅面重合的平面波称为均匀平面波。

(5)非均匀平面波：若平面波的等相面和等幅面不重合，则该平面波称为非均匀平面波。

(6)柱面波：等相面为柱面的波称为柱面波。

(7)球面波：等相面为球面的波称为球面波。

1. 平面波

在均匀、各向同性区域，直角坐标系中波方程的基本解为均匀平面波。假定平面波在频域的时间因子为 $e^{j\omega t}$，则平面波的表达式为

$$\left.\begin{aligned} &\boldsymbol{E}(x,y,z,t)=\boldsymbol{A}(x,y,z)e^{j(\omega t-\boldsymbol{k}\cdot\boldsymbol{r})}=\boldsymbol{A}(x,y,z)e^{j(\omega t-k_x x-k_y y-k_z z)} \\ &\boldsymbol{A}=\hat{\boldsymbol{a}}_1\boldsymbol{E}_1+\hat{\boldsymbol{a}}_2\boldsymbol{E}_2 \end{aligned}\right\} \quad (1.1-25)$$

式中：$\hat{\boldsymbol{a}}_1$，$\hat{\boldsymbol{a}}_2$——极化正交的单位矢量；

$\boldsymbol{k}$——直角坐标的波数矢量，有

$$\boldsymbol{k}=\hat{\boldsymbol{k}}\cdot k=\hat{\boldsymbol{x}}k_x+\hat{\boldsymbol{y}}k_y+\hat{\boldsymbol{z}}k_z \quad (1.1-26)$$

式中：$\hat{\boldsymbol{k}}$——电磁波传播方向的单位向量；

k——波数，$k=\dfrac{2\pi}{\lambda}$，λ 为内长。

$\boldsymbol{k}$，$\hat{\boldsymbol{a}}_1$，$\hat{\boldsymbol{a}}_2$ 三者互相正交。需要注意的是，电磁波具有极化特性。若复数 E_1 和 E_2 相位相同，则电场为线极化；若复数 E_1 和 E_2 相位不同，则电场为椭圆极化；若复数 E_1 和 E_2 幅度相同，相位相差 90°，则电场为圆极化。

省去时间因子，式(1.1-25)简化为

$$\boldsymbol{E}=\boldsymbol{A}e^{-j\boldsymbol{k}\cdot\boldsymbol{r}} \quad (1.1-27)$$

由麦克斯韦方程，可以得到平面波磁场的表达式：

$$\boldsymbol{H}=\sqrt{\frac{\varepsilon}{\mu}}(\boldsymbol{k}\times\boldsymbol{A})e^{-j\boldsymbol{k}\cdot\boldsymbol{r}} \quad (1.1-28)$$

$\boldsymbol{k}$，$\boldsymbol{E}$，$\boldsymbol{H}$ 三者互相正交。相对于传播方向，均匀平面波的电场、磁场只有横向分量，称为横电磁波。

理想均匀平面波只在单一方向传播，在角度域只有一条谱。复杂电磁波可以分解为许多理想平面波的集合，表示成平面波角谱。

2. 柱面波

由式(1.1-19)可得，在无源区域，赫兹位的波方程为

$$\nabla^2\boldsymbol{\Pi}-\mu\varepsilon\frac{\partial^2\boldsymbol{\Pi}}{\partial t^2}=0 \quad (1.1-29)$$

令 $\Pi_z=\boldsymbol{\Psi}$，则

$$\boldsymbol{\Psi}=f(\theta,r)e^{j(\omega t\mp h)} \quad (1.1-30)$$

可以证明：

$$\boldsymbol{\Psi}_{nhk}^1=e^{jn\theta}J_n(\sqrt{k^2-h^2r})e^{j(\omega t\mp h)} \quad (1.1-31)$$

$$\boldsymbol{\Psi}_{nhk}^2=e^{jn\theta}H_n^1(\sqrt{k^2-h^2r})e^{j(\omega t\mp h)} \quad (1.1-32)$$

式中：J_n ——n 阶 Bessel 函数；

H_n^1——第一类 n 阶 Hankel 函数。

由式(1.1-31)和式(1.1-32)的柱面波函数，可以计算电场和磁场。

对横磁波，沿传播方向没有磁场分量，有

$$\left.\begin{aligned}&E_r=\mp \mathrm{j}h\frac{\partial\Psi}{\partial r},\ E_\theta=\mp\frac{\mathrm{j}h}{r}\frac{\partial\Psi}{\partial\theta},\ E_z=(k^2-h^2)\Psi\\&H_r=-\frac{\mathrm{j}k^2}{\omega\mu}\frac{1}{r}\frac{\partial\Psi}{\partial\theta},\ H_\theta=\frac{\mathrm{j}k^2}{\omega\mu}\frac{\partial\Psi}{\partial r},\ H_z=0\end{aligned}\right\}\tag{1.1-33}$$

对横电波，沿传播方向没有电场分量，有

$$\left.\begin{aligned}&E_r=\frac{\mathrm{j}\omega\mu}{r}\frac{\partial\Psi}{\partial\theta},\ E_\theta=-\mathrm{j}\omega\mu\frac{\partial\Psi}{\partial r},\ E_z=0\\&H_r=\mp \mathrm{j}h\frac{\partial\psi}{\partial r},\ H_\theta=\mp\frac{\mathrm{j}h}{r}\frac{\partial\Psi}{\partial\theta},\ H_z=(k^2-h^2)\Psi\end{aligned}\right\}\tag{1.1-34}$$

3. 球面波

一个点源天线在远处产生球面波，假定理想点源位于球坐标系的原点，球面波的基本解可表示为

$$\boldsymbol{E}=\boldsymbol{A}\frac{\mathrm{e}^{-\mathrm{j}\boldsymbol{k}\cdot\boldsymbol{r}}}{r}\tag{1.1-35}$$

与平面波不同，式中电磁波传播矢量 $\boldsymbol{k}$ 的方向和径向矢量 $\boldsymbol{r}$ 的方向处处相同。因此，球面波因子可表示为

$$\frac{\mathrm{e}^{-\mathrm{j}kr}}{r}\tag{1.1-36}$$

由式(1.1-36)可以看出，电磁波的等幅面和等相面重合，它们分布在 r 等于常数的球面上。根据能量守恒定律，随着观察面与理想点源距离的增加，场强的振幅按照 $\frac{1}{r}$ 规律衰减。

一般地，只要等相面为球面，电磁波就是球面波。实际天线不是理想点源天线，所以不能产生理想均匀球面波。此时，式(1.1-35)中的 $\boldsymbol{A}=\boldsymbol{A}(\theta,\phi)$ 是角度的函数。

1.2　天线极化的分解与合成

极化作为天线的一项重要特性具有不同于其他事物的特殊性，它定义为天线在该方向所辐射电磁波的极化或者接收最大功率时的入射平面波的极化。一般来讲，只有三种极化方式：线极化（各个方向单一）、圆极化（左旋和右旋）、椭圆极化（左旋和右旋）。

直观地讲，电磁波的极化是在固定点观察电场矢量末端运动轨迹所形成的。椭圆极化更具有一般性，线极化与圆极化均可以看成椭圆极化的一种特殊形式。下面就对椭圆极化进行主要的介绍。

1.2.1　椭圆极化天线的主要参量

由于在均匀各向同性媒质中，天线的远区辐射场是横电磁波（TEM 波），而 TEM 波的电场和磁场有着固定的关系，因此，只需研究空间电场（或磁场）的特性，就可以掌握这个波的特性，极化通常就是针对电场 $\boldsymbol{E}(t,r)$ 矢量的方向来定义的。

设天线的辐射场$\boldsymbol{E}(t,r)$是一个简谐场，沿着波的传播路径上某一点r_0，作一个垂直传播方向的平面，于是电场就处在该平面内，电场矢量随时间变化一周期，电场矢端所描出的轨迹，定义为发射时波的极化，简称极化。

一般来说，电场矢端轨迹为一个椭圆，称为椭圆极化波。若电场矢量随时间的变化只有大小的变化，而没有方向的变化，则称为线极化波。一个椭圆极化波可以分解成两个线极化波，也可以由两个线极化波合成。两个线极化波，无论极化矢量的夹角是否正交，只要同相（或反相），合成后仍然是线极化波；当两个电场矢量相互垂直（空间正交），振幅相等，且相位差为$\pi/2$（时间正交）时，合成为圆极化波。可见，线极化波、圆极化波是椭圆极化波的特殊形式。

表征一个极化椭圆特性的基本参数有三个，即轴比r、极化旋转方向和倾角τ。

椭圆极化波的瞬时电场$\boldsymbol{E}(t)$的大小和方向是随时间变化的，其矢端轨迹为椭圆形，椭圆的长轴E_{M}和短轴E_{N}之比，定义为轴比AR，故

$$\mathrm{AR}=\frac{E_{\mathrm{M}}}{E_{\mathrm{N}}}\geqslant 1 \tag{1.2-1}$$

瞬时电场的旋转方向如图1.2-1所示，按照国际、国内的统一规定：视天线为发射状态，沿天线发射方向看去，电场矢量随时间顺时针方向旋转，称右旋极化波，即拇指指向发射方向，用右手四指表示的旋向；反之，矢量沿反时针方向旋转，称左旋极化波。

极化椭圆的倾角τ指椭圆长轴的方向与所选用坐标系x轴的夹角，如果选择如图1.2-1所示$u_1u_2u_p$的正交坐标系，规定u_p为传播方向，u_1为基准坐标轴，则椭圆长轴E_{M}方向与基准坐标轴的夹角为β，可见

$$-\frac{\pi}{2}\leqslant\beta\leqslant\frac{\pi}{2} \tag{1.2-2}$$

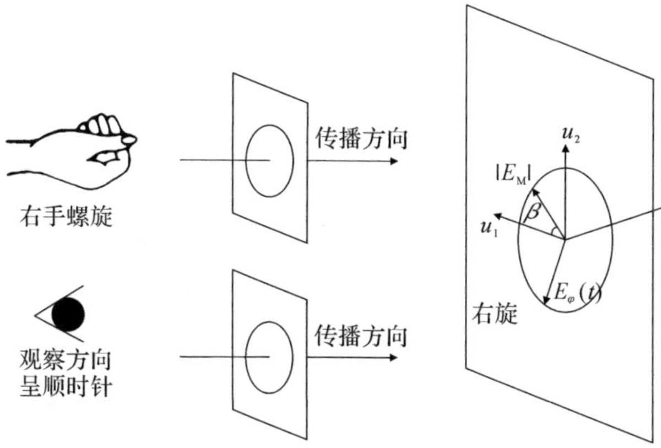

图1.2-1　极化旋向的规定和极化椭圆倾角及坐标系的规定

一个极化椭圆可以用任意正交坐标系来表示，即正交分解。下面讨论几种正交分解的表示方法。

1. 极化图

我们再考虑图1.2-2所示xOy平面中$\boldsymbol{E}$在任意方向φ的瞬时分量（即投影），于是有

$$E_\varphi(t)=E_x\cos\varphi+E_y\sin\varphi \tag{1.2-3}$$

而

$$E_\varphi(t)=E_1\cos\varphi\cos(\omega t)+E_2\sin\varphi\cos(\omega t+\delta_L) \tag{1.2-4}$$

式中：δ_L——相位差。

将式(1.2-4)中的 $\cos(\omega t+\delta_L)$ 展开并整理后得

$$E_\varphi(t)=E_\varphi\cos(\omega t+\gamma) \tag{1.2-5}$$

式中

$$\gamma=\arctan\frac{E_2\sin\varphi\sin\delta}{E_1\cos\varphi+E_2\sin\varphi\cos\delta} \tag{1.2-6}$$

$$E_\varphi^2=\frac{1}{2}[E_1^2+E_2^2+(E_1^2-E_2^2)\cos(2\varphi)+2E_1E_2\sin(2\varphi)\cos\delta] \tag{1.2-7}$$

式中：δ——相位差。

E_φ 与 φ 的关系图称为波的极化图，它给出了电场矢量 $\boldsymbol{E}$ 在 φ 方向的最大投影(见图 1.2-2)。因此，E_φ 实际上就是在 xOy 平面内旋转的线极化天线对 φ 方向的场强响应，且极化图的最大值和最小值与极化椭圆的最大值和最小值重合。

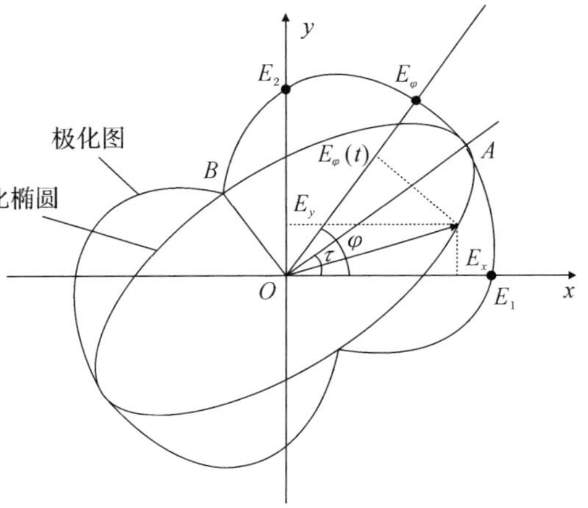

图 1.2-2　极化椭圆与极化图

2. 倾角

如图 1.2-2 所示，椭圆极化波的倾角是指极化椭圆的长轴 OA 与 x 坐标之间的夹角，以 τ 表示。它与线极化分量参数 E_1，E_2 及 φ 之间的关系如下：

$$\tau=\frac{1}{2}\arctan\frac{2E_1E_2\cos\varphi}{E_1^2-E_2^2} \tag{1.2-8}$$

3. 轴比

椭圆极化波的轴比是指极化椭圆的长轴与短轴之比，用 AR 表示。由图 1.2-2 知，轴比为

$$\mathrm{AR}=\frac{OA}{OB} \tag{1.2-9}$$

轴比与线极化分量各参数之间的关系为

$$\mathrm{AR}=\sqrt{\frac{E_1^2\cos^2\tau+E_1E_2\sin(2\tau)\cos\varphi+E_2^2\sin^2\tau}{E_1^2\sin^2\tau-E_1E_2\sin(2\tau)\cos\varphi+E_2^2\cos^2\tau}} \tag{1.2-10}$$

4. 旋向

椭圆极化波的电场矢量 $\boldsymbol{E}$ 的旋转方向称为旋向。通常以左右手螺旋规则来定义旋向，即将手的大拇指顺着波的传播方向。若左手的另四个拇指与合成电场矢量 $\boldsymbol{E}$ 的旋向吻合，则为左旋圆极化波；若右手另四个拇指与合成电场矢量 $\boldsymbol{E}$ 的旋向吻合，则为右旋圆极化波。

1.2.2 椭圆极化波的合成方法

1. 线极化分量法

在图 1.2-2 坐标系中，令 $\boldsymbol{E}(t)$ 表示该平面中的电场矢量，可以将它分解为两个正交的线极化电场分量，即

$$\boldsymbol{E}(t)=E_x(t)\hat{\boldsymbol{x}}+E_y(t)\hat{\boldsymbol{y}} \tag{1.2-11}$$

设 $E_x(t)$ 和 $E_y(t)$ 都是简谐场，且相互正交，其频率 $f=\frac{\omega}{2\pi}$，式(1.2-11)可以写成

$$\boldsymbol{E}(t)=E_{1m}\cos(\omega t)\hat{\boldsymbol{x}}+E_{2m}\cos(\omega t+\varphi)\hat{\boldsymbol{y}} \tag{1.2-12}$$

式中：E_{1m}，E_{2m}——两个正交场分量的振幅；

φ——$E_y(t)$ 超前 $E_x(t)$ 的相移量。

现在，讨论三种特殊情况。

(1) 当 E_{1m}，E_{2m} 任意且相位差 $\varphi=0$ 或 π 时，合成场矢量是线极化波。合成瞬时场的大小为

$$E(t)=\sqrt{E_x^2(t)+E_y^2(t)}=\sqrt{E_{1m}^2+E_{2m}^2}\,|\cos(\omega t)| \tag{1.2-13}$$

合成场的极化方向：设 $\hat{\boldsymbol{x}}$ 为基准，θ 为合成瞬时场的方向与 $\hat{\boldsymbol{x}}$ 的夹角，故

$$\tan\theta=\frac{E_y(t)}{E_x(t)}=\pm\frac{E_{2m}}{E_{1m}}=\text{常量} \tag{1.5-14}$$

式中："+"号——$\varphi=0$ 的情况；

"−"号——$\varphi=\pi$ 的情况。

可见，合成场的大小随时间推移做简谐振荡，而极化方向不变，为线极化。其极化指向一般来说既不在 $\hat{\boldsymbol{x}}$ 方向，也不在 $\hat{\boldsymbol{y}}$ 方向。但是：当 $E_{2m}=0$ 时，合成波电场矢量 $\boldsymbol{E}$ 就在 $\hat{\boldsymbol{x}}$ 方向；当 $E_{1m}=0$ 时，合成波电场矢量 $\boldsymbol{E}$ 就在 $\hat{\boldsymbol{y}}$ 方向。

(2) 当 $E_{1m}=E_{2m}=E_0$ 且相位差 $\varphi=\pm\frac{\pi}{2}$ 时，合成场矢量是圆极化波。

矢量场为

$$\boldsymbol{E}(t)=E_0[\cos(\omega t)\hat{\boldsymbol{x}}+\cos(\omega t\pm\pi/2)\hat{\boldsymbol{y}}] \tag{1.2-15}$$

式中

$$E_x(t)=E_0\cos(\omega t)$$

$$E_y(t)=E_0\cos(\omega t\pm\pi/2)=\mp E_0\sin(\omega t)$$

令 $E_x(t)=x$，$E_y(t)=y$，则轨迹方程为

$$\left.\begin{aligned} x^2 &= E_0^2\cos^2(\omega t) \\ y^2 &= E_0^2\sin^2(\omega t) \end{aligned}\right\} \tag{1.2-16}$$

相加，得圆方程

$$x^2+y^2=E_0^2 \tag{1.2-17}$$

其合成瞬时场的大小为

$$E(t)=\sqrt{E_x^2(t)+E_y^2(t)}=E_0=\text{常量} \tag{1.2-18}$$

合成场的极化方向为

$$\tan\theta=\frac{E_y(t)}{E_x(t)}=\pm\tan(\omega t) \tag{1.2-19}$$

或者

$$\theta=\mp\omega t=\mp\frac{2\pi t}{T} \tag{1.2-20}$$

这说明，合成场矢量大小不变，而方向随时间做匀角速度 ω 旋转，每一周期 T 旋转 2π，矢端轨迹为圆，叫圆极化波。当 $\varphi=+\frac{\pi}{2}$时，相应 $\theta=-\omega t$，矢量由 $\hat{\boldsymbol{x}}$ 左旋，是左旋圆极化波；反之，$\varphi=-\frac{\pi}{2}$，相应 $\theta=+\omega t$，是右旋圆极化波。

为了便于判断极化旋向，规定 $-\pi\leqslant\varphi\leqslant\pi$。$\varphi>0$ 为相位超前，$\varphi<0$ 为相位滞后。若选定正交坐标系 $\hat{\boldsymbol{z}}=\hat{\boldsymbol{x}}\times\hat{\boldsymbol{y}}$，按坐标轴正方向来表示场分量，则极化方向的旋转是由相位超前的场分量旋向相位滞后的场分量。

(3)当 E_{1m}，E_{2m}，δ_L 均为任意值时，一般是椭圆极化波。其合成瞬时场大小和极化方向均随时间而改变。在式(1.2-12)中，令 $E_x(t)=x$，$E_y(t)=y$，$E_{1m}=a$，$E_{2m}=b$，则

$$\left.\begin{aligned} x &= a\cos(\omega t) \\ y &= b\cos(\omega t+\varphi)=b[\cos(\omega t)\sin\varphi-\sin(\omega t)\cos\varphi] \end{aligned}\right\} \tag{1.2-21}$$

消去 ωt，得

$$\frac{x^2}{a^2}+\frac{y^2}{b^2}-\frac{2xy}{ab}\cos\varphi=\sin^2\varphi \tag{1.2-22}$$

根据二次曲线判别式，当 $\varphi\neq 0, n\pi$ 时：

$$\left(\frac{2\cos\varphi}{ab}\right)^2-4\left(\frac{1}{ab}\right)^2=-\frac{4}{a^2b^2}\sin^2\varphi<0 \tag{1.2-23}$$

显然，式(1.2-22)表示的是一个椭圆方程。如图 1.2-2 所示，它的长轴和短轴不与 x 轴及 y 轴重合，其合成电场矢量振幅大小随时间推移而改变，旋转速度也不均匀，这就是椭圆极化波。

2. 圆极化分量法

由式(1.2-4)可以很方便地写出左旋圆极化场为

$$\boldsymbol{E}_L(t)=E_L[\cos(\omega t)\hat{\boldsymbol{x}}-\sin(\omega t)\hat{\boldsymbol{y}}] \tag{1.2-24}$$

这是令 $E_{1m}=E_{2m}=E_L$，$\varphi=\frac{\pi}{2}$而得的。

同样，可以写出右旋圆极化场为

$$\boldsymbol{E}_{\mathrm{R}}(t)=E_{\mathrm{R}}[\cos(\omega t)\hat{\boldsymbol{x}}+\sin(\omega t)\hat{\boldsymbol{y}}] \tag{1.2-25}$$

这是令 $E_{1m}=E_{2m}=E_{\mathrm{R}}$，$\varphi=-\frac{\pi}{2}$而得的。

式(1.2-12)对 E_{1m}，E_{2m}的具体数值并无限制，因此 $\boldsymbol{E}_{\mathrm{L}}(t)$和 $\boldsymbol{E}_{\mathrm{R}}(t)$代表振幅分别为 E_{L} 和 E_{R} 的反旋圆极化波。

因此，一个任意椭圆极化波 $\boldsymbol{E}(t)$，可以由两个振幅不等，有一定相位差 δ_{c} 的反旋圆极化场的合成来表示，即

$$\begin{aligned}\boldsymbol{E}(t)=&E_{\mathrm{L}}[\cos(\omega t+\varphi)\hat{\boldsymbol{x}}-\sin(\omega t+\varphi)\hat{\boldsymbol{y}}]+\\&E_{\mathrm{R}}[\cos(\omega t+\varphi+\delta_{\mathrm{c}})\hat{\boldsymbol{x}}+\sin(\omega t+\varphi+\delta_{\mathrm{c}})\hat{\boldsymbol{y}}]\end{aligned} \tag{1.2-26}$$

为了保持式(1.2-26)的时间参考点，引入初始相位 φ，同时，它们的振幅分别为 E_{L} 和 E_{R}。

下面用矢量图法说明 $E(t)$随 t 变化的轨迹是椭圆。首先对式(1.2-26)选定 $\omega t_1+\varphi=0$ 时刻来观察，则

$$\boldsymbol{E}(t_1)=E_{\mathrm{L}}(\cos0\hat{\boldsymbol{x}}-\sin0\hat{\boldsymbol{y}})+E_{\mathrm{R}}(\cos\delta_{\mathrm{c}}\hat{\boldsymbol{x}}+\sin\delta_{\mathrm{c}}\hat{\boldsymbol{y}}) \tag{1.2-27}$$

且令 $E_{\mathrm{L}}>E_{\mathrm{R}}$，其图形如图 1.2-3(a)所示。

这时 $\boldsymbol{E}_{\mathrm{L}}=E_{\mathrm{L}}\hat{\boldsymbol{x}}$，场分量在 $\hat{\boldsymbol{x}}$ 方向上，而另一场分量 $\boldsymbol{E}_{\mathrm{R}}=E_{\mathrm{R}}(\cos\delta_{\mathrm{c}}\hat{\boldsymbol{x}}+\sin\delta_{\mathrm{c}}\hat{\boldsymbol{y}})$，其方向在偏离 $\hat{\boldsymbol{x}}$ 方向 δ_{c} 角，其合成矢量为

$$\boldsymbol{E}(t_1)=\boldsymbol{E}_{\mathrm{L}}+\boldsymbol{E}_{\mathrm{R}}$$

对式(1.2-26)选定 $\omega t_2=-(\varphi+\delta_{\mathrm{c}}/2)$时刻来观察，则

$$\begin{aligned}\boldsymbol{E}(t_2)=&E_{\mathrm{L}}[\cos(\delta_{\mathrm{c}}/2)\hat{\boldsymbol{x}}+\sin(\delta_{\mathrm{c}}/2)\hat{\boldsymbol{y}}]+E_{R}[\cos(\delta_{\mathrm{c}}/2)\hat{\boldsymbol{x}}+\sin(\delta_{\mathrm{c}}/2)\hat{\boldsymbol{y}}]=\\&(E_{\mathrm{L}}+E_{\mathrm{R}})[\cos(\delta_{\mathrm{c}}/2)\hat{\boldsymbol{x}}+\sin(\delta_{\mathrm{c}}/2)\hat{\boldsymbol{y}}]\end{aligned} \tag{1.2-28}$$

其图形如图 1.2-3(b)所示。

这时 $\boldsymbol{E}_{\mathrm{L}}$ 和 $\boldsymbol{E}_{\mathrm{R}}$ 方向一致，都指向 $\delta_{\mathrm{c}}/2$ 方向，合成场 $\boldsymbol{E}(t_2)$恰指向椭圆长轴方向，其大小为

$$E_{\mathrm{M}}=E_{\mathrm{L}}+E_{\mathrm{R}} \tag{1.2-29}$$

椭圆的倾角为

$$\tau=\delta_{\mathrm{c}}/2$$

再次对式(1.2-26)选定 $\omega t_3=-(\pi/2+\varphi+\delta_{\mathrm{c}}/2)$时刻来观察，则

$$\begin{aligned}\boldsymbol{E}(t_3)=&E_{\mathrm{L}}[\cos(\pi/2+\delta_{\mathrm{c}}/2)\hat{\boldsymbol{x}}+\sin(\pi/2+\delta_{\mathrm{c}}/2)\hat{\boldsymbol{y}}]-\\&E_{\mathrm{R}}[\cos(\pi/2+\delta_{\mathrm{c}}/2)\hat{\boldsymbol{x}}+\sin(\pi/2+\delta_{\mathrm{c}}/2)\hat{\boldsymbol{y}}]=\\&(E_{\mathrm{L}}-E_{\mathrm{R}})[\cos(\pi/2+\delta_{\mathrm{c}}/2)\hat{\boldsymbol{x}}+\sin(\pi/2+\delta_{\mathrm{c}}/2)\hat{\boldsymbol{y}}]\end{aligned} \tag{1.2-30}$$

其图形如图 1.2-3(c)所示。

这时 $\boldsymbol{E}_{\mathrm{L}}$ 和 $\boldsymbol{E}_{\mathrm{R}}$ 方向在$90°+\delta_{\mathrm{c}}/2$ 方向上反相重合，合成场 $\boldsymbol{E}(t_3)$恰指向椭圆短轴方向，其大小为

$$E_{\mathrm{N}}=|E_{\mathrm{L}}-E_{\mathrm{R}}| \tag{1.2-31}$$

椭圆的倾角为

$$\tau=\delta_{\mathrm{c}}/2 \tag{1.2-32}$$

根据轴比定义：

$$\mathrm{AR}=\frac{E_{\mathrm{M}}}{E_{\mathrm{N}}}=\frac{|E_{\mathrm{L}}+E_{\mathrm{R}}|}{|E_{\mathrm{L}}-E_{\mathrm{R}}|} \tag{1.2-33}$$

关于旋向的判断：当 $E_L > E_R$ 时，则合成场呈左旋极化波；当 $E_L < E_R$ 时，则合成场呈右旋极化波。

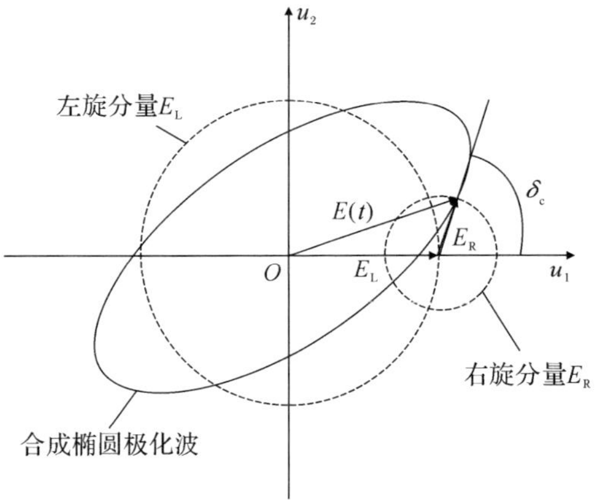

(a)

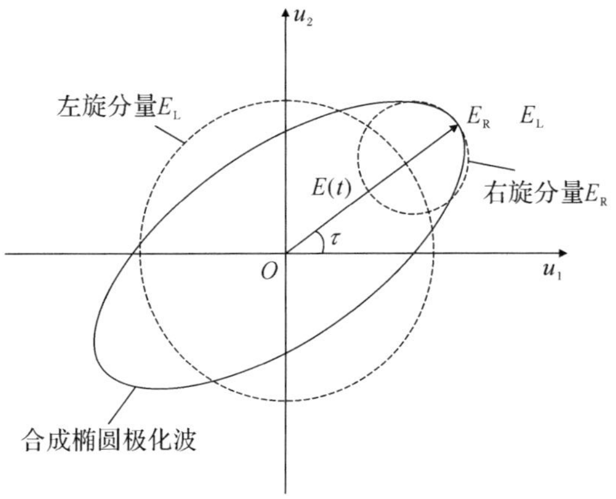

(b)

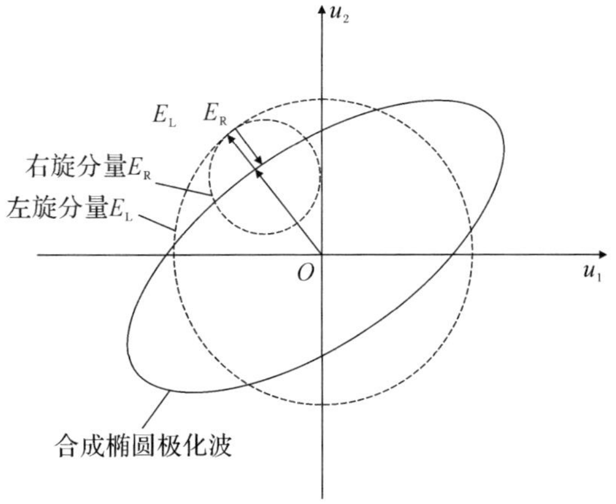

(c)

图 1.2-3　两反旋圆极化的瞬时合成场

(a)$\omega t_1+\varphi=0$ 瞬间的合成场；(b)$\omega t_2=-(\varphi+\delta_c/2)$瞬间的合成场；(c)$\omega t_3=-(\pi/2+\varphi+\delta_c/2)$瞬间的合成场

由以上分析，可得下列结果：

(1)当两圆极化波的振幅相等时,合成波就是线极化波,线极化波的取向由两圆极化波之间的相位关系确定。

(2)两圆极化波中一个的振幅为零时,合成波就是与另一个圆极化波一样的圆极化波。

(3)极化椭圆可以由两个振幅不等,相位差为 δ_c 的反旋圆极化波来合成。极化椭圆的旋向由振幅较大的圆极化分量决定。

定义 $\rho_c=E_R/E_L$ 叫圆极化比,它是右旋圆极化分量的振幅与左旋分量振幅之比,故式(1.2-33)可写为

$$AR=\frac{|1+\rho_c|}{|1-\rho_c|} \tag{1.2-34}$$

显然,$\rho_c>1$ 表示右旋,$\rho_c<1$ 表示左旋,$\rho_c=1$ 表示线极化波,$\rho_c=0$ 表示左旋圆极化波,$\rho_c\to\infty$ 表示右旋圆极化波。

由式(1.2-32)及式(1.2-34)可以找到 ρ_c,δ_c 和极化椭圆参量 AR,τ,旋向的对应关系。

1.3 天线测量场区的划分

围绕天线的场可划分为三个主要的区域,接近天线的区域称为感应近场区,离天线较远的区域称为辐射远场区或夫琅荷费区,两者之间的区域称为辐射近场区或菲涅耳区,如图1.3-1所示。在感应近场区,占优势的感应场其电场和磁场的时间相位差 90°,波印亭矢量为纯虚数,不对外辐射能量;在辐射近场区,电场方向图随距离改变,部分能量对外辐射;在辐射远场区,电场方向图与距离无关,场的大小与离开天线的距离成反比。天线的近场分布和远场分布是傅里叶变换对的关系。

因为三个区的不同性质,所以才能诞生不同的测试方法,下面先分别介绍一下几种场区的特点。

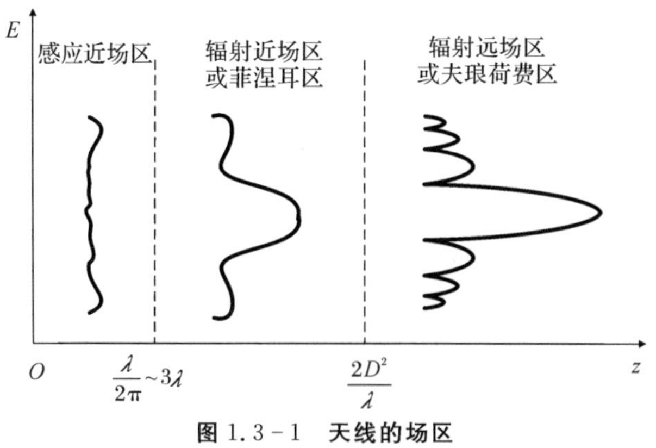

图 1.3-1 天线的场区

1.3.1 感应近场区

感应近场也称源场,是距天线辐射体最近的场。引入波印亭矢量的概念:实部代表实功率,表示天线的辐射特性;虚部代表虚功率,表示天线储能特性。这个场区内,凋落波的成分

较多，波印亭矢量虚部较大，不辐射电磁波，电场能量和磁场能量交替地储存于天线附近的空间内。随着距离的增加，波印亭矢量的实部与虚部（即实功率与虚功率）相互转化，但总的趋势是虚功率迅速衰减，而实功率成为场的主要部分。对位于这一区域的接收设备来说，主要是靠探头与天线辐射体之间的互耦效应接收信号。

对于电小尺寸的基本偶极子，该边界的距离 R_{rnf} 取决于弧度球的半径，即

$$R_{\mathrm{rnf}}=\frac{\lambda}{2\pi} \tag{1.3-1}$$

式中：λ——对应测量波长。

对于大口径天线的近场测量，辐射近场区与感应近场区的边界可按 3λ 距离来估计。

1.3.2　辐射近场区

在辐射近场区（又称菲涅耳区）里电场的空间分布（即方向图）与离开天线的距离有关，电磁波以衰减和相移方式传播，即在不同距离处的方向图是不同的。这是因为：

(1)天线各辐射源所建立的场之间相对相位关系是随距离而变的。

(2)这些场的相对振幅也随距离而改变。在辐射近场区的内边界处（即感应场区的外边界处）天线方向图是一个个主瓣和副瓣难分的起伏包络。

(3)随着离开天线距离的增加直到靠近远场辐射区，天线方向图的主瓣和副瓣才明显形成，但零点电平和副瓣电平均较高。

在辐射近场区内，电磁场的虚功率可以忽略不计，故可认为电场和磁场在空间上相互正交，相位相同，波印亭矢量是一个实数。对位于这一区域的接收设备来说，可以认为接收的是空间多个方向平面波的叠加。

1.3.3　辐射远场区

辐射近场区的外边就是辐射远场区（夫琅荷费区），电磁场只有实功率，对位于这一区域的接收设备来说，可以认为接收的是单一的平面波。

该场区的特点如下：

(1)场的空间分布与离开天线的距离基本无关；

(2)场的大小与离开天线的距离成反比，场量按 e^{-jkr}/r 规律变化；

(3)方向图主瓣、副瓣和零点已全部形成。

远场区的内边界通常都定义为：从源天线按球面波前到达待测天线之边缘与待测天线之中心的相位差为 $\pi/8(22.5°)$，相当于 $\lambda/16$ 的波程差。这样就导出了众所周知的表示菲涅耳区和夫琅荷费区边界的瑞利距离 R_{ff}：

$$R_{\mathrm{ff}}=\frac{2D^2}{\lambda} \tag{1.3-2}$$

式中：D——待测天线口径的最大直径。

1.4　天线测量方法的分类

根据测量场区的不同，天线测量可分为近场测量和远场测量。近场测量在辐射近场区，远场测量在辐射远场区，这是最传统的测量方法，紧缩场可以看成缩短距离后的远场。不同类型的天线所适用的天线测量方法不同，详见表 1.4－1。图 1.4－1～图 1.4－4 为西安空间无线电技术研究所的不同类型天线测量场地。

表 1.4－1　不同类型天线适用的测量方法

场地类型	近场			远场	紧缩场
	平面近场	柱面近场	球面近场		
天线类型	窄波束天线	扇形波束天线	全向天线	同球面近场	同球面近场

(a)　　　　(b)

图 1.4－1　远场测量场

(a)室内远场；(b)室外半开放远场

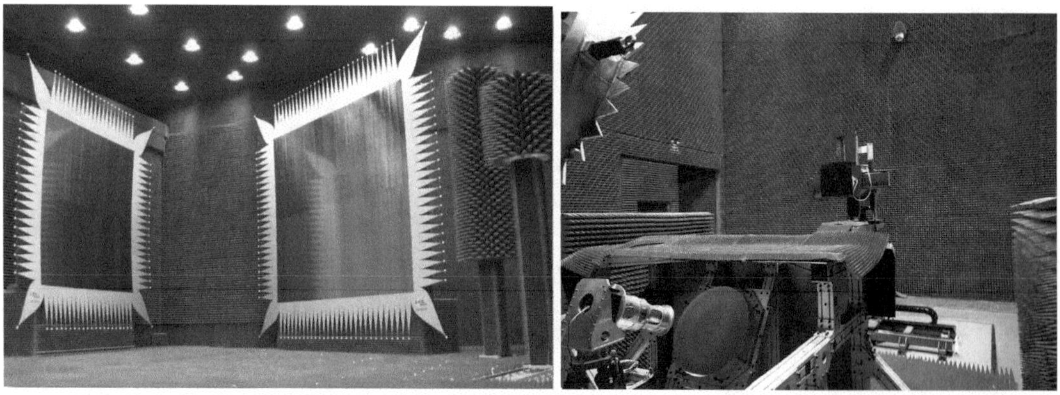

(a)　　　　(b)

图 1.4－2　紧缩场测量场

(a)卡塞格伦紧缩场；(b)双反赋形太赫兹紧缩场

(a)

(b)

图 1.4-3 平面近场(柱面近场)测量场

(a)垂直平面近场+柱面近场;(b)水平平面近场

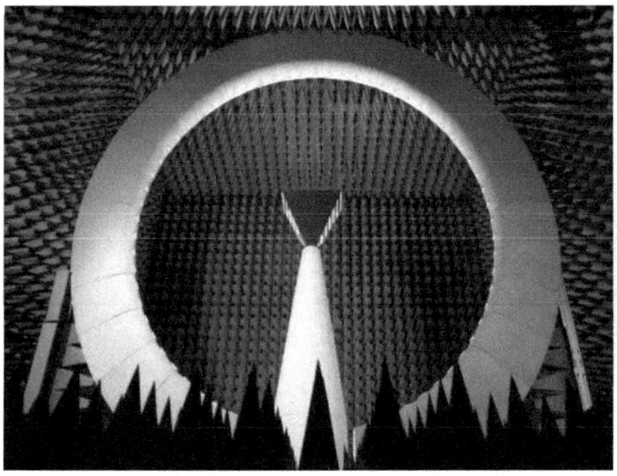

(a)

(b)

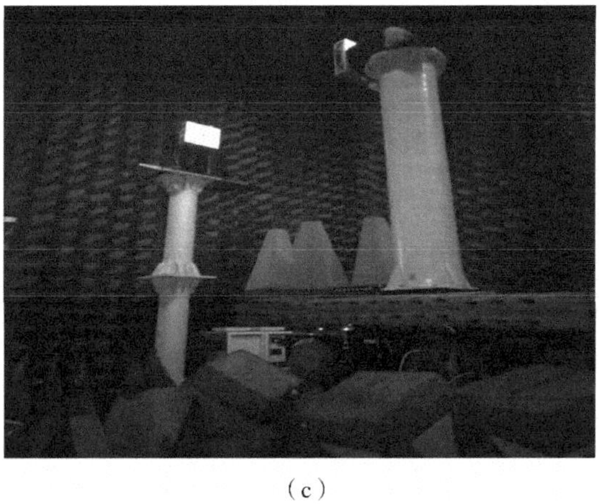

(c)

图 1.4-4 球面近场测量场

(a)多探头球面近场;(b)单探头球面近场;(c)极化/方位组合球面近场

1.5 天线测量参数的定义

天线测量就是测量天线的各类参数。有些属于独立参数，如方向图、增益等；有些属于导出参数，是通过上述独立参数计算而来的，如轴比（由方向图的主极化交叉极化计算）、时延（由频率与相位导出）。本节简单介绍一些天线测试常规测试的参数定义。

1.5.1 方向图

方向图是指天线的辐射参量随空间方向变化的图形表示，如图 1.5－1 所示。方向图是天线最重要的参数，天线作为从导行电磁波到辐射电磁波的转换器，对空间能量的重新分布能力是由方向图表征的。辐射参量一般包括辐射的功率通量密度、场强、相位和极化等。实际上，我们最关心的是天线远场辐射能量的空间分布。方向图是空间的函数，在(θ,φ)坐标系下记作$f(\theta,\varphi)$。为了更简单地表征天线的特性，由天线的方向图衍生出以下天线参数。

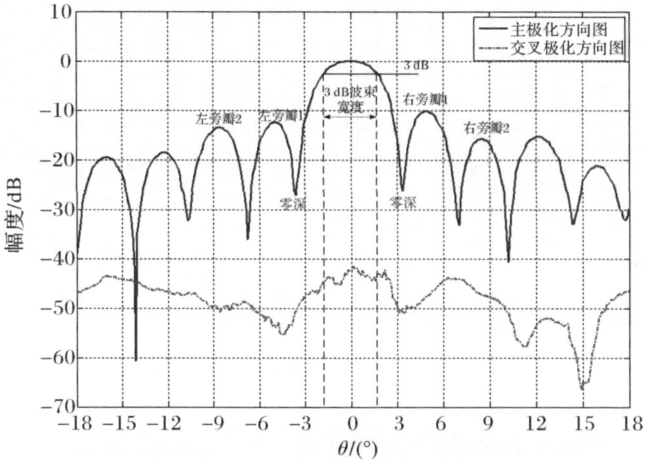

图 1.5－1　方向图及其参数

1. 方向性

天线的方向性也称为方向性系数，记作$D'(\theta,\varphi)$，定义为天线在某方向的辐射强度与各方向平均辐射强度之比。通常说的方向性默认为最大方向性，即天线在最强辐射方向的辐射强度与平均辐射强度之比。方向性系数的计算公式如下：

$$D'(\theta,\varphi)=\frac{4\pi f^2(\theta,\varphi)}{\int_0^{2\pi}\int_0^{\pi}f^2(\theta,\varphi)\sin\theta\mathrm{d}\theta\mathrm{d}\varphi} \tag{1.5-1}$$

2. 主瓣

方向图中包含辐射强度最大值方向在内的天线波瓣，波瓣内无非常显著的凹点，如图 1.5－2 所示。

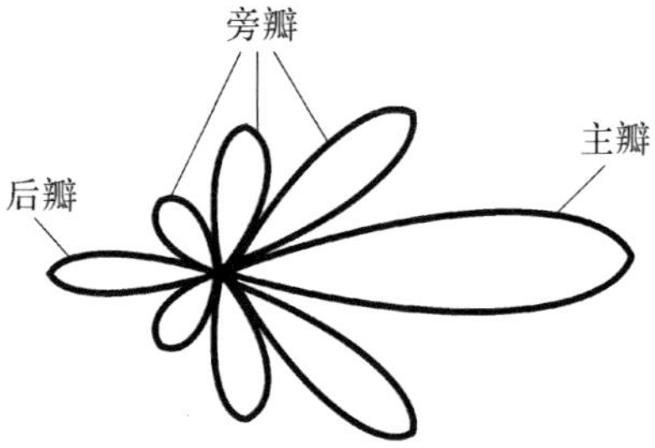

图 1.5-2　方向图的波瓣

3. 半波束宽度

半波束宽度是方向图主瓣内辐射强度最大值下降 3 dB 对应的角度范围，也称为 3 dB 波束宽度，记作 $\theta_{3\ \mathrm{dB}}$。

4. 波束指向

波束指向一般定义为幅度方向图最大值对应的角度指向，也有以方向图半波束宽度的中心位置定义波束指向的。

5. 旁瓣电平

旁瓣电平是方向图主瓣以外的各波瓣对应的最大值与主瓣最大值之比。

6. 交叉极化

交叉极化是与主极化正交的极化。天线的交叉极化定义为正交极化分量 E_{xp} 与主极化分量 E_{cp} 的最大值之比。

7. 极化隔离度

主极化与交叉极化幅度之比定义为极化隔离度，记作 XPD：

$$\mathrm{XPD}=\frac{E_{\mathrm{cp}}}{E_{\mathrm{xp}}} \tag{1.5-2}$$

8. 轴比

轴比的定义同 1.2.1 节极化波轴比定义一致，即椭圆极化天线某辐射方向波的长轴与短轴的比值，其中长轴为主极化与交叉极化幅度之和，短轴为主极化与交叉极化幅度之差。

9. 零深

零深指波瓣之间的能量谷底。有一些特殊用途的天线，专门在轴向方向产生方向图零深，实现捕获、跟踪等功能。

1.5.2　效率

天线系统总存在一些损耗，实际辐射到空间的功率要比天线的输入功率小。效率定义为辐射功率与输入功率之比，记作 η：

$$\eta=\frac{P_{\in}}{P_{\mathrm{in}}} \tag{1.5-3}$$

式中：$P_{\in}$——辐射到空间的总功率；

P_{in}——天线的输入功率。

1.5.3 增益

天线在某方向的辐射强度同天线以同一输入功率向空间各方向均匀辐射的辐射强度之比称作增益。一般天线增益是指天线的最大增益，是天线能量转换能力的表征，记作 G：

$$G=D'\eta \tag{1.5-4}$$

1.5.4 极化特性

天线极化在 1.2 节中详细介绍过，不再赘述，对于天线极化特性的测试是对主波束内的方向图极化特性进行定性测试，核验天线产品与实际是否有偏差。

1.5.5 相位中心

如果空间存在一点，以该点为坐标原点的天线主瓣区域内主极化相位方向图为一常数(即天线远场的等相位面是以该点为球心的球面)，那么此点称作天线的相位中心。实际的天线几乎找不到这样理想的相位中心，因此，工程上定义为以相位中心为坐标原点的天线主瓣区域内主极化相位方向图的变化最小。可见，工程上应用的相位中心的定义并不严格，一般要结合具体的工程应用背景做定义。相位中心是导航卫星天线的重要指标之一。

1.5.6 时延

时延表征电磁波从馈电入口到天线相位中心传输所需要的时间，如图 1.5-3 所示的 T 即为天线的时延。该参数也是导航卫星天线的重要指标之一。

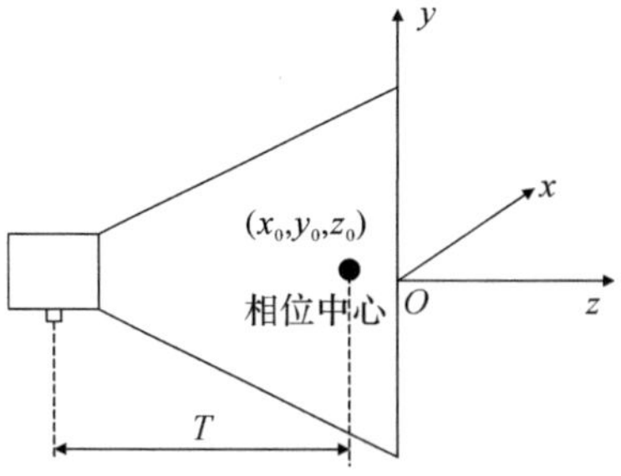

图 1.5-3 天线时延示意图

1.5.7 等效全向辐射功率

等效全向辐射功率(Equivalent Isotropic Radiate Power，EIRP)是反映发射天线发射能力强弱的参数，定义为天线输入功率与天线增益的乘积：

$$\text{EIRP}=P_{in}\cdot G \tag{1.5-5}$$

式中：P_{in}——天线输入功率；

G——天线增益。

1.5.8 接收品质因数

接收品质因数（G/T 值）是反映接收天线性能的一项重要指标。其中：G 为接收天线的增益；T 表示接收天线的等效噪声温度。G/T 值越大，说明接收性能越好。

1.6 天线测量的互易性

天线的互易性是很多测试理论的基础，是天线测试领域中的重要原理，为天线测量提供了更多的“解题思路”，下面就其做一下简单介绍。

任意放置于线性、无源、均匀媒质中的两幅天线：若在天线 1 中加上电动势 U_1，则在天线 1 的影响下，天线 2 中将产生电流 I_{12}；若将与 U_1 相等的电动势 U_2 加到天线 2 中，由于天线 2 对天线 1 的影响，因此天线 1 中将产生与电流 I_{12} 相等的电流 I_{21}。这就是天线的互易定理。

通常情况下，无源天线是互易的。互易原理对天线参数测量是很重要的，它说明待测天线在发射和接收状态下测得的参数是相同的，这就给实际测量带来了很大的灵活性，可以根据仪器、场地等条件来灵活选择待测天线的测量状态。但是，在使用中还应注意以下几点：

（1）若把待测天线和源天线的工作状态互换，并保持接收信号的幅度和相位不变，则要求信号源等设备必须与馈线匹配；

（2）天线上电流密度和电场分布并不互易；

（3）天线中包含有源设备或非线性元件时，只能在指定的工作状态下测量。

互易定理一般仅适用于无源天线的测量。

参 考 文 献

[1] 魏文元，宫德明，陈必森. 天线原理[M]. 西安：西安电子科技大学出版社，1985.

[2] 中华人民共和国航空航天工业部. 天线术语：QJ 1947—1990[S]. 北京：中国标准出版社，1990.

[3] 林昌禄. 天线测量技术[M]. 成都：成都电讯工程学院出版社，1987.

[4] 毛乃宏，俱新德. 天线测量手册[M]. 北京：国防工业出版社，1987.

[5] 何国瑜. 电磁散射的计算和测量[M]. 北京：北京航空航天大学出版社，2006.

[6] 中央军委装备发展部. 雷达天线分系统性能测试方法：GJB 3071A—2019[S]. 北京：中国标准出版社，2019.

[7] LUDWIG A C. The definition of cross polarization[J]. IEEE Transations on Antennas Propagate，1973，21(1)：116 - 119.

[8] COLLIN R E，ZUCKER F J. Antenna theory：part 1[M]. New York：McGraw - Hill，1969.

第2章　远场测量

天线测量最早出现在1905年，在20世纪中期兴起并逐渐发展。天线测量技术是利用控制设备控制接收和发射天线，通过测试来验证天线的技术。最早的天线测量采用远场测量的方法，经过几十年的发展，天线测量的测量方法、测量设备都有了很大发展。目前国外已有较成熟的天线自动测试系统及集成商，例如以色列Orbit公司、美国MTI公司等；近年来，国内也有不少的厂家进入该领域。

2.1　远场测量基本理论

本节重点介绍天线的场分布随离开天线口径面距离的变化情况，是天线远场测量的基础。

2.1.1　天线的轴向功率密度

不同的天线口径场分布，其轴向功率密度随距离的变化曲线不同。图2.1-1和图2.1-2给出了典型口径分布天线的轴向功率密度与距离的关系，其中图2.1-1为均匀分布方口径天线的轴向功率密度曲线。可以看出：在$\frac{R}{2D^2/\lambda}<0.2$的菲涅耳区，天线的轴向功率密度随距离呈振荡型变化；在$\frac{R}{2D^2/\lambda}>0.5$的区域，天线的轴向功率密度随距离的增加近似按$\frac{1}{R^2}$规律下降。图2.1-2为具有副瓣电平为－25 dB的锥削圆口径天线的轴向功率密度曲线。从图中可以看出，在菲涅耳区，曲线振荡的幅度要比等幅分布的口径天线小。此外，$\frac{R}{2D^2/\lambda}=0.1$处的功率密度是$R=\frac{2D^2}{\lambda}$处的42倍。

由上述分析可见，在$R<\frac{2D^2}{\lambda}$的距离上测量天线的辐射特性必然带来一定的测量误差。

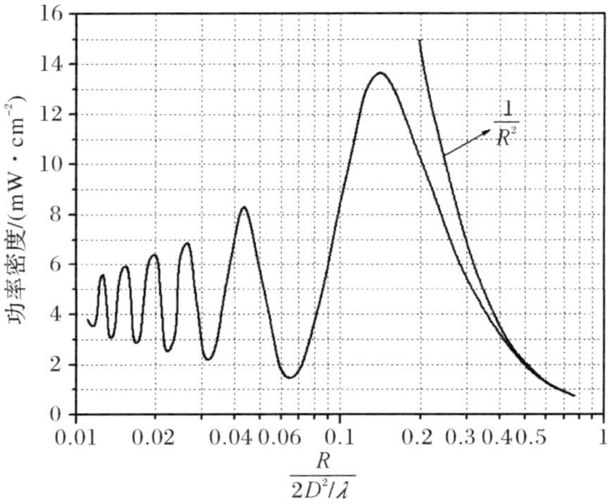

图 2.1-1　**均匀分布方口径天线的轴向功率密度**

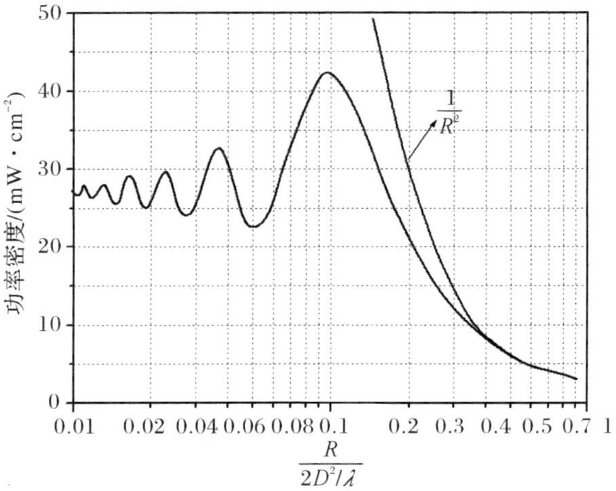

图 2.1-2　**锥削分布圆口径天线的轴向功率密度**

2.1.2　天线在有限距离处的场

天线的性能指的是无限远处的性能。实际的远场测试不可能在无限远处进行，待测天线自身在有限距离的性能与在无限远处不同。

假定待测天线具有均匀、同相的口面场分布，且尺寸远大于辅助天线，其任意距离的辐射场可由口径场计算获得。可以计算有限距离与无限距离处的增益差值见表 2.1-1。从中可以看出：

(1)在 $R=\frac{2D^2}{\lambda}$ 时：对于方口径天线，增益差值为 0.12 dB；对于圆口径天线，增益差值为 0.22 dB。这一量级的差别在工程测量中是允许的。

(2)在同一距离，圆口径天线的增益差值比方口径天线大。

表 2.1-1 不同有限距离与无限远处均匀分布的方口径与圆口径天线的增益差值

距离(R)	方口径天线		圆口径天线	
	$\Delta G/(\%)$	$\Delta G/\mathrm{dB}$	$\Delta G/(\%)$	$\Delta G/\mathrm{dB}$
$R=\frac{D^2}{\lambda}$	10	0.45	17	0.80
$R=\frac{2D^2}{\lambda}$	2.7	0.12	5	0.22
$R=\frac{4D^2}{\lambda}$	0.7	0.03	1	0.046

注:dB 与%均为相对单位值,可互相转化。

2.1.3 远场测量距离的选取

天线远场方向图指的是距离趋于无穷远时,天线的辐射能量分布随角度变化的函数。实际工程中,测试距离不可能无限远,天线远场测试在待测天线的辐射远场区进行,该区域内可近似认为是平面波。由于收/发天线之间的距离有限,因此入射到待测天线口面上的相前并不同相,如图 2.1-3 所示,最大相差为

$$\Delta\varphi_{\max}=\frac{2\pi}{\lambda}\Delta r_{\max} \tag{2.1-1}$$

$$\Delta r_{\max}=\sqrt{R^2+\left(\frac{d+D}{2}\right)^2}-R \tag{2.1-2}$$

式中:d——源辅助天线的最大口径;

D—— 待测天线的最大口径;

R—— 收/发天线之间的距离。

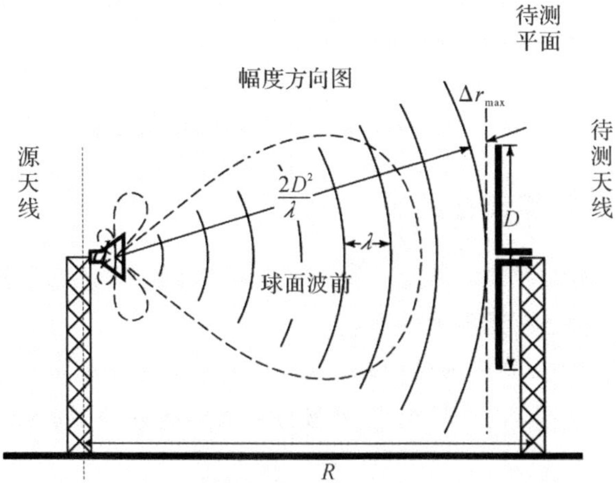

图 2.1-3 球面波照射时远场待测天线的口面相差

经推导可得

$$R\approx\frac{\pi(d+D)^2}{4\lambda\Delta\varphi_{\max}} \tag{2.1-3}$$

当 $\Delta\varphi_{\max}=\frac{\pi}{8}$时，则有

$$R\approx\frac{2\,(d+D)^2}{\lambda} \tag{2.1-4}$$

当 $D\gg d$ 时，可化简为

$$R=\frac{2D^2}{\lambda} \tag{2.1-5}$$

以上是远场测试距离的选取依据。上述条件确定的远场距离有一定的近似性，只是在工程中，远场距离大于该距离，所造成的有限距离的误差可以接受。

2.2　远场的分类

远场测量可分为自由空间测试场和地面反射测试场，其中自由空间测试场又可分为高架天线测试场、斜天线测试场和室内矩形微波暗室测试场。需要较远的远场距离时，一般采用室外的高架天线测试场或斜天线测试场形式。室外远场测量需要在合适的外部环境和天气下进行，同时，对安全和电磁环境有较高要求。远场距离较近时，可选择室内矩形微波暗室测试场。另外，本节也将介绍一种工作在较低波段的锥形微波暗室测试场。

2.2.1　地面反射测试场

地面反射测试场是合理利用和控制地面反射波与直射波干涉而建立的测试场。如图 2.2-1 所示，在光滑平坦的地面上架设收/发天线，用地面反射波和直射波产生的干涉方向图第一个瓣最大值对准待测天线口面中心，一个等幅同相入射场会出现在待测口面。建立待测天线口面垂直方向入射场锥削幅度分布的准则，必须考虑地面反射的影响。

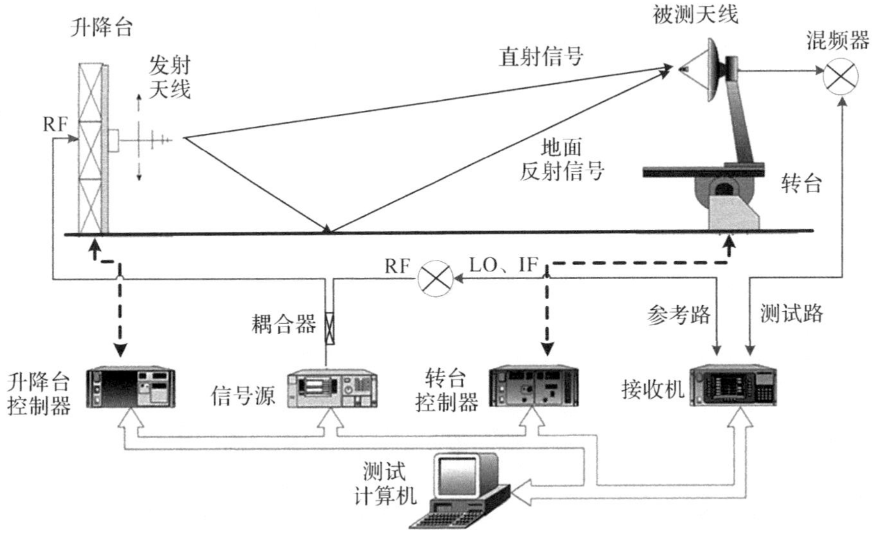

图 2.2-1　地面反射测试场

RF—射频信号；LO—本振信号；IF—中频信号

地面反射测试场天线架设高度的准则如下：发射天线高度 h_t 与待测天线高度 h_r 的关系为

$$h_t \geqslant \frac{\lambda R}{4h_r}$$

另外，对于采用 0.25 dB 的锥削幅度准则，可以求得

$$h_r > 3.3D$$

式中：D——待测天线的口径。

2.2.2 自由空间测试场

自由空间测试场指周围没有反射体或者反射影响可以忽略的测试场，通常的反射源包括地面、周围的树木和建筑等。

1. 高架天线测试场

为了消除地面反射波及周围环境反射影响，把收/发天线架设在高塔或者相邻高层建筑物上，称为高架天线测试场，如图 2.2-2 所示。发射辅助天线采用窄波束天线，同时使发射天线垂直地面的方向图第一零点偏离待测天线静区所在位置，指向地面，如图 2.2-3 所示。

图 2.2-2 高架天线测试场

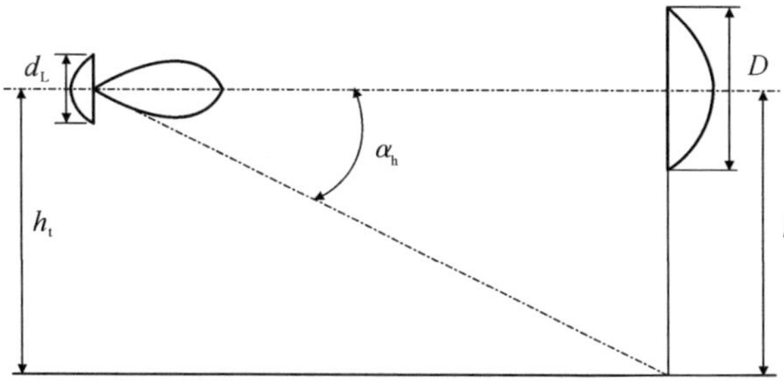

图 2.2-3 窄波束发射天线的零点指向

2. 斜天线测试场

一种方式是采用窄波束发射辅助天线，需要把待测天线架设在 4 倍直径的高度上，对于几何尺寸比较大的天线由于高度过高，在工程实施中难以实现。另一种方式是将收/发天线

架设在不等高位置上，把待测天线架设在更高的支撑物上，把发射辅助天线架设在地面附近。由于发射辅助天线有一定的仰角，适当调整仰角角度，使自由空间方向图的最大辐射方向对待测天线口面，第一零点指向地面反射点，如图 2.2－4 所示，可以有效抑制地面反射波。

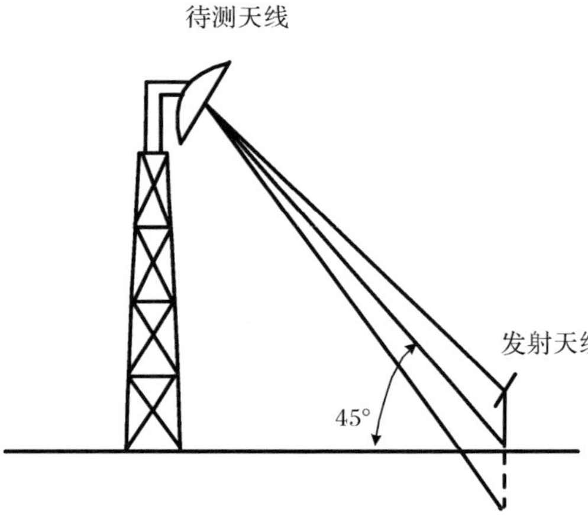

图 2.2－4　斜天线测试场

3. 矩形微波暗室测试场

微波暗室是以吸波材料作为衬里，能吸收入射到 6 个壁上的大部分电磁能量，能较好地模拟自由空间测试条件。暗室能有效避免外界电磁干扰，工作频带较宽，具有全天候、保密等特性，对于比较昂贵的待测天线及测量系统能起到保护作用。随着暗室吸波材料性能的不断提高，微波暗室在近年来得到了迅速发展，不同类型不同规模的暗室相继建成，提高了天线测量的质量和速度。

图 2.2－5 为西安空间无线电技术研究所的微波暗室远场测量系统，主要测试对象为口径较小的单元天线，如喇叭天线和螺旋天线等。其测试距离为 10 m，有精密两轴转台，可以完成天线的方向图、增益、轴比等参数测试。

图 2.2－5　微波暗室测试场(远场)

2.2.3 锥形微波暗室测试场

锥形微波暗室测试场出现于20世纪60年代，它可以规避矩形微波暗室在特高频(UHF)、甚高频(VHF)频段测试静区性能差的局限性，锥形微波暗室的典型结构如图2.2-6所示。

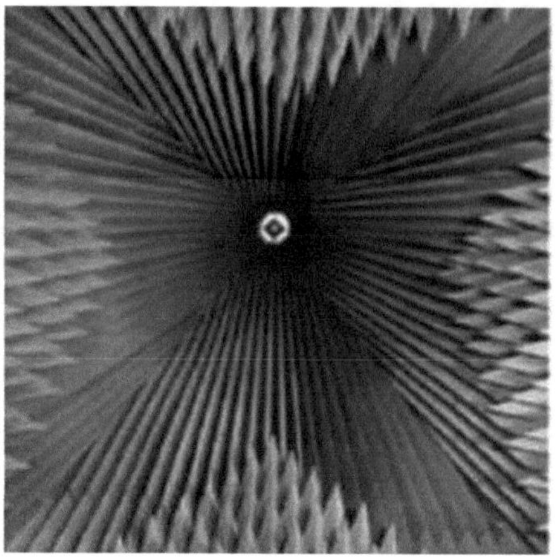

图2.2-6 典型锥形微波暗室

锥形微波暗室和矩形微波暗室都采用直接照射方法进行测量，即利用发射馈源直接照射待测天线，但是静区形成的方法却有着不同。矩形微波暗室处于一种真正的自由空间状态，而锥形微波暗室利用反射形成类似自由空间的状态。由于使用了反射的射线，因此最终形成了准自由而非真正自由的空间。传统矩形微波暗室的墙面锥体状吸波材料用于吸收电磁波，抑制反射；而在锥形微波暗室中，锥形区域的吸波材料用来产生反射，如图2.2-7所示。锥形微波暗室制造起来较复杂，在暗室尺寸方面，锥形微波暗室的长度更长一些，但宽度和高度比矩形微波暗室要小。

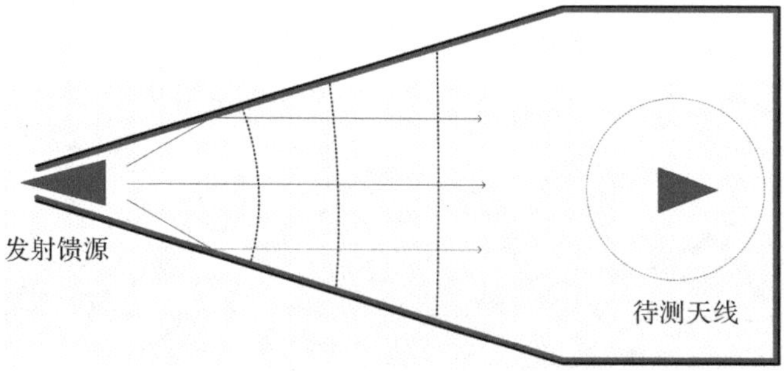

图2.2-7 锥形微波暗室电射线示意图

2.3 天线远场测量方法

2.3.1 远场测量系统的基本组成

天线远场测量系统的组成如图2.3-1所示，主要由机械支撑子系统、转台子系统、控制与软件子系统和射频子系统组成。机械支撑子系统用于安装收/发天线并使待测天线位于静区位置。一般来讲,收/发天线要求等高。转台子系统带动待测天线和照射馈源做转动,实现角域的扫描和极化的切换。控制与软件子系统实现远程自动测量功能,包括各类设备的控制器与系统测量软件。其中,软件主要实现数据自动采集与数据后处理功能。射频子系统实现射频信号的发射、传输、处理和接收。

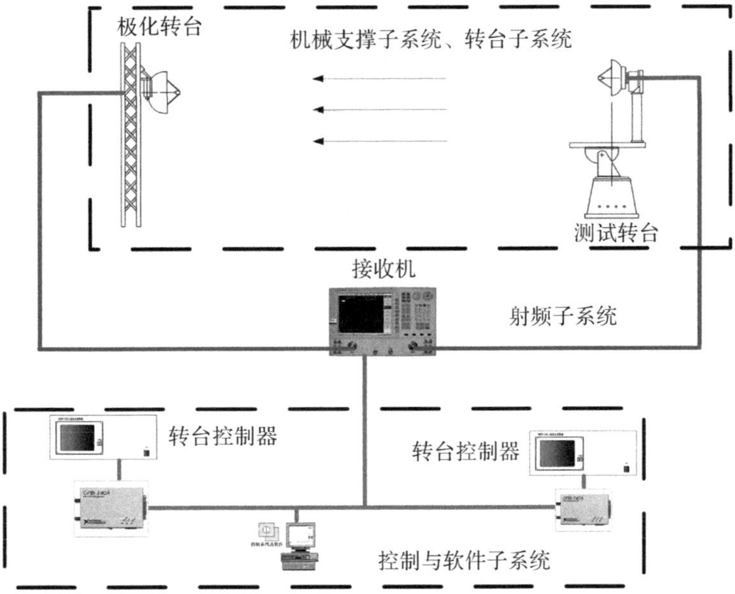

图 2.3-1 远场测量系统的组成

1. 机械支撑子系统、转台子系统

机械支撑子系统、转台子系统包括安装支架和转台,主要功能是安装收/发天线并使之转动。安装待测天线的转台称为测试转台,一般有方位和俯仰两个轴,部分安装待测天线和源天线的支架上还带有极化转台。其中,测试转台方位轴和俯仰轴的运动可以改变待测天线的空间姿态,极化转台的作用是通过极化轴旋转改变天线极化方向。测试转台最主要的指标是转动范围和定位精度,其转动范围决定了可测试天线方向图的可视角度范围,其定位精度决定了可测试天线的最窄波束宽度。一般地,要求定位精度为最窄波束宽度的1/10。

2. 控制与软件子系统

控制系统一般采用控制时序精度微秒级的系统实时控制器作为核心控制部件,可实时、快速地对系统各类仪器进行控制与同步。软件实现数据的自动采集与分析处理,实现天线指标统计、方向图绘制等功能。

3. 射频子系统

射频子系统实现射频信号的产生、传输和接收。以待测天线接收为例介绍射频子系统的工作原理,如图 2.3-2 所示。信号源发出射频激励信号,先经过耦合器,分为耦合射频信号 RF1 和直通射频信号 RF2;本振源产生本振信号 LO,经功分器分为两路本振信号 LO1 和 LO2;耦合射频信号 RF1 和本振信号 LO1 经混频装置后变为中频信号 IF1,经本振中频单元放大、滤波后进入接收机，作为系统参考信号；直通射频信号 RF2 馈入发射天线，被待测天线接收，与本振信号 LO2 经混频装置后变为中频信号 IF2，同样经放大滤波后进入接收机。接收机对两路中频信号做比值处理，获取相对幅度和相位信息。射频子系统设计的用于比幅比相的参考通道可以获得排除时间 $e^{j\omega t}$ 因子影响的不随时间改变的相位信息，同时还可以去除或者减小发射端输出信号不稳定对测试结果的影响。

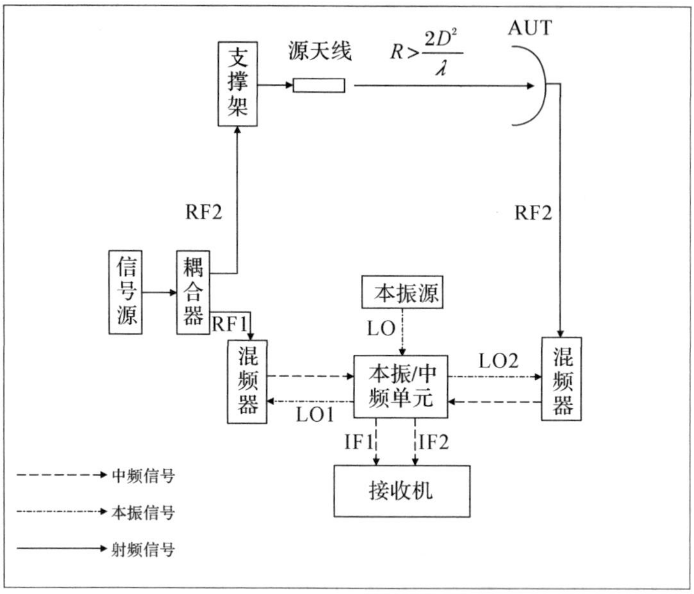

图 2.3-2 射频子系统的组成与工作原理(外混频)

AUT—待测天线

以上为外混频的射频子系统工作模式，应用在测量系统规模较大、路径损耗比较严重的情况；当系统规模较小时，常用内混频工作模式。如图 2.3-3 所示，矢量网络分析仪发出的射频信号直接进入发射源天线，经待测天线接收后进入矢量网络分析仪的接收机，并与矢量网络分析仪的内部参考信号做比值处理，获取相对幅度和相位信息。

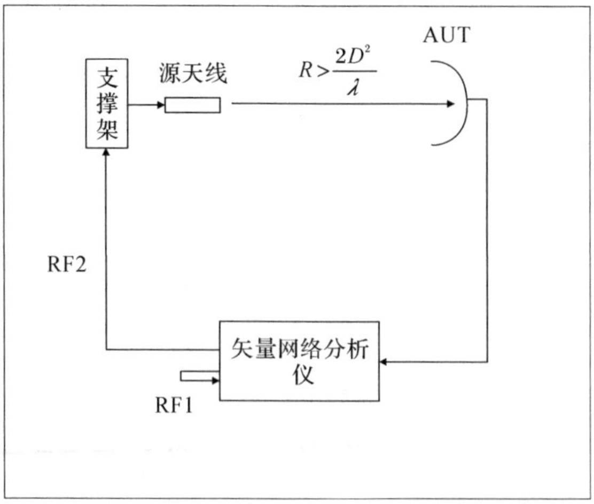

图 2.3-3 射频子系统的组成与工作原理(内混频)

2.3.2 远场坐标系的定义

天线远场幅度方向图与坐标原点的选取和变化无关，仅与坐标方向的定义相关；而相位方向图不仅仅与坐标方向的定义相关，还与坐标原点的选取和变化密切相关。因此，天线测试前，需要以待测天线参考坐标系为输出基准，建立待测天线参考坐标系与测试输出坐标系之间的关系。

天线远场测试相关的坐标系包括测量输出坐标系、待测天线参考坐标系。

1. 测量输出坐标系

坐标系原点 O 为测试转台转轴轴心，垂直地面向上为 y_O 轴；垂直于 y_O 轴，当测试输出角度 $\theta=0$ 时，指向辅助天线方向为 z_O 轴；x_O 轴由右手螺旋法则确定。如图 2.3－4 所示，其中(x_O，y_O，z_O)为远场测试输出坐标系。

2. 待测天线参考坐标系

坐标系原点 a 为待测天线口面中心，垂直地面向上为 y_a 轴；垂直于待测天线口径面，指离待测天线方向为 z_a 轴；x_a 轴由右手螺旋法则确定。如图 2.3－4 所示，其中(x_a，y_a，z_a)为待测天线参考坐标系。

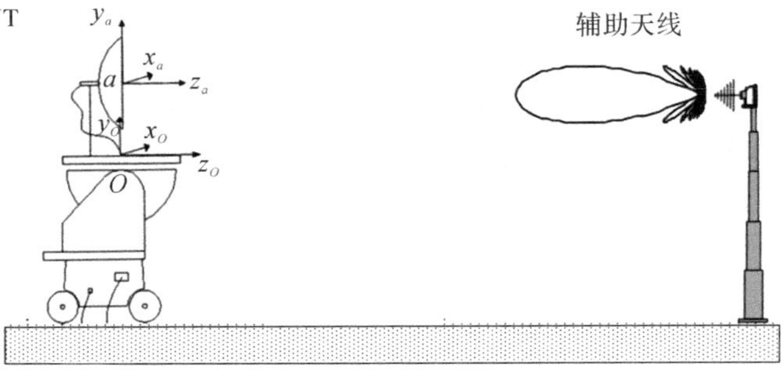

图 2.3－4 远场测试坐标系的定义

2.3.3 天线远场方向图的测量

远场测量时一般待测天线工作在接收模式，源发射辅助天线固定不动，发射电磁波信号，待测天线放置转台上，通过转台带动待测天线旋转，获取待测天线远场幅度、相位信息，最终经过数据处理得到待测天线远场方向图、增益、极化特性等参数。

远场方向图测量的扫描形式通常有两种方法：切割面扫描和等值线扫描。切割面扫描时，待测天线处于某 Φ 角(如 $\Phi=0°$，90°，180°，270°等)，旋转转台上方位(如 θ 角从 －180°到 180°)，采集天线接收到的数据；等值线扫描时一般采用转台俯仰轴步进，上方位轴扫描，采集天线接收到的数据，直接得到所需的天线远场幅度相位信息。

辅助天线一般为线极化，对于线极化待测天线，通过转台带动待测天线旋转可直接获取待测天线远场幅度、相位参数。对于圆极化天线，远场方向图的测量通常采用线极化合成算法，即用一副线极化天线分两次发射(垂直极化发射和水平极化发射)，得到垂直极化分量方向图与水平极化分量方向图，通过极化合成算法，获得圆极化天线方向图。其公式如下：

$$\boldsymbol{E}_{L}=\frac{\boldsymbol{E}_{H}-j\,\boldsymbol{E}_{V}}{\sqrt{2}} \tag{2.3-1}$$

$$\boldsymbol{E}_{R}=\frac{\boldsymbol{E}_{H}+j\,\boldsymbol{E}_{V}}{\sqrt{2}} \tag{2.3-2}$$

式中：$\boldsymbol{E}_L$——待测天线方向图左旋分量；

$\boldsymbol{E}_R$——待测天线方向图右旋分量；

$\boldsymbol{E}_H$——待测天线方向图水平极化分量；

$\boldsymbol{E}_V$——待测天线方向图垂直极化分量；

$|\boldsymbol{E}_L|$，$|\boldsymbol{E}_R|$——$\boldsymbol{E}_L$ 和$\boldsymbol{E}_R$ 的幅度值，大者为该圆极化天线的主极化分量，小者为交叉极化分量，对应的方向图即为主极化和交叉极化方向图。

2.3.4 天线远场增益测量

常见的远场增益测量方法包括比较法和绝对法。比较法是将待测天线与已知增益的标准天线进行比较测试获得增益值，是广泛采用的测量方法；绝对法增益测量是通过弗利斯传输公式，分别测量源辅助发射天线的发射功率、待测天线的接收功率，在已知空间衰减的情况下，计算得到待测天线的增益。

1. 比较法增益的测量

比较法增益测量时，标准天线、待测天线处于远场，且与发射天线的距离相同。在选择标准增益天线时，尽量选与待测天线增益差别较小的天线，以便减小误差。在实践中，通常选喇叭天线作为标准增益天线，因为喇叭天线可以用仿真技术准确地模拟其增益值。当工作频率降至 UHF 频段时，可以采用振子加反射板作为标准增益天线，测试框图如图 2.3-5 所示。

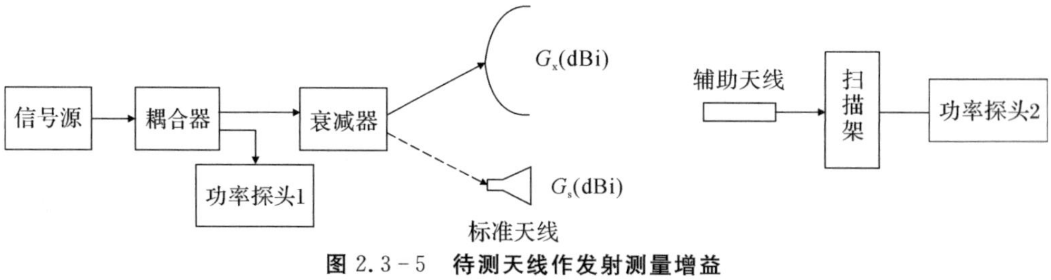

图 2.3-5　待测天线作发射测量增益

假定待测天线增益为 G_x，则

$$G_x=G_s\,\frac{P_x}{P_s}\ (\text{相同电场强度}) \tag{2.3-3}$$

式中：P_x——待测天线作接收，所收到的功率；即功率探头 2 接收的功率与探头 1 接收功率的差值(dBm)；

P_s——标准天线作接收，所收到的功率；待测天线作接收，所收到的功率；即功率探头 2 接收的功率与探头 1 接收功率的差值(dBm)；

G_s——已知的标准天线增益。

一般采用 dB 表示，则式(2.3-3)转化为

$$G_x(\text{dBi}) = P_x(\text{dBm}) - P_s(\text{dBm}) + G_s(\text{dBi}) \tag{2.3-4}$$

式中：$G_x(\text{dBi})$——主极化增益。

当待测天线极化方式为线极化时，用一个线极化标准增益天线和一个极化纯度比较高的线极化辅助天线。假定标准增益天线对准辅助天线时，接收机读数为 $A_s(\text{dB})$；待测天线对准辅助天线时，接收机读数为 $A_{x1}(\text{dB})$；则待测线极化天线的主极化功率增益可以由下式求出：

$$G(\text{dB}) = G_s(\text{dB}) + A_{x1}(\text{dB}) - A_s(\text{dB}) \tag{2.3-5}$$

当待测天线极化方式为椭圆极化（或圆极化）时，由于椭圆极化波可以分解为两个正交的线极化波（如水平极化和垂直极化），因此，只要测出椭圆极化天线长轴或短轴上相对于线极化的增益 G_{1m} 或 G_{2m} 及轴比 AR，就能由下式确定它的椭圆极化增益（全功率增益）：

$$G_m = G_{1m} + G_{2m} = G_{1m}\left(1 + \frac{G_{2m}}{G_{1m}}\right) = G_{1m}\left[1 + \left(\frac{E_{2m}}{E_{1m}}\right)^2\right] =$$

$$G_{2m}\left[1 + \left(\frac{E_{1m}}{E_{2m}}\right)^2\right] = G_{1m}\left(1 + \frac{1}{\text{AR}^2}\right) = G_{2m}(1 + \text{AR}^2) \tag{2.3-6}$$

在实际测量中，不一定必须测出相对椭圆极化长轴或短轴上的线极化增益和轴比，只要测出了任意两个正交分量的线极化增益，就能确定椭圆极化天线的增益。要测得正交分量的线极化增益，必须具备两个正交线极化标准增益天线，实际中可以把线极化标准增益天线旋转90°来实现。

如图 2.3-6 所示，用一个线极化标准增益天线和一个极化纯度比较高的线极化辅助天线测量椭圆极化天线的增益。设标准增益天线对准辅助天线时，接收机读数为 $A_s(\text{dB})$；接入待测椭圆极化天线且最大值对准，接收机读数为 $A_{x1}(\text{dB})$；把线极化辅助天线的极化旋转 90°，接收机读数为 $A_{x2}(\text{dB})$，则待测椭圆极化天线的全功率增益可以由下式求出：

$$G(\text{dB}) = G_s(\text{dB}) + A_{x1}(\text{dB}) - A_s(\text{dB}) + 10\lg\left(1 + 10^{\frac{A_{x2} - A_{x1}}{10}}\right) \tag{2.3-7}$$

对于圆极化天线，因为 $A_{x1} = A_{x2}$，所以有

$$G(\text{dB}) = G_s(\text{dB}) + A_{x1}(\text{dB}) - A_s(\text{dB}) + 3(\text{dB}) \tag{2.3-8}$$

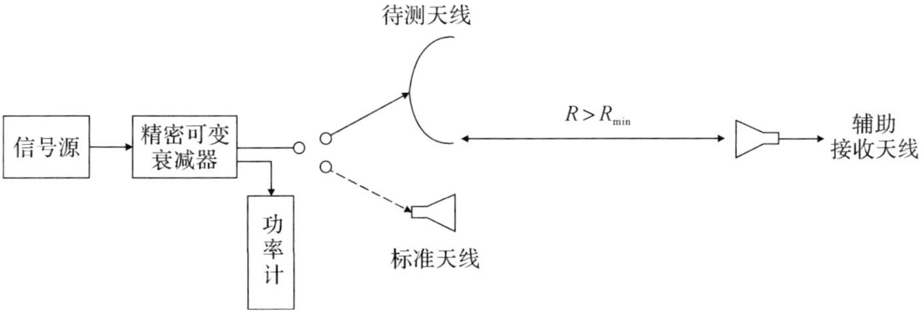

图 2.3-6　线极化天线测量圆极化天线增益框图

2. 绝对法增益的测量

绝对法增益测量时，要用到一个很重要的公式——弗利斯公式：

$$P_R = P_{in} G_T(\theta, \varphi) G_R(\theta', \varphi') \left(\frac{\lambda}{4\pi R}\right)^2 \tag{2.3-9}$$

当发射天线和接收天线均以最大增益方向对准，极化匹配时，在自由空间远场传输条件下，则式(2.3-9)可写为

$$P_R = P_{in} G_T G_R \left(\frac{\lambda}{4\pi R}\right)^2 \tag{2.3-10}$$

式中：P_R——接收天线的最大接收功率；

P_{in}——发射天线的输入功率；

G_T——发射天线的增益；

G_R——接收天线的增益；

R——收/发天线之间的距离；

λ——工作波长。

采用式(2.3-10)做绝对法测量时，需要精确测量场地距离 R，测量发射功率和接收功率，以及连接电缆损耗和匹配等因素。

当待测天线极化方式为线极化时，用一个极化纯度比较高的线极化辅助天线(一般要求交叉极化小于−30 dB，增益 G_R 已知)测量线极化天线的增益，如图 2.3-7 所示。在确保极化对准及波束对准后，采用功率计读取待测天线入口处的功率值 P_{in}(dB)和辅助天线出口处的功率值 P_R(dB)，用下式计算待测天线的主极化功率增益 G_T：

$$G_T(\text{dB}) = P_R(\text{dB}) - P_{in}(\text{dB}) - G_R(\text{dB}) + \text{Loss}(\text{dB}) \tag{2.3-11}$$

式中：Loss——空间损耗，$\text{Loss} = 20\lg\left(\frac{\lambda}{4\pi R}\right)$。

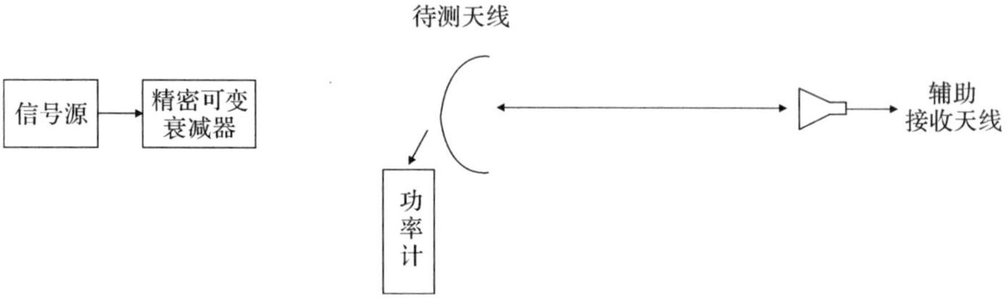

图 2.3-7 绝对法测量线极化天线增益框图

当待测天线极化方式为椭圆极化(或圆极化)时，连接框图如图 2.3-8 所示，同样要求辅助天线的极化纯度较高，辅助天线垂直极化。在波束对准后，采用功率计读取待测天线入口处的功率值 P_{in} 和辅助天线出口处的功率值 $P_{R\text{-}V}$；辅助天线极化旋转 90°处于水平极化，读取辅助天线出口处的功率值 $P_{R\text{-}H}$，用下式计算待测天线的全功率增益 G_T：

$$G_T(\text{dB}) = P_{R\text{-}V}(\text{dB}) - P_{in}(\text{dB}) - G_R(\text{dB}) - \text{Loss}(\text{dB}) + 10\lg\left(1 + 10^{\frac{P_{R\text{-}H} - P_{R\text{-}V}}{10}}\right) \tag{2.3-12}$$

2.3.5 天线相位中心测量

天线相位中心主要应用于导航业务相关的天线，相位中心测量主要包括星上导航天线测量和地面接收天线测量。地面接收导航天线测量关注的相位中心包括相位中心偏差(Phase Center Offset，PCO)和相位中心变化(Phase Center Variation，PCV)。主要测试方法为户外短基线标定方法。随着近年来微波暗室在国内天线测量领域的广泛应用，也常

采用远场测试方法，主要根据判断天线远场相位方向图的平坦度，利用移动待测天线，通过反复迭代的方式，记录相位方向图最为平坦时天线参考坐标点与测试坐标系原点关系，从而认为该点为天线某个来波方向下的相位中心。

星载导航天线相位中心测试主要在微波暗室内，结合光学测量装置校准，获取导航天线相位中心位置，作为北斗卫星天线出厂相位中心标定值。我国研制的北斗导航系统中，导航天线，包括同步轨道(GEO)卫星、中轨道(MEO)卫星、倾斜轨道(IGSO)卫星中的下行导航天线、上行注入天线、星间链路天线等功能天线的相位中心均在微波暗室内完成测量。下面介绍相位中心的远场测量和计算原理。

测试坐标系下，当 φ 取定值时，以 O 为相位参考点和以 O' 为相位参考点的相位方向图之间的关系见下式：

$$\Psi_{O'}(\theta)=\Psi_{O}(\theta)-k(z\cos\theta+h\sin\theta) \tag{2.3-13}$$

式中： O——测试坐标系坐标原点；

O'——测试坐标系下的相位中心点位置坐标，mm；

$\Psi_{O}(\theta)$——测试坐标系下的相位方向图，(°)；

$\Psi_{O'}(\theta)$——测试坐标系下以相位中心为参考点的相位方向图，(°)；

k——波常数，(°)/mm；

z——相位中心 O' 的 z 坐标，mm；

h——相位中心 O' 的 x 或 y 坐标，选择 0°切面时代表 x，选择 90°切面时代表 y。

相位中心测试通过求解特定角域范围内，相位均方误差的极小值，并利用坐标变换，获取天线参考坐标系下的相位中心。测试坐标系下，导航天线指定角域范围内，相位起伏特性见下式：

$$\Delta=\int_{\theta_1}^{\theta_2}\left|\Psi_{O}(\theta)-\Psi_{O}(\theta_{\mathrm{m}})\right|^2\mathrm{d}\theta \tag{2.3-14}$$

式中： Δ——以 O 为辐射原点，服务区覆盖范围内，相位起伏的均方根值，(°)；

(θ_1,θ_2)——服务区覆盖角域，(°)；

θ_{m}——服务区覆盖范围中心指向，(°)。

通过改变 $h_{O'}$ 和 $z_{O'}$，使得相位的起伏 Δ 最小，即满足

$$\frac{\partial\Delta}{\partial h_{O'}}=\frac{\partial\Delta}{\partial z_{O'}}=0 \tag{2.3-15}$$

通过式(2.3-15)求解出导航卫星天线(h,O,z)切面相位中心($z_{O'},h_{O'}$)。以上计算得到某个切面的相位中心位置，为获得整副天线的相位中心，还需用同样的方法计算其正交切面的相位中心。

2.3.6 EIRP 测量

EIRP(等效全向辐射功率)的测量一般采用功率标定的方法，在待测天线发射模式下进行，信号源输出的信号给发射待测天线经空间传输到达接收天线，由测量系统接收设备接收，通过接收到的功率，计算得到 EIRP，如图 2.3-8 所示。EIRP 值按下式计算：

$$\mathrm{EIRP}_{\mathrm{dB}}=P+L+\mathrm{LP}_{\mathrm{dB}}-G-30 \tag{2.3-16}$$

$$LP_{dB}=20\lg\left(\frac{4\pi R}{\lambda}\right) \tag{2.3-17}$$

式中：$EIRP_{dB}$——等效全向辐射功率，dBW；

P——功率计接收的功率，dBm；

L——从接收天线端口到功率计的传输损耗，dB；

LP_{dB}——接收链路自由空间损耗，dB；

G——接收天线增益，dBi；

R——自由空间距离，m；

λ——工作波长，m。

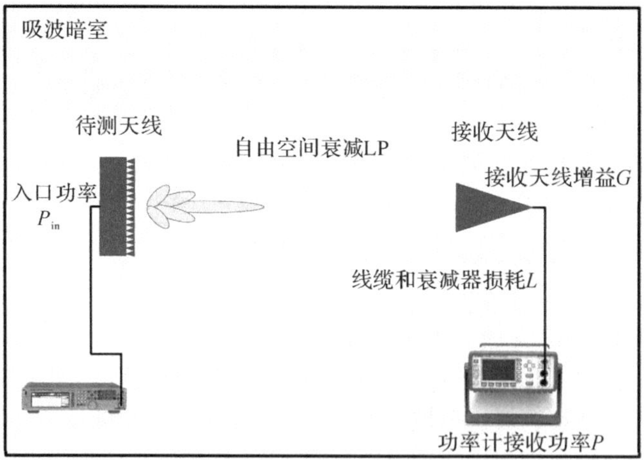

图 2.3－8　EIRP **值测量框图**

2.3.7　*G*/*T* 值测量

G/T 值(接收品质因数)为接收天线的增益与等效噪声温度的比值，是描述通信接收系统性能的最重要指标。包含了接收天线增益特性与接收系统链路噪声特性、G/T 值的远场测量主要针对有源天线，通常采用 Y 因子法。

远场测量时，测试用发射天线发送信号经空间传输到达接收天线(见图 2.3－9)，经接收设备接收，通过 Y 因子法测试得到 G/T 值。

接收天线 G/T 值按下式计算：

$$G/T=\frac{k\times B\times LP}{EIRP}\times\frac{(Y_2-1)Y_1}{Y_1-1} \tag{2.3-18}$$

式中： LP——接收链路自由空间损耗(真值无量纲)，$LP=\left(\frac{4\pi R}{\lambda}\right)^2$；

EIRP——测试发射系统，$EIRP=10^{\frac{G_1+P_{tx}}{10}}$，W；

Y_1——$Y_1=\frac{P_2}{P_1}$；

Y_2——$Y_2=\frac{P_3}{P_2}$；

k——玻耳兹曼常数，J/K；

B——接收系统中频滤波器带宽，Hz；

P_{tx}——馈入发射辅助天线入口的电平，dBW；

G_1——测试用发射辅助天线的增益，dBi；

P_1——测试环境的噪声功率，W；

P_2——P_1功率叠加上接收天线通道的噪声功率，W；

P_3——P_2功率叠加上接收天线通道的信号功率，W。

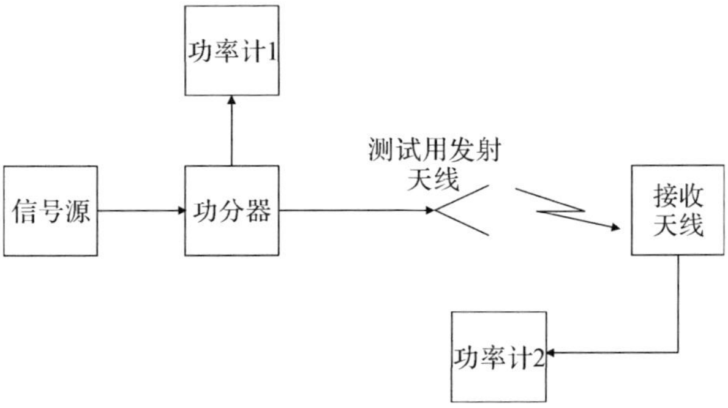

图2.3-9 G/T值测量框图

2.4 天线测量新技术在远场中的应用

2.4.1 标准天线的增益精确测试

目前，卫星载荷系统对天线指标的要求越来越高，天线增益设计的余量越来越小，提升增益测量精度势在必行。在采用比较法进行增益测试时，标准天线的增益值已知，其标称值的精度直接影响待测天线的增益测试精度，它是比较法增益测试最大的误差源，因此对标准天线的增益值进行精确测试，具有重大意义。

这里介绍一种标准天线的增益精确测试方法，它是在三天线增益测试方法的基础上进行距离外推计算，称为外推法增益标定。与现有常规增益测试方法相比，该技术有以下5个优势：

(1)有效消除收/发天线间的互耦影响；

(2)实现无限远处增益的绝对测量，甚至是任意距离下的增益测量；

(3)远高于传统的增益测量精度(该方法不确定度最高可达±0.04 dB，传统方法为±0.3 dB)；

(4)不依赖于标准天线的先验信息和参考值；

(5)修正有限距离的标准天线的增益误差。

外推法增益标定的理论很早就出现了，限于当时的基础工业水平，其工程化推广的工作是近些年才开始的。现介绍外推法增益标定的工作原理：从平面波散射矩阵理论出发推导天线间耦合方程，利用级数展开式表达两个天线的耦合功率积，提取并滤除随距离变化的因子以及耦合部分后，得到“纯净的”两个天线的增益积。最后利用三副天线两两结合建立的三组增益积方程，联立求解得到各天线的增益值。

1. 平面波散射矩阵理论

如图 2.4－1 所示，在波导两端端口 0 和端口 1 上，入射波分别表示为 a_0 和 a_1，反射波分别表示为 b_0 和 b_1，根据微波传输的知识，可以得到以下方程：

$$b_0 = S_{00}a_0 + S_{01}a_1 \tag{2.4-1}$$

$$b_1 = S_{10}a_0 + S_{11}a_1 \tag{2.4-2}$$

式中：S_{00} 和 S_{11}——两端口的反射系数；

S_{01} 和 S_{10}——两端口的传输系数。

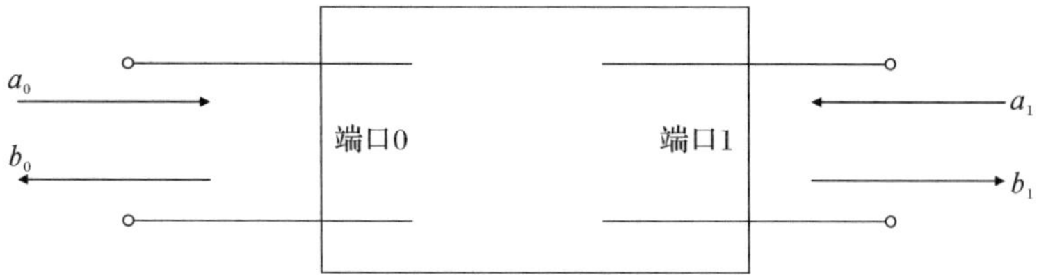

图 2.4－1　双端口散射矩阵示意图

虽然天线比两端口复杂，但是该理论可以推广到多端口传输特性，将不同方向的平面电磁波的接收与不同方向平面波的发射看成不同端口的入射与反射，如图 2.4－2 所示，推导出类似的方程：

$$b_0 = S_{00}a_0 + \int \sum_m S_{01}(m, \boldsymbol{K}) a_m(\boldsymbol{K}) \mathrm{d}\boldsymbol{K} \tag{2.4-3}$$

$$b_m(\boldsymbol{K}) = S_{10}(m, \boldsymbol{K}) a_0 + \int \sum_n S_{11}(m, \boldsymbol{K}; n, \boldsymbol{L}) a_n(\boldsymbol{L}) \mathrm{d}\boldsymbol{L} \tag{2.4-4}$$

式(2.4－3)表示天线馈电端口 0 的接收方程，等号右边第一部分为端口 0 的反射，第二部分代表了天线所有方向接收到的平面电磁波总和。矢量 $\boldsymbol{K}$ 为代表平面电磁波方向的向量；m 代表电磁波的极化属性，习惯上用平面内的两个正交极化方向表示电磁波的极化，即 m 为 1 或 2。

式(2.4－4)表示天线 $\boldsymbol{K}$ 辐射方向的接收方程，也包含两部分，等号右边第一部分同样为端口 0 的传输，第二部分代表了天线所有方向所有极化的平面电磁波散射的总和。

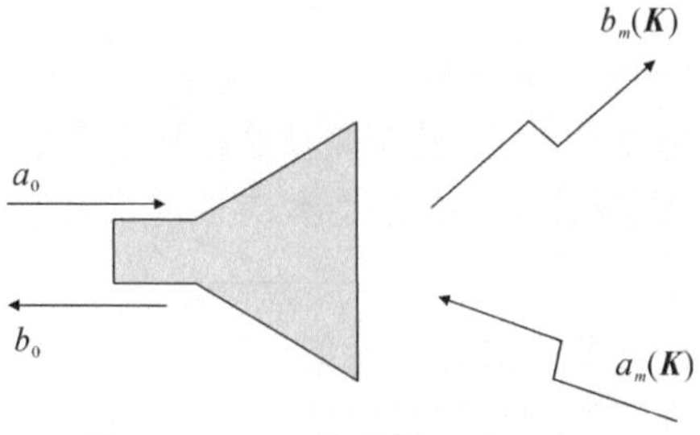

图 2.4－2　天线散射矩阵示意图

2. 天线耦合方程

如图 2.4－3 所示，标准天线增益标定时，要使用两幅天线进行传输测试，根据上文的推导，得出该状态下的接收天线传输方程：

$$b_0'(d)=\frac{a_0}{1-\Gamma_0'\Gamma_l}\int_{\boldsymbol{K}}\sum_m {}^1S_{10}(m,\boldsymbol{K})\cdot{}^2S_{01}'(m,\boldsymbol{K})\cdot \mathrm{e}^{ikd}\mathrm{d}\boldsymbol{K} \tag{2.4-5}$$

式中：　a_0——发射天线的入射波；

$b_0'(d)$——收/发天线距离为 d 时接收天线接收的电磁波；

${}^1S_{10}(m,\boldsymbol{K})$——发射天线的传输特性；

${}^2S_{01}'(m,\boldsymbol{K})$——接收天线的传输特性；

Γ_0'和 Γ_l——为接收天线自身的反射系数及负载端的反射系数。

该方程通过天线散射矩阵的表现形式反映了两个天线传输时的耦合特性。

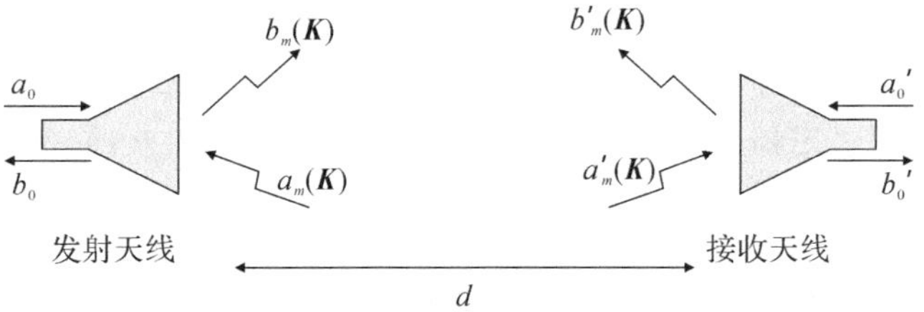

图 2.4－3　**天线耦合矩阵示意图**

在进行外推测试时，收/发天线均只考虑轴向的场（即 $\boldsymbol{K}=\boldsymbol{0}$），$d$ 趋于无穷远，此式可以化简为下式：

$$\lim_{d\to\infty}b_0'(d)=\frac{2\pi ika_0\mathrm{e}^{ikd}}{(1-\Gamma_0'\Gamma_l)d}\left[{}^1S_{10}(1,0)\cdot{}^2S_{01}'(1,0)-{}^1S_{10}(2,0)\cdot{}^2S_{01}'(2,0)\right] \tag{2.4-6}$$

令

$$\left.\begin{aligned}{}^1S_{10}(1,0)&=X_1\\{}^2S_{01}'(1,0)&=X_2\\{}^1S_{10}(2,0)&=Y_1\\S_{01}'(2,0)&=Y_2\end{aligned}\right\} \tag{2.4-7}$$

为了取得两个正交极化分量的测试结果，需要将天线旋转 90°后再进行一次传输测量，记为 $b_0''(d)$，则两次测量的传输方程可以表示为下式：

$$X_1X_2-Y_1Y_2=\lim_{d\to\infty}\frac{b_0'(d)(1-\Gamma_l\Gamma_2)d}{2\pi ika_0\mathrm{e}^{ikd}}=D_{12}' \tag{2.4-8}$$

$$X_1Y_2+X_1Y_2=\lim_{d\to\infty}\frac{b_0''(d)(1-\Gamma_l\Gamma_2)d}{2\pi ika_0\mathrm{e}^{ikd}}=D_{12}'' \tag{2.4-9}$$

3. 功率级数展开

根据收/发天线间的电磁波反射路径，接收天线会接收到由发射天线产生的 1 次入射，还有经过接收天线反射后，到达发射天线然后再反射出来，由接收天线接收的 3 次反射。依次类推，奇数次反射均会进入接收天线，具体可以用下式表示：

$$b_0'(d)=\frac{a_0}{1-\Gamma_l\Gamma_n}\sum_{p=0}^{\infty}\frac{\mathrm{e}^{i(2p+1)kd}}{d^{(2p+1)}}\sum_{q=0}^{\infty}\frac{A_{pq}}{d^q}=$$

$$\frac{a_0}{1-\Gamma_l\Gamma_n}\left[\frac{\mathrm{e}^{ikd}}{d}\left(A_{00}+\frac{A_{01}}{d}+\frac{A_{02}}{d}+\cdots\right)+\frac{\mathrm{e}^{3ikd}}{d^3}\left(A_{10}+\frac{A_{11}}{d}+\frac{A_{12}}{d}+\cdots\right)+\cdots\right] \tag{2.4-10}$$

$$\left.\begin{aligned}A_0(d)&=A_{00}+\frac{A_{01}}{d}+\frac{A_{02}}{d^2}+\cdots\\A_1(d)&=A_{10}+\frac{A_{11}}{d}+\frac{A_{12}}{d^2}+\cdots\\A_2(d)&=A_{20}+\frac{A_{21}}{d}+\frac{A_{22}}{d^2}+\cdots\end{aligned}\right\}\tag{2.4-11}$$

为计算简单，将式(2.4-11)代入式(2.4-10)，得

$$\frac{b_0'(d)}{a_0}=\frac{e^{ikd}}{(1-\Gamma_l\Gamma_n)d}\left[A_0(d)+\frac{e^{2ikd}}{d^2}A_1(d)+\frac{e^{4ikd}}{d^4}A_2(d)+\cdots\right]\tag{2.4-12}$$

4. 增益值的获取

增益标定仅需要考虑幅度，将式(2.4-12)等号两边取二次方，取绝对值幅度，得

$$\left|\frac{b_0'(d)}{a_0}\right|^2=\frac{|e^{ikd}|^2}{|1-\Gamma_l\Gamma_n|^2d^2}\times\left\{|A_0(d)|^2+\frac{|A_1(d)e^{2ikd}|^2}{d^4}+\cdots+2\mathrm{Re}\sum_{m>n}\frac{A_m(d)\bar{A}_n(d)}{d^{2(m-n)}}e^{2i(mk-n\bar{k})d}\right\}\tag{2.4-13}$$

一般情况，k 与系数 A 均为实数，故其共轭复数与原数相当。化简式(2.4-13)得

$$\left.\begin{aligned}&\left|\frac{b_0'(d)}{a_0}\right|^2d^2=\frac{1}{|1-\Gamma_l\Gamma_n|^2}\left[A_{00}'+\frac{A_{01}'}{d}+\frac{A_{02}'}{d^2}+\cdots+\left(\frac{B_{02}^1}{d^2}+\cdots\right)\cos(2kd)+\cdots\right]\\&A_{00}'=A_{00}^2,A_{01}'=2A_{00}A_{01},A_{02}'=2A_{00}A_{02}+A_{01}^2,B_{02}'=2A_{00}A_{10}\end{aligned}\right\}\tag{2.4-14}$$

式中：系数 A'——功率级数的展开系数；

cos 项——天线之间的高阶耦合项。

令传输输出功率与输入功率比为 P，则

$$P=\left|\frac{b_0'(d)}{a_0}\right|^2|1-\Gamma_l\Gamma_n|^2\tag{2.4-15}$$

将式(2.4-15)代入式(2.4-1)，并化简，得

$$Pd^2=A+\frac{A_1}{d}+\frac{A_2}{d^2}+B\cos(2kd)+\delta\tag{2.4-16}$$

式(2.4-16)为外推去耦增益测量的原理公式，结合三天线方法，将 x,y,z 三个天线，两两测量传输，得到三组值：

$$\left.\begin{aligned}P_1d^2&=A_{xy}=G_xG_y\left(\frac{c}{4\pi f}\right)^2\\P_2d^2&=A_{xz}=G_xG_z\left(\frac{c}{4\pi f}\right)^2\\P_2d^2&=A_{yz}=G_yG_z\left(\frac{c}{4\pi f}\right)^2\end{aligned}\right\}\tag{2.4-17}$$

A 为三次外推测量得到的拟合曲线常数项，因为 d 趋于无穷，所以只有常数项。然后，根据式(2.4-17)的三个方程，解出三个天线的增益 G_x,G_y,G_z。

图 2.4-4 为英国国家物理实验室(NPL)的外推法增益标定系统示意图，收/发天线的

距离通过地面轨道可自由调节。西安空间无线电技术研究所自研的外推法增益标定系统如图2.4－5所示，通过机械臂的直线运动改变收/发天线的距离，系统最终的增益标定精度为±0.1 dB，略差于NPL的标定精度。分析其原因，机械臂的位置定位精度及重复性略差。另外，对来自机械臂的散射抑制还有一定的改进空间。

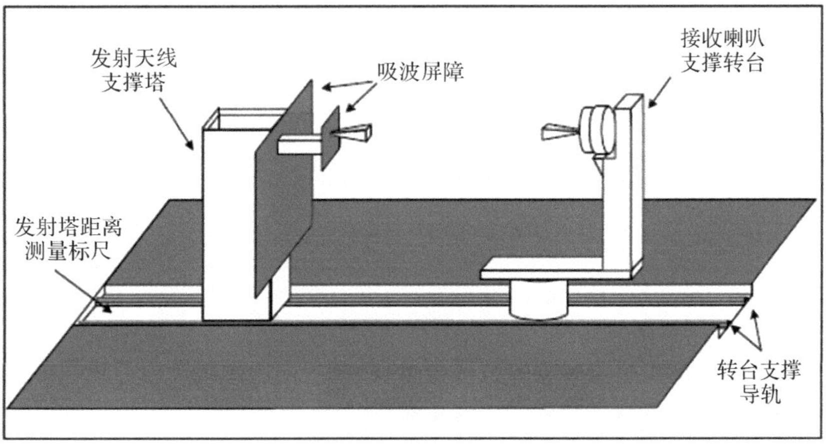

图2.4－4　英国国家物理实验室的增益标定系统示意图

图2.4－5　西安空间无线电技术研究所的外推法增益标定系统

2.4.2　软件门技术

在侦测卫星领域，所配置的天线工作的频段较低，经常在L波段以下。在进行地面天线测量时，受环境散射的影响，测量误差很大。为了提高测试精度，减少场地多次反射影响，常采用软件门技术滤除多径干扰。软件门技术通过频率步进模式，测量在每个频率点上信号的幅度和相位信息并进行加窗（如 Kaiser-Bessel 窗等）处理，对这些离散的频域信号进行离散逆傅里叶变换（IDFT）得到时域信号，在时域进行窗函数滤波处理，再对滤波后的时域信号进行离散傅里叶变换（DFT），得到滤除干扰信号后的频域有效信号，处理流程如图 2.4－6 所示。

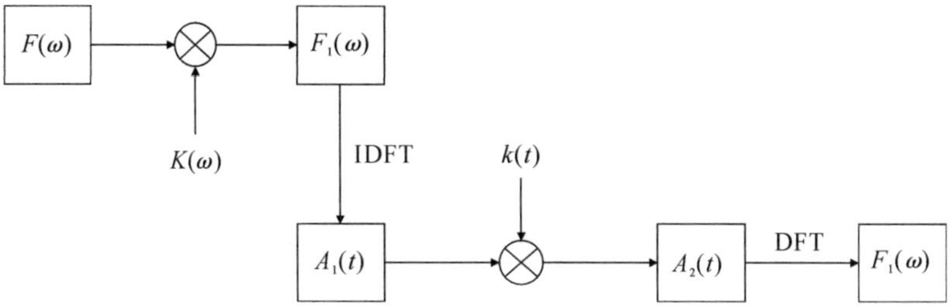

图 2.4－6　软件门数据处理流程

傅里叶变换是连接频域与时域的关键桥梁，频域方向图测试数据为离散数据，进行傅里叶变换时采用傅里叶变换的离散形式。快速傅里叶变换的表达式：

$$v(t_0+k\Delta t)=\frac{1}{N}\mathrm{Re}\left[\mathrm{e}^{\mathrm{j}2\pi(t_0+k\Delta t)t_0}\cdot\sum_{n=0}^{N-1}V(f_0+n\cdot\Delta f)\mathrm{e}^{\mathrm{j}2\pi\Delta f\cdot t_0\cdot n}\cdot\mathrm{e}^{\mathrm{j}2\pi\Delta f\Delta t n k}\right]\quad(2.4-18)$$

举例说明软件门的应用。如图 2.4－7 所示，不同频率的平面电磁波从 A 点向 B 点传播，频率范围为 1.1～1.5 GHz，频域采样间隔 5 MHz。A，B 两点距离 $d=10$ m。在 A 点时假设所有频点电磁波场强均为 1 V/m，相位均为 0°。不同频率的场强可以简单地表示为

$$E=E_0\mathrm{e}^{-\mathrm{j}(\varphi+kx)}\quad(2.4-19)$$

式中：k——波数，$k=2\pi/\lambda$；

λ——波长，场强 $E_A=E_0$。

假设 A 点为坐标原点，则式（2.4－19）中 x 为 0、$E_0=1$、$\varphi=0°$。

传播到 B 点时，由于是平面波，没有空间损耗，以 A 点为坐标原点表示 B 点的场强为 $E_B=E_0\mathrm{e}^{-\mathrm{j}kd}$。

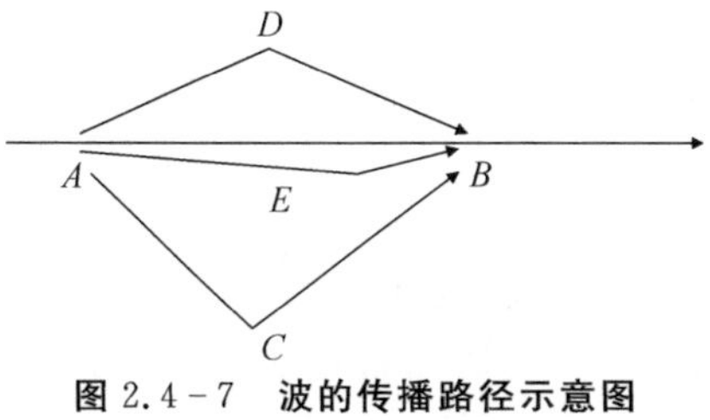

图 2.4－7　波的传播路径示意图

根据奈奎斯特采样定理，选取频率间隔为 5 MHz，对应时域内的可视量程由下式计算：

$$T_{\max}=1/\Delta f=200\ \mathrm{ns}\quad(2.4-20)$$

乘以光速 c 即可换算成距离量程，这里计算可得有效距离为 60 m。若干扰源的位置距离接收装置超出了这一范围，则无法准确定位其具体位置；若干扰源位于 60 m 的整数倍距离，其时域信号就会混叠在正常信号的主瓣内无法去除。

时域的分辨率由采样频带带宽决定，见下式：

$$\Delta T=\frac{T_{\max}}{(\mathrm{NF}-1)} \tag{2.4-21}$$

式中：NF——频点个数。

以上数学模型通过式(2.4-21)计算得到的分辨率为 0.025 ns，对应 0.75 m，这意味着如果两个干扰源距离小于此值，在时域内就无法分辨。

假设 A 点信号分别经过新的路径 C，D，E 点到达 B 点，路径 C，D，E 的长度分别为 16 m，16.5 m，11.5 m，C 路径信号大小为 −20 dB，D 路径信号大小为 −30 dB，E 路径信号大小为 −10 dB，如图 2.4-7 所示，则 B 点合成频域的电场幅度和相位如图 2.4-8 所示。利用式(2.4-18)可得 B 点的合成时域电场，其幅度分布如图 2.4-9 所示。

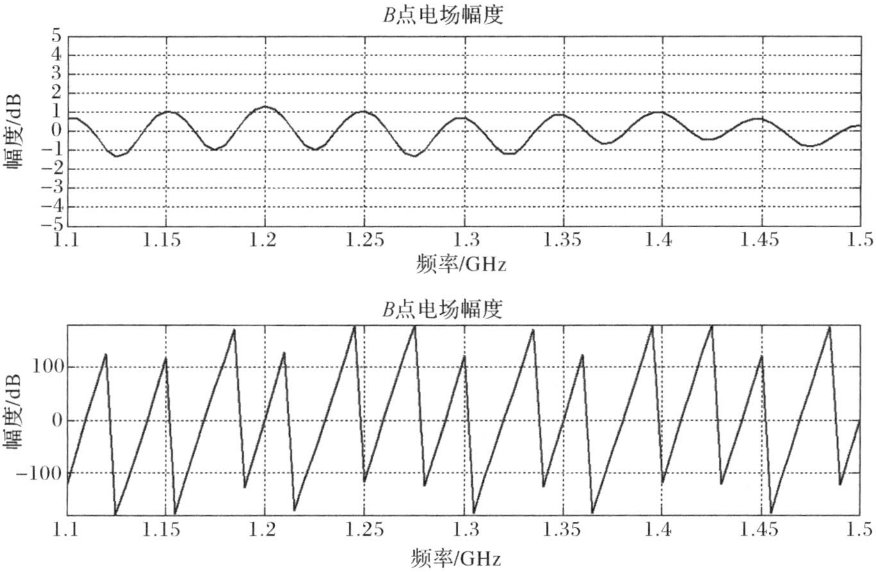

图 2.4-8　B 点不同频率的电场分布

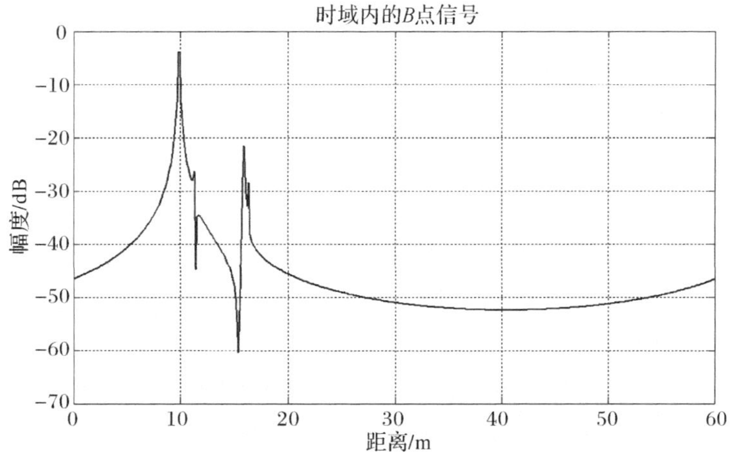

图 2.4-9　B 点不同时间/距离的电场

从图 2.4-9 可以看出，在时域电场中并没有很明显的三个干扰源，这是因为频域工作带宽决定的时域距离分辨率为 0.75 m，而 C 路径与 D 路径仅相差 0.5 m，所示无法识别和区分这两个干扰源。E 路径干扰在时域中也没有找到，湮没在主峰附近的缓降曲线里，这是因为在频-时域变换前，等效于频域函数增加了“矩形窗”，能量快速截断致使时域主瓣展宽。可以通过选择其他类型的窗函数来降低边沿数据阶跃的影响，常见的窗函数有三角窗、矩形窗、海明窗、凯塞窗、切比雪夫窗等。窗函数会在一定程度上降低由于数据阶跃产生的副瓣，但会展宽主峰，并且影响干扰源时域信号的幅度大小。越低副瓣的窗函数会使时域主瓣展宽越明显，不利于分辨主瓣附近正常信号与干扰时域，因此使用时需进行仔细的选择。案例中选用较高副瓣的切比雪夫窗可以解决上述问题，与此同时增加频域测试带宽提高时域分辨率，所有的干扰源在时域中都找到并定位准确。如图 2.4－10 所示，主瓣附近的干扰可以明显区分。

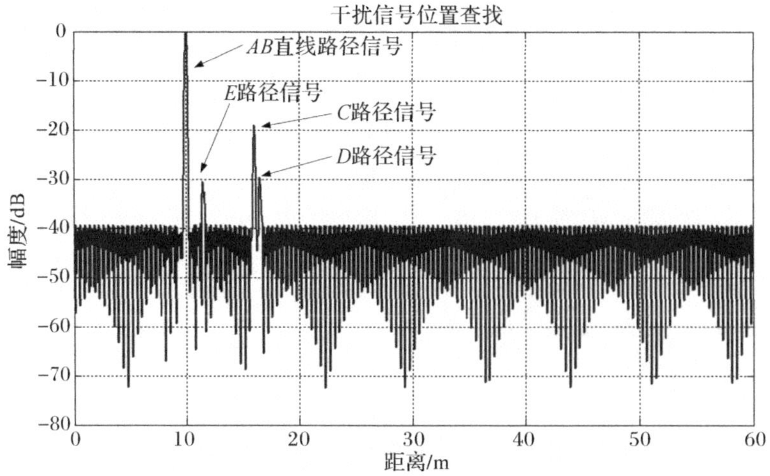

图 2.4－10　**数据加窗函数**

在获得干扰源位置后，采用加窗函数的方式，对干扰源进行滤波处理。根据干扰源位置分布采用高通、低通、带通、带阻等不同滤波形式对时域数据进行处理，将处理后的时域数据进行傅里叶逆变换，获得频域分布。

2.4.3　天线时延测量技术

导航卫星系统为了准确定位，需要准确获取配置天线的传输时延。天线时延定义为电磁波从天线相位中心到馈电网络输入/输出口传输所需要的时间。通过标准时延天线的方法测得待测天线的时延。

如图 2.4－11 所示，时延相等的两幅天线组成测量链路，两天线间的距离满足远场条件。图中 T_f 表示自由空间的电磁波传播时延，为已知量，$T_f=d/c$，d 为测试距离（可以精确测量），c 为光速；T_c 表示测得的总时延，为直接测试量，则标准时延天线的时延 $T_s=(T_c-T_f)/2$。

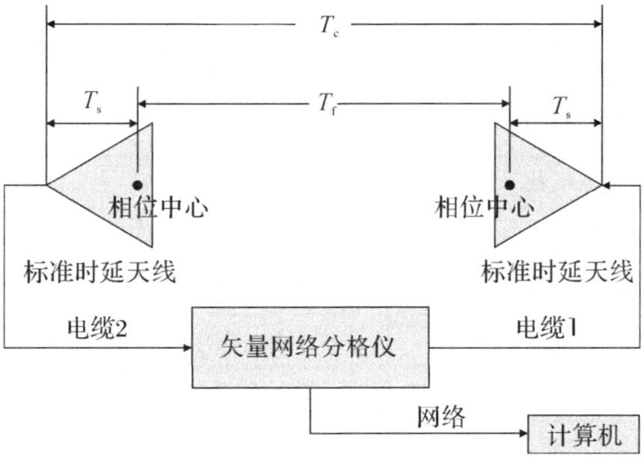

图 2.4－11　标准时延天线时延测试

获得标准时延天线的时延后，如图 2.4－12 所示，由标准时延天线和待测天线组成测试回路，T_c'为直接测试量，T_f'由距离计算，则 $T_a=T_c'-T_f'-T_s$。

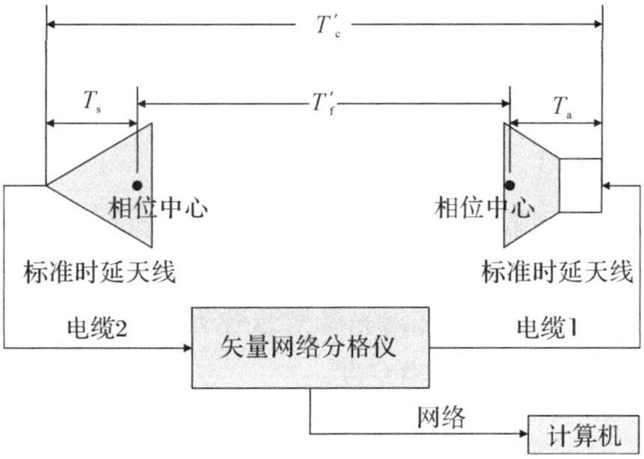

图 2.4－12　待测天线时延测试

2.5　远场测量误差评价

本节针对西安空间无线电技术研究所某室内远场，给出其增益、副瓣电平的不确定度评定结果，其中增益基于比较法测量。

2.5.1　远场误差源

远场测量中误差源及其影响的电参数见表 2.5－1，对主要误差源的介绍如下。

表 2.5－1　远场测量中误差源的典型值和影响的电参数

序 号	误差源	影响的电参数		误差源确定方法
1	标准增益天线增益误差		增益	测量、计算
2	收/发天线对准误差	方向图电平	增益	测量、仿真
3	有限距离	方向图电平	增益	测量、仿真、计算

续表

序号	误差源	影响的电参数		误差源确定方法
4	阻抗失配		增益	测量、计算
5	辅助天线极化	方向图电平		测量、仿真、计算
6	多次反射	方向图电平	增益	测量
7	接收机幅度非线性	方向图电平	增益	测量、计算、仿真
8	系统动态范围	方向图电平	增益	测量
9	暗室散射	方向图电平	增益	仿真、计算
10	泄漏和串扰	方向图电平	增益	测量、计算
11	幅度随机误差	方向图电平	增益	测量

1. 标准增益天线增益误差

标准增益天线的增益误差带来的待测天线增益测量不确定度记作 $\delta G_{y\text{-std}}$。

在远场测量中，增益测量采用比较法，标准天线的标称增益值不确定度直接影响待测天线的增益测量结果。该不确定度来自第三方校准证书。

2. 收/发天线对准误差

标准增益天线和待测天线收/发天线对准误差带来的待测天线增益、方向图测量不确定度分别记作 $\delta G_{y\text{-std-fa}}$，$\delta G_{y\text{-aut-fa}}$ 和 $\delta P_{y\text{-fa}}$。收/发天线的中心轴如果不重合，会影响增益和方向图测量结果（见图 2.5－1）。该偏差可用光学测量仪器测量得到，然后对照方向图仿真结果，得到测量结果的最大偏差，作为不确定度。

图 2.5－1　收/发天线对准误差

3. 有限距离

标准增益天线和待测天线的有限距离带来的待测天线增益、方向图测量不确定度分别记作 $\delta G_{y\text{-std-li}}$，$\delta G_{y\text{-aut-li}}$ 和 $\delta P_{y\text{-li}}$，如图 2.5－2 所示。实际的远场测量不可能在无限远处进行，有限距离带来的待测天线口面上入射场的幅度锥度与相位锥度会引起测量误差。另外，待测天线在有限距离的场也与无限远处不同，带来方向图和增益的测量误差。该误差以考虑实际静区幅相锥度的测量距离处的场分布与理想无限远处场分布的对比获得。

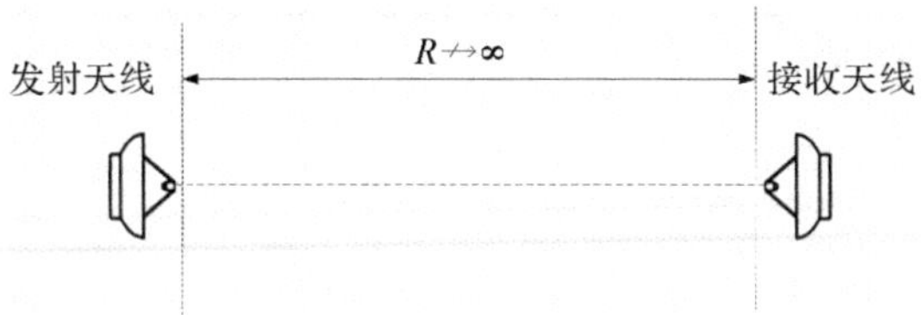

图 2.5－2　有限距离误差示意图

4. 阻抗失配

阻抗失配会给天线增益测量带来误差。标准增益天线和待测天线的阻抗失配带来的待测天线增益不确定度记作 $\delta G_{y\text{-std-M}}$,$\delta G_{y\text{-aut-M}}$。天线馈电端口以及测量系统各连接端口处的阻抗失配会直接影响增益测量结果。测得各个端口的反射系数,进行阻抗失配修正。测量最终不确定度取决于反射系数的测量精度。

5. 辅助天线极化

标准增益天线和待测天线的辅助天线极化带来的增益和方向图的测量不确定度分别记作 $\delta G_{y\text{-std-pol}}$,$\delta G_{y\text{-aut-pol}}$ 和 $\delta P_{y\text{-pol}}$。辅助天线极化的非理想性会导致每个位置的实际接收电平发生变化,进而影响增益和方向图测量结果,致使待测天线远场增益和方向图测量结果存在不确定度。该不确定度通过对辅助天线轴比的测量、结合待测天线轴比的测试结果计算获得。

6. 多次反射

标准增益天线和待测天线测量时多次反射带来的待测天线增益不确定度分别记作 $\delta G_{y\text{-std-mr}}$,$\delta G_{y\text{-aut-mr}}$;待测天线测量多次反射带来的方向图副瓣不确定度记作 $\delta P_{y\text{-mr}}$。

在远场测量时,电磁波能量会在收/发天线之间多次反射,影响测量结果。通常采用多次改变探头与待测天线之间的距离从而改变反射波的叠加情况进行测量,比较多次测量结果,以结果的最大差值作为不确定度,如图 2.5-3 所示。

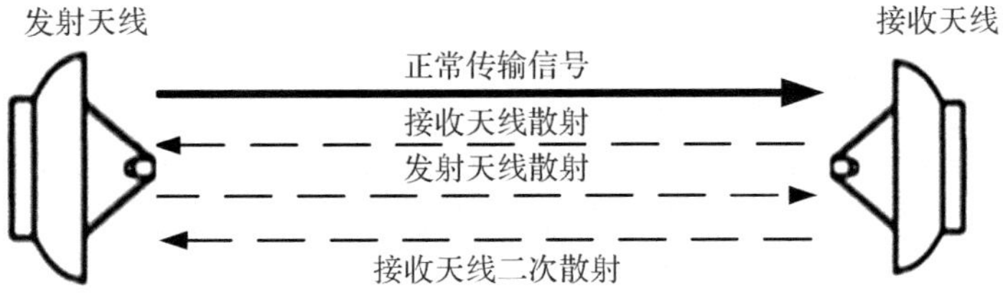

图 2.5-3 多次反射示意图

7. 接收机幅度非线性

标准增益天线和待测天线测量时接收机幅度非线性带来的待测天线增益不确定度分别记作 $\delta G_{y\text{-std-rl}}$,$\delta G_{y\text{-aut-rl}}$;待测天线测量时接收机幅度非线性带来的方向图副瓣不确定度记作 $\delta P_{y\text{-rl}}$,如图 2.5-4 所示。

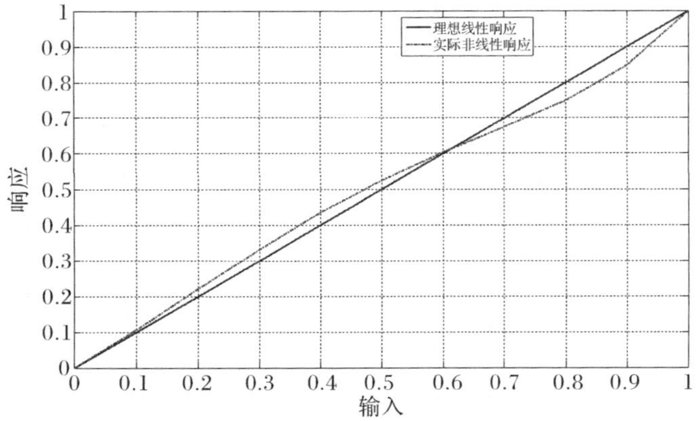

图 2.5-4 非线性度误差示意图

接收机对于不同电平响应结果不完全线性，对于不同电平的测量结果会与真实情况有一定的误差。通常采用改变系统输入电平，同时改变接收机中频带宽，保持系统整体动态范围基本不变。比较不同电平下的结果，以最大差值作为不确定度。

8. 系统动态范围

标准增益天线和待测天线测量时系统动态范围带来的待测天线增益不确定度分别记作 $\delta G_{y\text{-std-dr}}$，$\delta G_{y\text{-aut-dr}}$；待测天线测量时系统动态范围带来的方向图副瓣不确定度记作 $\delta P_{y\text{-dr}}$，如图 2.5－5 所示。

系统底噪是一定功率的高斯白噪声，在进行测量时，必定会引入这一影响量。该影响量的测量通过对系统的动态范围的测量来得到，即测量最大信号与噪声电平的大小比值。

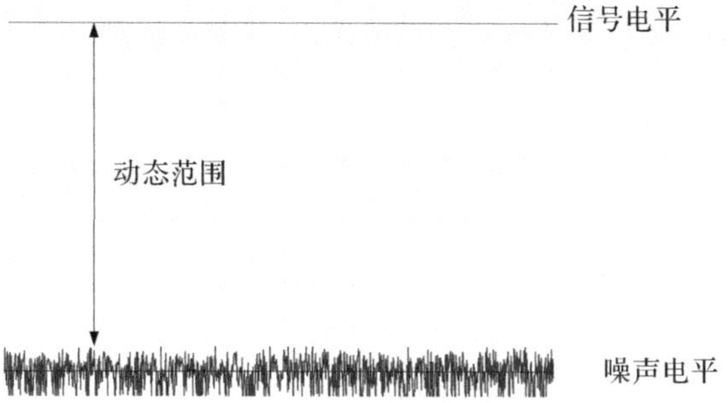

图 2.5－5　系统动态范围示意图

9. 暗室散射

标准增益天线和待测天线测量时暗室散射带来的待测天线增益不确定度分别记作 $\delta G_{y\text{-std-rs}}$，$\delta G_{y\text{-aut-rs}}$；待测天线测量时暗室散射带来的方向图副瓣不确定度记作 $\delta P_{y\text{-rs}}$，如图 2.5－6所示。

暗室散射是由于部分区域无法覆盖吸波材料及吸波材料的非理想性产生的，对静区的电平有一定影响，可以模拟仿真静区的散射电平，建立误差矩阵和数学模型，比较有散射影响的结果与没有散射影响的结果的差值，将其最大值作为不确定度。

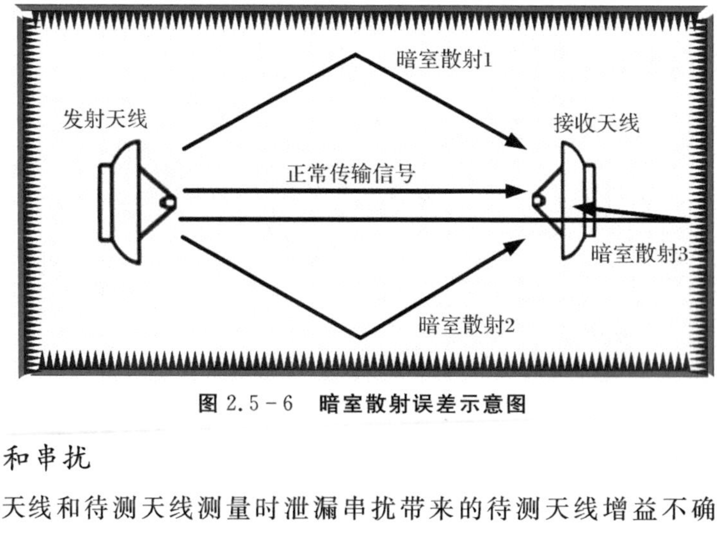

图 2.5－6　暗室散射误差示意图

10. 泄漏和串扰

标准增益天线和待测天线测量时泄漏串扰带来的待测天线增益不确定度分别记作

$\delta G_{y\text{-std-lc}}$，$\delta G_{y\text{-aut-lc}}$；待测天线测量时泄漏串扰带来的方向图副瓣不确定度记作 $\delta P_{y\text{-lc}}$，如图2.5-7所示。

由于测量系统有较多的射频连接端口，加上部分设备自身屏蔽效能非理想，会产生信号泄漏。泄漏信号进入接收机，造成测量误差。泄漏可以通过发射源连接匹配负载，转台进行扫描接收不同位置的泄漏信号。串扰可以使接收天线连接匹配负载，确定接收机接收串扰信号的大小。增益不确定度评定中采用方向图的最大值作为比较结果。采用归一化后的方向图进行比较，消除增益带来的影响。

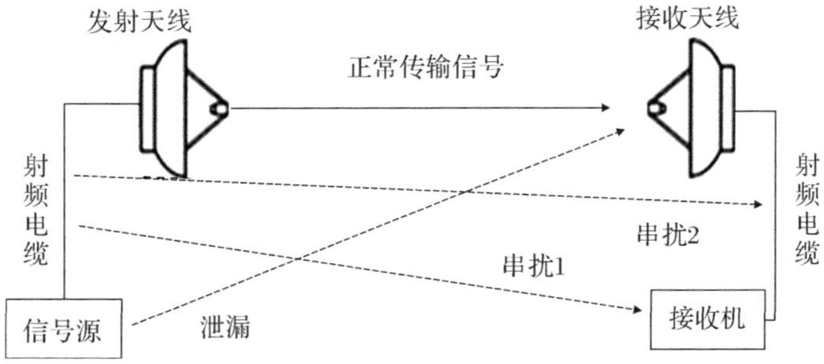

图2.5-7 泄漏串扰示意图

11. 幅度随机误差

标准增益天线和待测天线测量时幅度随机误差带来的待测天线增益不确定度分别记作 $\delta G_{y\text{-std-rad}}$，$\delta G_{y\text{-aut-rad}}$；待测天线测量时幅度随机误差带来的方向图副瓣不确定度记作 $\delta P_{y\text{-rad}}$。

由于温度梯度、湿度梯度对射频设备、机械设备的影响，供电电压抖动等一系列微小随机事件对测量结果造成的影响，增益不确定度评定中采用方向图的最大值作为比较结果。方向图比较时采用归一化后的方向图进行比较，即消除增益带来的影响。

2.5.2 典型指标评价结果

表2.5-1给出了远场测量各误差源，具体到特定天线和测量场地，其测量不确定度可参照下式进行评定：

$$\begin{aligned}G_{aut}=&G_{std}+P_{aut}-P_{std}+\delta G_{y\text{-std}}+\delta G_{y\text{-std-fa}}+\delta G_{y\text{-aut-fa}}+\delta G_{y\text{-std-li}}+\\&\delta G_{y\text{-aut-li}}+\delta G_{y\text{-std-M}}+\delta G_{y\text{-aut-M}}+\delta G_{y\text{-std-pol}}+\delta G_{y\text{-aut-pol}}+\\&\delta G_{y\text{-std-mr}}+\delta G_{y\text{-aut-mr}}+\delta G_{y\text{-std-rl}}+\delta G_{y\text{-aut-rl}}+\delta G_{y\text{-std-dr}}+\\&\delta G_{y\text{-aut-dr}}+\delta G_{y\text{-std-rs}}+\delta G_{y\text{-aut-rs}}+\delta G_{y\text{-std-k}}+\delta G_{y\text{-aut-k}}+\\&\delta G_{y\text{-std-rad}}+\delta G_{y\text{-aut-rad}}\end{aligned}\tag{2.5-1}$$

式中：G_{aut}——待测天线的增益，dBi；

G_{std}——标准增益天线的增益，dBi；

P_{aut}——待测天线电平值，dBm；

P_{std}——标准增益天线电平值，dBm；

其余各误差量单位为dB。

$$P_{aut}=P_{re}+\delta P_{y\text{-fa}}+\delta P_{y\text{-li}}+\delta P_{y\text{-pol}}+\delta P_{y\text{-mr}}+\delta P_{y\text{-rl}}+$$

$$\delta P_{y\text{-dr}}+\delta P_{y\text{-rs}}+\delta P_{y\text{-k}}+\delta P_{y\text{-rad}} \tag{2.5-2}$$

式中：P_{aut}——待测天线方向图电平值，dBm；

P_{re}——接收到的电平值，dBm；

其余各误差量单位为 dB。

表 2.5-2 给出了某天线在远场采用比较法测量增益的不确定度评定的结果，表 2.5-3 给出了该天线在远场测量−20 dB 旁瓣电平不确定度评定的结果。

表 2.5-2　某天线增益不确定度综合评定结果(比较法，Ku 波段，G=25 dBi)

序号	输入量 x_i	误差界/dB	标准不确定度 $u(x_i)$/dB
1	δG_{std}	0.1	0.050
2	$\delta G_{y\text{-std-fa}}$	0.15	0.087
3	$\delta G_{y\text{-aut-fa}}$	0.15	0.087
4	$\delta G_{y\text{-std-li}}$	0.12	0.069
5	$\delta G_{y\text{-aut-li}}$	0.12	0.069
6	$\delta G_{y\text{-std-}M}$	0.011	0.008
7	$\delta G_{y\text{-aut-M}}$	0.011	0.008
8	$\delta G_{y\text{-std-pol}}$	0.011	0.006
9	$\delta G_{y\text{-aut-pol}}$	0.011	0.006
10	$\delta G_{y\text{-std-mr}}$	0.01	0.006
11	$\delta G_{y\text{-aut-mr}}$	0.01	0.006
12	$\delta G_{y\text{-std-rl}}$	0.028	0.016
13	$\delta G_{y\text{-aut-rl}}$	0.028	0.016
14	$\delta G_{y\text{-std-dr}}$	0.003	0.001
15	$\delta G_{y\text{-aut-dr}}$	0.003	0.001
16	$\delta G_{y\text{-std-rs}}$	0.003	0.002
17	$\delta G_{y\text{-aut-rs}}$	0.003	0.002
18	$\delta G_{y\text{-std-k}}$	0.003	0.001
19	$\delta G_{y\text{-aut-k}}$	0.003	0.001
20	$\delta G_{y\text{-std-rad}}$	0.011	0.004
21	$\delta G_{y\text{-aut-rad}}$	0.011	0.004
合成标准不确定度(k=1)			0.167
扩展不确定度(k=2)			0.334

表 2.5-3　方向图副瓣(-20 dB 电平)不确定度综合评定结果(Ku 波段,G=25 dBi)

序号	输入量 x_i	误差界/dB	标准不确定度 $u(x_i)$/dB
2	$\delta P_{y\text{-fa}}$	1.17	0.585
3	$\delta P_{y\text{-li}}$	1.04786	0.605
	$\delta P_{y\text{-pol}}$	0.91	0.455
4	$\delta P_{y\text{-mr}}$	0.356792	0.206
5	$\delta P_{y\text{-rl}}$	0.200912	0.116
7	$\delta P_{y\text{-dr}}$	0.303	0.101
8	$\delta P_{y\text{-rs}}$	0.153	0.102
9	$\delta P_{y\text{-k}}$	0.603	0.201
10	$\delta P_{y\text{-rad}}$	0.642	0.214
合成标准不确定度(k=1)			1.038
扩展不确定度(k=2)			2.077

2.6　远场测量典型案例

远场测量是最传统的天线测量方法。室外远场的最远测试距离可达几千米甚至几十千米,但受外部环境干扰大,测试精度较差,星载天线较少采用该方法。室内远场不受外部环境的干扰,测试精度较高,但最远测试距离较近,一般从几米到十几米,可用于小型星载天线如喇叭天线、螺旋天线等的测量,如图 2.6-1 所示。

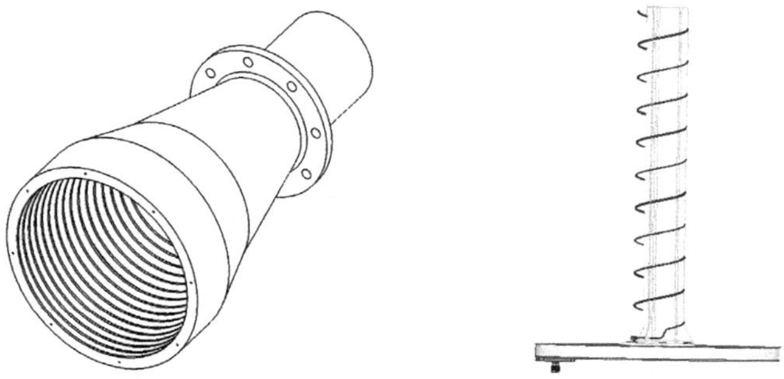

(a)　　　　(b)

图 2.6-1　星载远场测试产品示意图

(a)波纹喇叭;(b)螺旋测控天线

根据天线频率以及口径大小,确定辅助天线和远场测量距离,按照 2.3 节介绍的方法进行测量。一般的无源小型天线的远场测量较为简单,这里介绍验证软件门在远场测量中应用效果的案例。选择容易产生多径干扰的较低工作波段L波段，如图2.6－2所示的远场测量系统，左侧采用标准增益天线作为发射天线，接收天线为同波段的喇叭天线，测试距离8 m，满足远场条件。采用如下方式制造干扰源：在发射端安装另一天线，该天线的辐射轴向方向与原发射天线的辐射轴向方向夹角为60°，如图2.6－3所示，用同一信号源加功分器的方式对两个发射天线馈电。

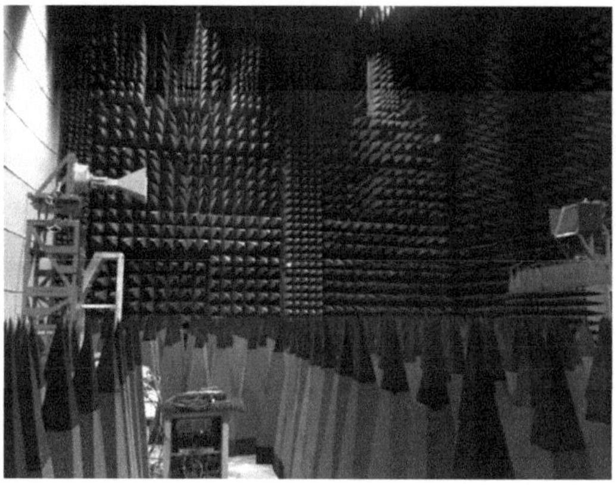

图2.6－2　天线远场测试系统

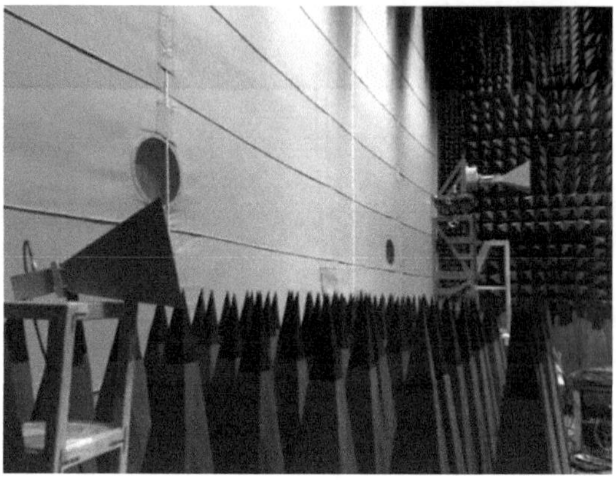

图2.6－3　模拟干扰源假设位置图

设置频率范围为1.1～1.5 GHz，频率间隔为5 MHz，共计81个频点，转台方位轴运动范围为±180°。首先断开干扰源馈电电缆，给发射天线正常馈电，测得无干扰情况下的远场扫频方向图。然后连接干扰源馈电电缆，测得有干扰源情况下的远场扫频方向图。

采用软件门技术对第二次测得的方向图进行滤除处理，与第一次未加干扰源情况下的结果做对比。图2.6－4为加干扰信号的时域信号，可以明显看出除主峰外有另一路多径信号。采用软件门技术前后及第一次测得的方向图对比情况如图2.6－5所示，实线为被干扰的方向图，有颗粒的线代表采用软件门技术处理后的方向图，点线代表未被干扰的方向图。可以看出，干扰信号使方向图严重变形，经软件门技术处理后的方向图与未加干扰的结果一致，验证了软件门对于天线远场测试去除多径干扰的作用。

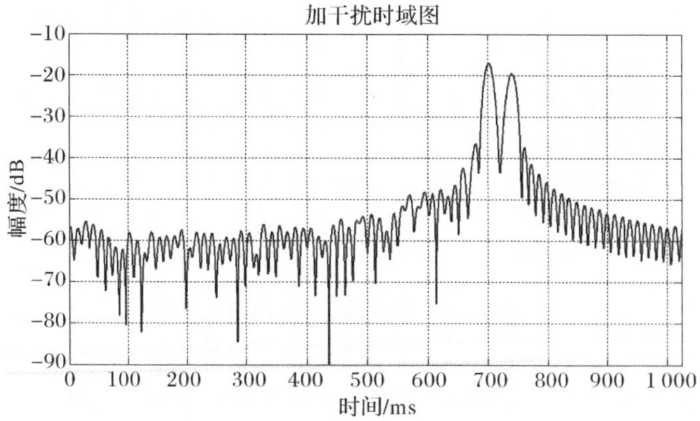

图2.6－4　加干扰后的时域信号图

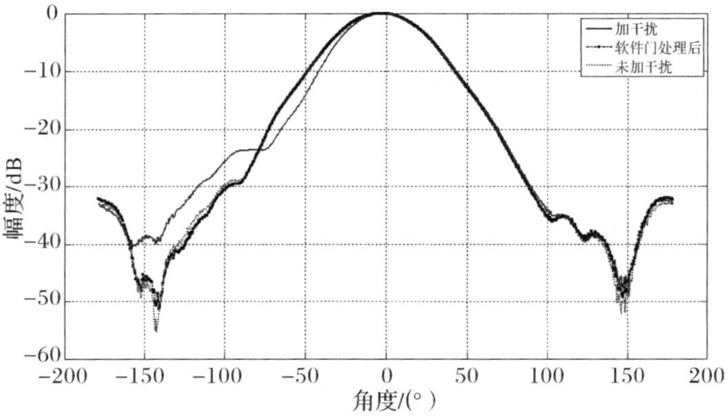

图 2.6－5 软件门处理前后幅度对比

值得注意的是，利用软件门技术对天线测量结果进行处理时，如果不需要确定干扰源的位置，那么无须进行系统校准工作，此时时域曲线中不同峰值的位置值，仅仅反映了干扰信号与主信号的路径长度差。另外，尽量将被测天线的相位中心安装在转台旋转中心位置附近，因为对于每一个角度的频域信号都需要进行软件门处理，尽量靠近中心，时域谱内的干扰位置就会比较固定，便于后续数据处理。

参考文献

[1] 毛乃宏，俱新德. 天线测量手册[M]. 北京：国防工业出版社，1987.

[2] 林昌禄. 天线测量技术[M]. 成都：成都电讯工程学院出版社，1987.

[3] 孟德利. 北斗高精度定向中的多径/天线相位中心误差建模及补偿方法研究[D]. 长沙：国防科技大学，2017.

[4] 张启涛，赵兵. 天线远场测试的软件门技术应用及硬件实现[J]. 微波学报，2016(增刊)：458-462.

[5] 张福顺. 天线测量[M]. 西安：西安电子科技大学出版社，1995.

[6] 刘丽，张晓辉. 矢量网络分析仪时域功能及应用[J]. 中国测试，2012，38(2)：49-51.

[7] 李天宇，许群，张清. 时域门技术在天线罩传输效率测量中的应用[J]. 电子制作，2014(12)：138-139.

第 3 章　紧缩场测量

紧缩场(Compact Antenna Test Range)是利用大口径抛物面或赋形反射面等将测量馈源发出的球面波转换成平面波的装置。该装置可以在短距离内产生较为理想的平面波测量环境,待测天线位于平面波测量静区内,可获得与远场相同的测量结果。换言之,在室内环境下,可对天线性能进行精确测量,测量直观、快捷,测量精度高,问题诊断能力强,测量不受外界风、雨等恶劣天气的影响,保密效果好。

最早的紧缩场出现在 20 世纪 70 年代,美国佐治亚工学院 R. C. Johnson 首次采用常规旋转抛物面原理,将球面波馈源放置在抛物面焦点上,产生平面波。上述紧缩场的交叉极化较高,在 80 年代初,荷兰 Eindhoven 大学 V. J. Vokurka 采用双柱面天线原理设计紧缩场,改善了交叉极化性能。不久后,丹麦哥本哈根 TICRA 研究所在双柱面紧缩场的基础上,完成了前馈卡塞格伦原理紧缩场的设计,交叉极化性能非常好。20 世纪 90 年代以后,人们越来越多地关注紧缩场技术的发展和应用。紧缩场除了测量距离近的优势外,其平面波的性能也远比普通远场距离下的性能好,因而测量精度更高。

3.1　紧缩场测量基本理论

3.1.1　球面波到平面波的转换

图 3.1-1 以双反紧缩场为例给出了在近距离产生平面波的原理图。双反紧缩场的照射馈源放置在紧缩场的焦点位置,其主波束范围内的球面波前依次照射副反和主反后在静区形成平面波,照射置于静区转台上的待测天线。反射器的曲面形状、相对位置关系及边缘形状是紧缩场的设计要素,合理的设计使照射馈源的球面波在较短的距离内转换为平面波。

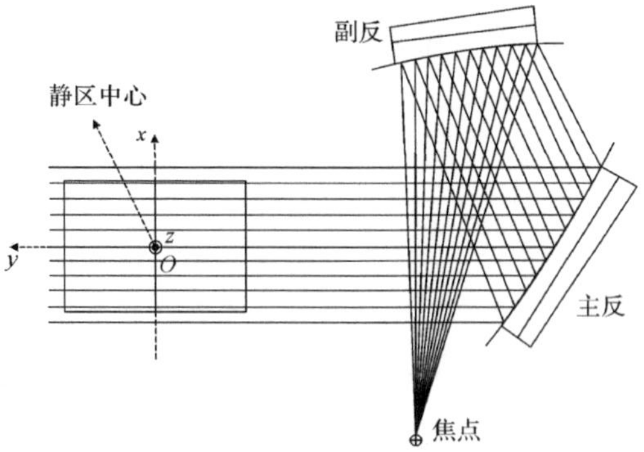

图 3.1-1　紧缩场产生平面波

3.1.2　天线紧缩场测量的误差模型

根据天线平面波散射矩阵理论，在小角度近似条件下，可以得到紧缩场天线和待测天线的耦合公式：

$$B_0'(\boldsymbol{K}_0)=ck\iint s_t(\boldsymbol{K}_0-\boldsymbol{K})\cdot s(\boldsymbol{K})\mathrm{d}\boldsymbol{K}=cks_t(\boldsymbol{K}_0)*s(\boldsymbol{K}_0) \tag{3.1-1}$$

式中：$s_t(\boldsymbol{K}_0)$——待测天线的平面波谱，正比于天线远场方向图；

$s(\boldsymbol{K}_0)$——紧缩场的平面波谱；

$B_0'(\boldsymbol{K}_0)$——测量输出结果。

平面波谱及其与远场方向图关系见 4.1.2 节的描述。由式(3.1-1)可知，待测天线的测量输出等于天线真实方向图与紧缩场平面波谱的卷积。

待测天线和紧缩场测量场的真实口径场分布分别记作 $g_t(x,y)$ 和 $g(x,y)$。如果紧缩场是理想的，即 $g(x,y)=1$，其平面波谱 $s(\boldsymbol{K}_0)$ 为 δ 函数，此时天线的输出 B'_0 等于 $g_t(x,y)$ 的傅里叶变换，可得到没有误差的待测天线方向图。实际上，上述假设几乎不可能实现，紧缩场测量场地不是理想的，其平面波谱不是 δ 函数。对式(3.1-1)做变换，得

$$B_0'(k_x,k_y)=c_1\iint\limits_A g_t(x,y)\cdot g(x,y)\mathrm{e}^{\mathrm{j}(k_xx+k_yy)}\mathrm{d}x\mathrm{d}y \tag{3.1-2}$$

式(3.1-2)中，积分区域 A 大于非零的 $g_t(x,y)$ 所包含的区域，其中 $g(x,y)$ 即为通常所说的静区性能。紧缩场设计的目的是获得尽可能好的静区性能，即尽量使 $g(x,y)$ 趋近于 1。

3.1.3　紧缩场静区性能及影响因素

静区性能一般分解为幅相锥削、相位锥削、幅相起伏、相位起伏和交叉极化五个指标，典型的静区指标要求见表 3.1-1。

表 3.1-1　紧缩场静区典型的指标要求

项目	幅度锥度	相位锥度	幅度起伏(峰峰值)	相位起伏(峰峰值)	交叉极化
典型值	1 dB	5°	±0.5 dB	±5°	−25 dB(一般) −40 dB(高性能)

1. 幅相锥削

幅相锥削由照射馈源及由焦点发出的不同射线到静区的距离确定，通过选择较高的馈源照射电平和紧缩场选型设计可以获得很好的幅相锥削。然而，较高的馈源照射电平会造成静区幅相起伏的恶化，因此，幅相锥削和起伏在设计时需要综合考虑，不能顾此失彼。

2. 幅相起伏

静区幅相起伏是由多路径效应引起的。引起多路径的主要因素包括暗室环境散射、反射器边缘效应、反射器型面的非理想性及馈源的直接泄漏，如图 3.1-2 所示，路径 1 为所需的直射信号，其他路径均为干扰信号，紧缩场设计最主要的目标是抑制干扰信号。

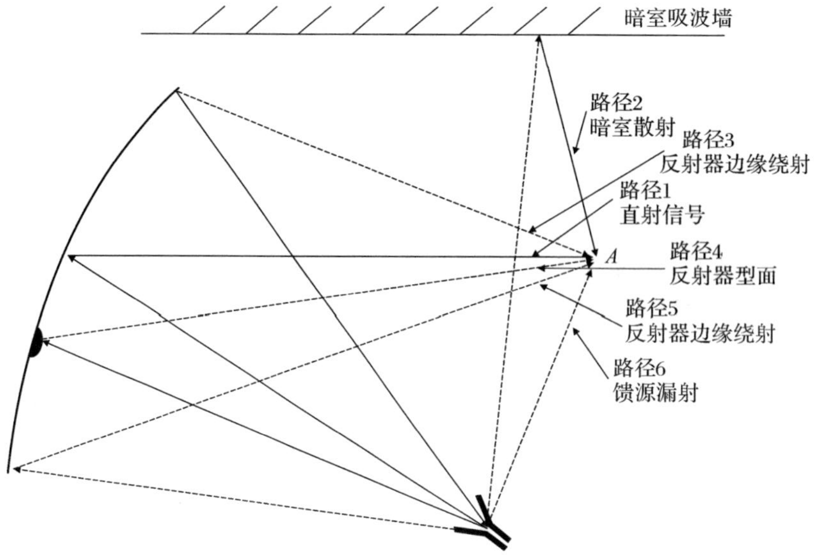

图 3.1-2　紧缩场静区的多路径信号

(1)暗室环境散射

暗室环境散射是指到达暗室吸波墙的信号没有被吸波材料完全吸收,产生的散射信号一部分进入静区形成的干扰信号,如图 3.1-2 的干扰路径 2 所示。通过暗室吸波材料的详细布局设计来抑制暗室环境的散射,一般采用射线追踪法分析,通常在静区后面的背墙和馈源主瓣照射的反射器以外的强场区域采用性能好的吸波材料布局。

(2)反射面边缘绕射

图 3.1-2 中的干扰路径 3 和路径 5 是由反射面边缘绕射带来的多径干扰。与远场测量不同,紧缩场利用的是口径场天线的近场区域,近场绕射问题是紧缩场设计时需要特别关注的,需要对反射器的边缘做特殊的设计和处理,一般采用锯齿形状或者卷边形状的边缘处理方法来减小反射器边缘绕射的影响。

图 3.1-3 是锯齿边缘的反射器形式。锯齿区域分为过渡区与锯齿区两个部分:过渡区型面为反射器标准区域型面的延伸;锯齿区型面则是根据电性能需要从过渡区边缘相对理想型面逐渐变形调整而形成一个曲面,且整个区域轮廓由紧密相连的锯齿截得。锯齿的作用等效于口径场分布在边缘区域锥削下降,减少不连续分布带来散射对静区抖动的影响。

图 3.1-3　锯齿边缘

图 3.1-4 是卷边边缘的紧缩场反射器形式，边缘散射信号远离静区，使静区的幅相分布尽可能平坦。

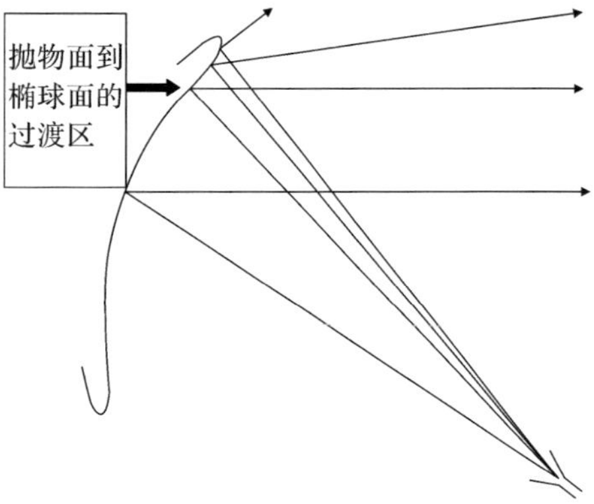

图 3.1-4　卷边边缘

(3)反射器型面

在紧缩场设计时，一般是把反射器看成理想的曲面(抛物面、双曲面、椭球面等)。但是，由于加工精度的影响，因此实际工作的反射器其型面并非理想的曲面，而是包含一定的加工误差。图 3.1-2 中的路径 4 即是由反射器型面的非理想性引起的。目前，就国内的加工水平而言：对于口径不超过 1 m 的反射器，加工精度可以控制在几个微米的量级；对于 5 m 以上的反射器，最高的加工精度一般在 20 μm 左右。加工精度一般要求为最小工作波长的 1%。

(4)馈源漏射

馈源波束主要能量经反射器进入静区，还有偏离轴向的一部分能量直接进入静区造成干扰，如图 3.1-2 中的路径 6 所示，称为馈源漏射。通过仔细的设计减小馈源漏射，也可设计遮挡漏射的吸波柱等。

3. 交叉极化

紧缩场静区的交叉极化性能由馈源和反射器共同确定，通过设计交叉极化性能优越的照射馈源来提升静区的交叉极化性能，一般采用波纹喇叭的形式，照射角内的交叉极化电平可实现-45 dB 的优越性能。如果采用双反紧缩场，在满足圆对称条件时，反射器系统产生的交叉极化可以忽略不计。下面介绍圆对称条件。

主副反射面焦轴夹角 α 以及馈源指向与副反射面焦轴夹角 Ψ_f(见图 3.1-5)需要满足圆对称条件。任意一个双反射面天线可以等效为图 3.1-6(a)中所示的一个偏馈单反射面天线，等效后的单反射面馈源偏置角度 θ_{fe} 可以由下式通过双反射面天线的相关参数表示出来：

$$\tan\frac{\theta_{fe}}{2}=\frac{\tan\frac{\Psi_f}{2}-\frac{e+1}{e-1}\tan\frac{\alpha}{2}}{1+\frac{e+1}{e-1}\tan\frac{\Psi_f}{2}\tan\frac{\alpha}{2}} \tag{3.1-1}$$

式中：e——副反射面所截曲面的离心率。

由 θ_{fe} 物理特性可知，当 $\theta_{fe}=0$ 时天线等效为正馈反射面天线，如图 3.1-6(b)所示[即天线等效为一个交叉极化补偿系统，满足该关系后，式(3.1-1)分子部分等于零]，可以极大降低双反射面天线辐射场的交叉极化电平。双反圆对称条件即为

$$\tan\frac{\Psi_{\mathrm{f}}}{2}=\frac{e+1}{e-1}\cdot\tan\frac{\alpha}{2}$$

按照该条件进行参数设计的双反紧缩场，可以取得很好的交叉极化性能。

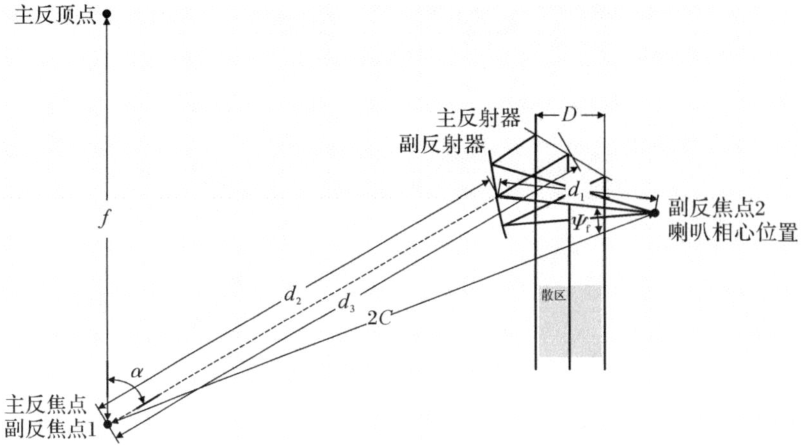

图 3.1-5　圆对称条件中角度的定义

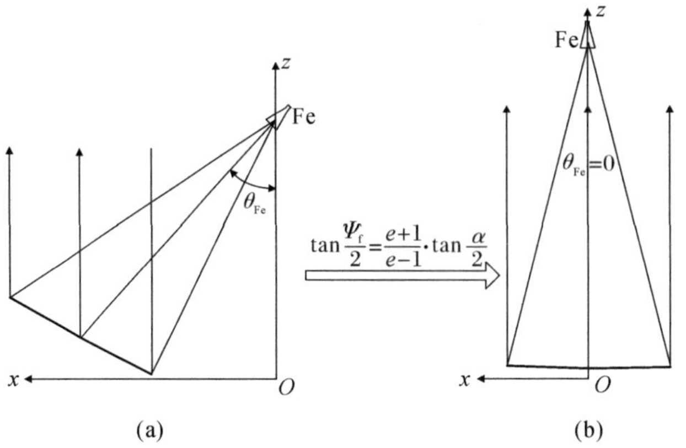

图 3.1-6　等效单反射面天线示意图

4. 工程案例

图 3.1-7 是西安空间无线电技术研究所研制的超大型双反卡塞格伦紧缩场。静区尺寸 12 m×8 m(高)，工作频率范围 1～67 GHz，静区性能见表 3.1-2，主反射器尺寸 18.4 m×13 m(高)，副反射器尺寸 15 m×12 m(高)，采用分块式加工，单块加工精度 20 μm，拼装后整体型面精度 30 μm。

表 3.1-2　超大型双反紧缩场静区性能

频率/GHz	1～1.5	1.5～2	2～3	3～18	18～67
幅度锥度/dB	<1.0	<1.0	<1.0	<1.0	<1.0
相位锥度/(°)	<5.0	<5.0	<5.0	<5.0	<5.0
幅度起伏/dB	±1.0	±0.8	±0.7	±0.5	±0.5
相位起伏/(°)	±10	±8	±6	±6	±10
交叉极化电平/dB	<-35	<-36	<-38	<-40	<-40

图 3.1-7 中:主反射区采用高性能吸波材料减小暗室散射影响,反射器边缘采用锯齿形状减小反射器边缘绕射;在馈源与静区之间设置遮挡吸波柱,减小馈源到静区的泄漏。

图 3.1-7　西安空间无线电技术研究所研制的双反紧缩场

3.1.4　紧缩场无相位静区检测技术

紧缩场的性能好坏一般以静区平面波的性能来衡量,紧缩场之所以能够达到远超远场的测量精度也正是因为其平面波的性能比远场通过距离形成的平面波的性能要优越许多。

一般对紧缩场建设完毕后均需要对静区进行检测,一般的检测方法为使用扫描架对精度不同位置的幅度和相位进行测量,绘制幅度相位分布图,然后进行性能评估。图 3.1-8 所示为紧缩场静区检测的一般形式,采用了扫描架与极化转台配合,通过扫描架上探头的移动采集不同位置的幅度和相位值。如图 3.1-9 所示,通过极化轴旋转采集精度"十"字形或者"米"字形切线数据。

图 3.1-8　紧缩场静区检测实物图

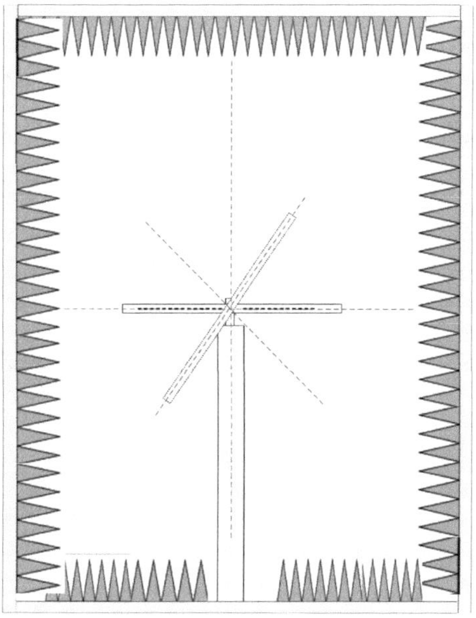

图 3.1-9　静区检测示意图

随着频段的升高，静区传统的检测方法不再适用。在太赫兹波段，受环境、机械精度、太赫兹器件、线缆等的影响，相位的直接测量精度很差，常采用通过多次幅度测量的方法获取相位信息。下面介绍一种无相位的检测方法，可采用对静区内两个不同纵向位置的切面进行仅幅度测量的方式计算还原相位信息。静区内幅度受到检测设备精度的影响较小，在检测机械设备前后位置上的反应不甚敏感，这也就是可以采取幅度进行检测的原因。静区检测扫描架如图 3.1－10 所示。

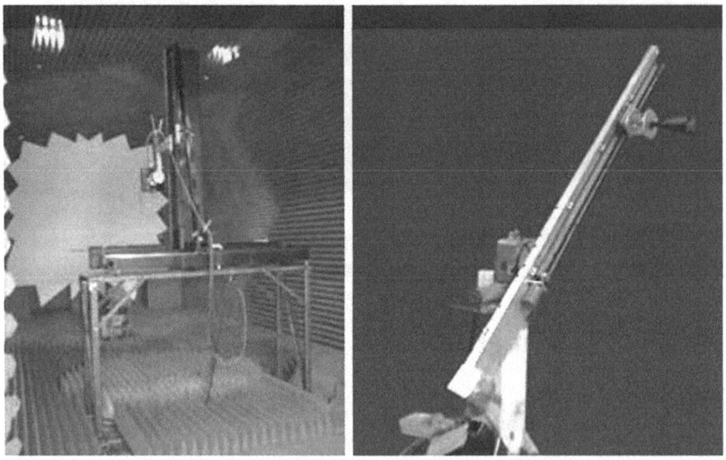

(a) (b)

图 3.1－10　静区检测扫描架

(a)直角坐标扫描架；(b)极坐标扫描架

如图 3.1－11 所示，对静区内的两个切面 Z_1 和 Z_2 的幅度分布进行采样，记作 S_1 和 S_2。紧缩场的口径场采用 Jacobi-Bessel 展开式表达，两个切面位于紧缩场的近场区，为降低计算难度，Jacobi-Bessel 展开式的项数尽可能少，展开项截断后对应的未知系数个数为 $M\times N$，由口径场计算近场 Z_1 和 Z_2 面上的横向场分布或者进行反方向的计算。当两个面上计算的幅度值 S_1' 和 S_2' 与测量的幅度值 S_1 和 S_2 良好匹配时，代表口径场的 $M\times N$ 个展开系数可确定，此时的计算相位值即为待求相位值。

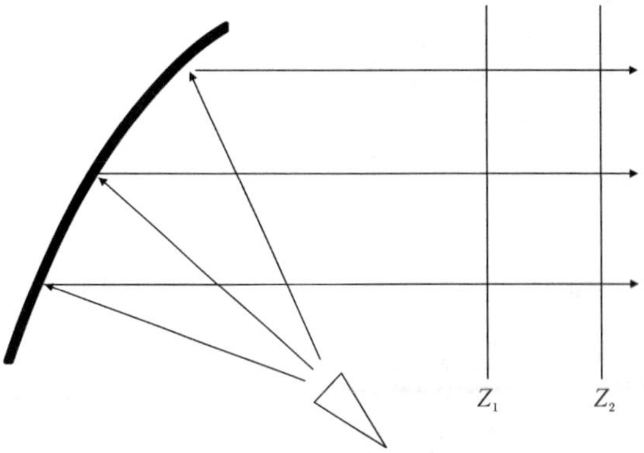

图 3.1－11　静区无相位测量

3.2　紧缩场的分类

为获得静区内的平面波，采用不同的紧缩场类型，常见的有透镜式紧缩场、全息紧缩场以及反射面型紧缩场。其中：透镜式紧缩场或者由于采用金属透镜其边缘绕射效果不理想，或者是由于采用介电常数小的材料使得透镜焦径比较大，都难以满足“紧缩性”的要求；而全息紧缩场的极化敏感性高，频带较窄。上述特征导致透镜式紧缩场和全息紧缩场在工程上的应用并不普遍。本节重点介绍工程上广为采用的反射面紧缩场。

常见的反射面紧缩场包括单反紧缩场、双反紧缩场及三反紧缩场，如图3.2-1所示。

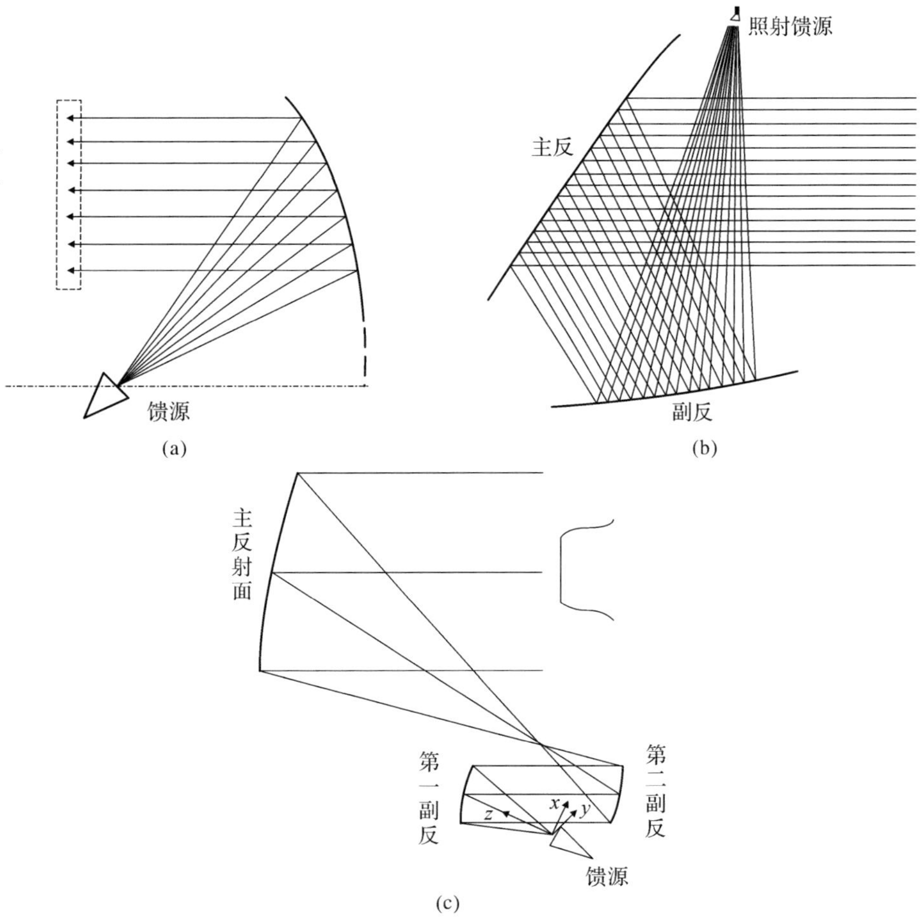

图3.2-1　常见紧缩场的形式

(a)单反紧缩场；(b)双反紧缩场；(c)三反紧缩场

3.2.1　单反紧缩场

截至目前，单反紧缩场是应用最广泛的低成本紧缩场形式，如图3.2-2所示。一般采用波纹喇叭馈源照射反射器，产生大约反射器直径1/3尺寸的静区范围。采用长焦距偏置单反紧缩场，静区交叉极化最好可以达到－30 dB。

图 3.2-2 单反紧缩场

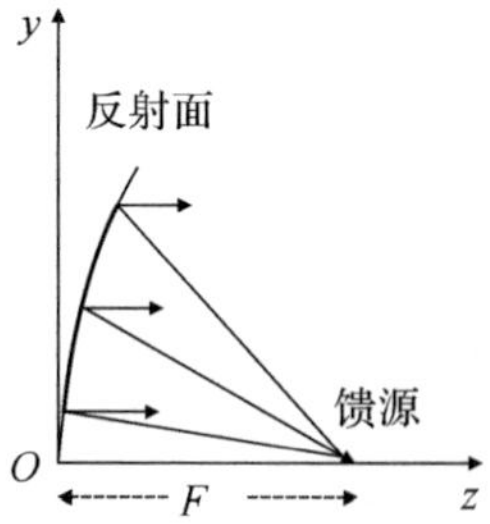

图 3.2-3 单反紧缩场布局图

图 3.2-3 为单反紧缩场的布局图，反射面为旋转抛物面的一部分，焦距为 F。反射面在 xOy 面的投影一般为矩形。为减少反射面下边缘的直接回波，其下边缘位置高于馈源位置。

波纹喇叭的幅度方向图对称性好，在照射反射面的角度区域内相位变化平缓，交叉极化性能好，驻波小且工作带宽宽。上述特性使得波纹喇叭作为紧缩场的照射馈源得到广泛应用。

3.2.2 双反紧缩场

在双反紧缩场的布局配置中，常见的形式包括图 3.2-4 所示的双柱面紧缩场和卡塞格伦紧缩场，双反紧缩场的口径利用效率一般优于 50%。近年来，赋形双反射面紧缩场在太赫兹波段得以应用。

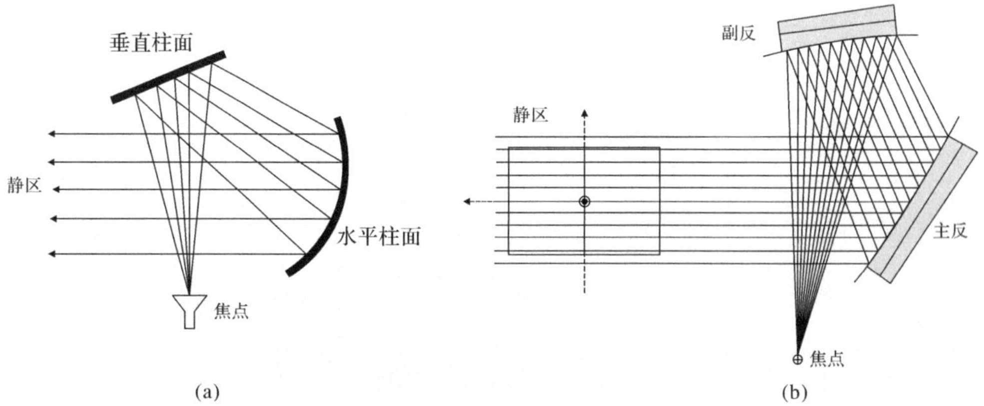

图 3.2-4 双反紧缩场

(a)双柱面紧缩场；(b)卡塞格伦紧缩场

1. 双柱面紧缩场

如图 3.2-5 所示，双柱面紧缩场的副反和主反均为抛物柱面，且两个面正交，馈源位于副反的焦线上。副反的母线与地面平行，主反的母线与地面垂直。馈源产生的球面波经过副反后转换为等效从主反焦线发出的柱面波，经主反将柱面波转换为平面波，照射到静区。

双柱面紧缩场的交叉极化优于单反紧缩场，尤其是静区高度中心区域，但随着高度的增加或减小，交叉极化逐渐变差。双柱面紧缩场的反射器为单曲率抛物柱面，加工制造相对简单，型面精度容易保证。

2. 卡塞格伦紧缩场

如图 3.2-6 所示，卡塞格伦紧缩场的副反为旋转双曲面，主反为旋转抛物面。馈源位于双曲面的一个焦点上，主反的焦点与双曲面的另一个焦点重合。该类型的紧缩场根据卡塞格伦天线原理设计，副反采用靠近馈源一侧的双曲线分支，又称为前馈卡塞格伦紧缩场。

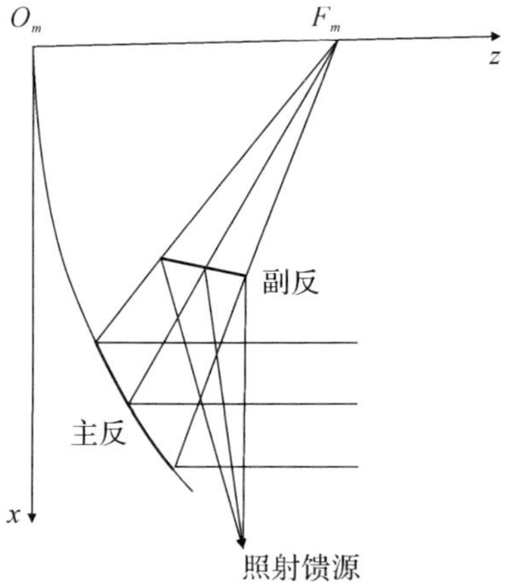

图 3.2-5　双柱面紧缩场布局图

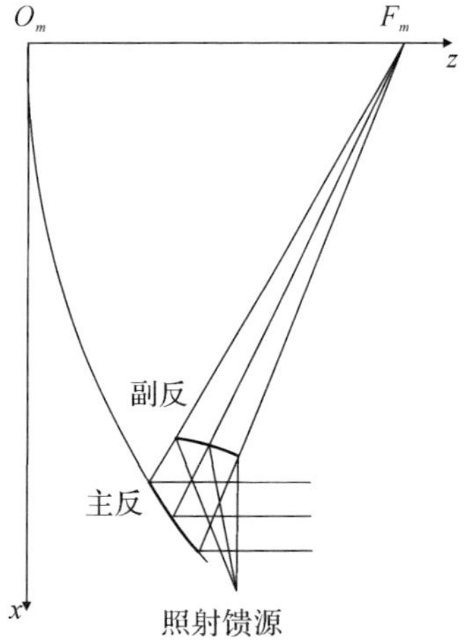

图 3.2-6　前馈卡塞格伦紧缩场布局图

前馈卡塞格伦紧缩场的最大优势是优良的交叉极化性能，实际可以做到 −40 dB 以下，这尤其适合卫星通信广播天线的测量。这类天线由于采用极化复用体质，交叉极化的指标要求非常苛刻。

图 3.2-7 为西安空间电子技术研究所的前馈卡塞格伦紧缩场，安装后反射器型面精度为 25 μm(RMS)，静区尺寸为 5 m。在 S 波段以上，交叉极化达到 −40 dB，幅度锥削为 1 dB，幅度起伏为 ±0.5 dB，相位锥削为 5°，相位起伏为 ±6°；在 S 波段以下，性能略有下降。该紧缩场可以满足绝大部分类型天线的精确测量需求。

图 3.2-7　西安空间电子技术研究所的卡塞格伦紧缩场

3. 赋形双反射面紧缩场

为满足太赫兹天线的测量需求，近年来研制了如图 3.2－8 所示的赋形双反射面紧缩场，挡板阻断了散射能量进入静区。该类型紧缩场包括交叉极化电平在内的静区性能与前馈卡塞格伦紧缩场一致，性能非常优越。所不同的是，由于馈源采用较低的照射电平，紧缩场系统的散射性能大为改善，传输能量的损失更小。在太赫兹波段，这是非常重要的优势。

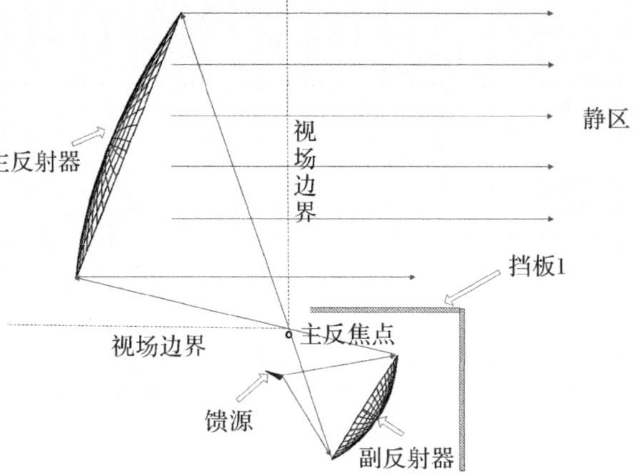

图 3.2－8　赋形双反射面紧缩场

图 3.2－9 为西安空间电子技术研究所的赋形双反紧缩场，主反射器直径为 1 m，型面精度为 8 μm(RMS)，副反射器口径为 0.4 m，型面精度为 6 μm(RMS)，静区尺寸为 0.7 m，工作频率范围为 40～750 GHz。

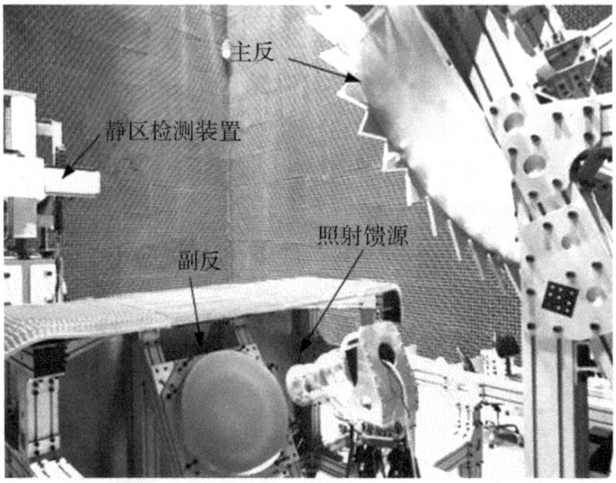

图 3.2－9　西安空间电子技术研究所的赋形双反射面紧缩场

3.2.3　三反紧缩场

三反紧缩场同样是为太赫兹天线的测量研制的。如图 3.2－10 所示，馈源发射的球面波经过副反 1、副反 2 和主反后形成平面波。三反的优点是两个副反口径较小，便于高精度加工；缺点是系统复杂，安装校准难度大。静区的平面波性能与赋形双反射面紧缩场一致。

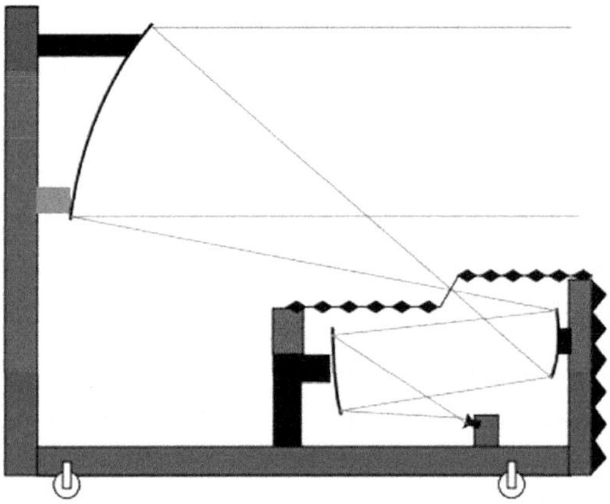

图 3.2-10　三反紧缩场

图 3.2-11 为北京邮电大学三反紧缩场的实物图，主反为球面，口径为 1 m，两个副反均赋形，口径为 0.35 m，三个反射器的型面精度为 8 μm(RMS)，静区尺寸为 0.7 m，最高工作频率为 500 GHz。

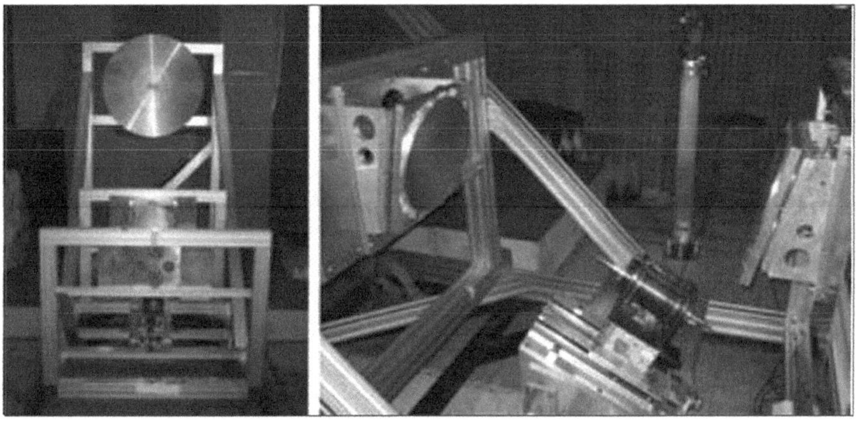

图 3.2-11　三反紧缩场实物

3.3　天线紧缩场测量方法

3.3.1　紧缩场测量系统的基本组成

以前馈卡塞格伦紧缩场为例，介绍紧缩场测量系统的基本组成。如图 3.3-1 所示，系统由照射子系统、转台子系统、控制与软件子系统和射频子系统组成。照射子系统实现球面波到平面波的转换，主要包括照射馈源、主反、副反及两个吸波柱，两个吸波柱的作用分别是减小馈源直接泄漏至静区的能量及直接照射到主反进而反射到静区的能量；转台子系统带动待测天线和照射馈源做转动，实现角域的扫描和极化的切换；控制与软件子系统实现远程自动测量功能，包括各类设备的控制器与系统测量软件，软件主要实现数据自动采集与数据后处理功能；射频子系统实现射频信号的发射、传输、处理和接收。

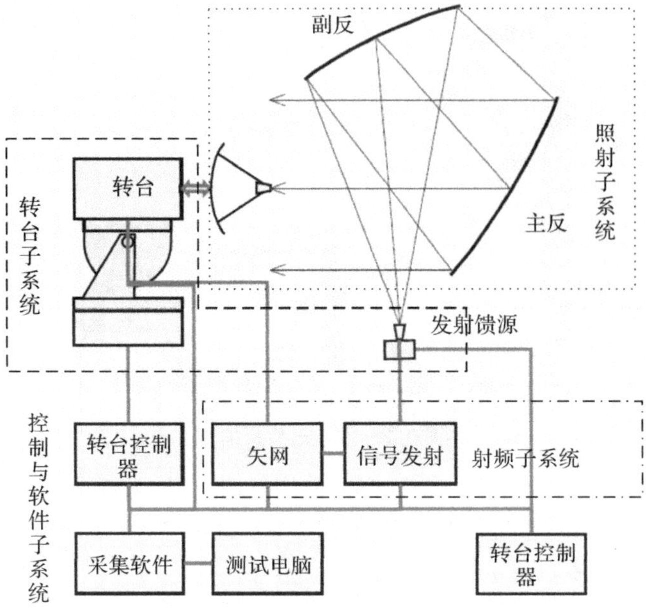

图 3.3-1　紧缩场测量系统组成

3.3.2　紧缩场坐标系的定义

图 3.3-2 给出了常见紧缩场反射器系统的坐标系定义，原点位于静区中心，$+y$ 为来波方向，垂直地面向上为 $+z$ 方向。该坐标系常用于紧缩场系统的安装、周期性的校准以及待测天线的安装准直。

对于更为常用的紧缩场测量数据输出坐标系，定义与转台坐标系一致，即坐标系原点为测量转台所用转轴交点，指向来波方向为 $+z'$，垂直地面向上为 $+y'$，如图 3.3-2 所示。

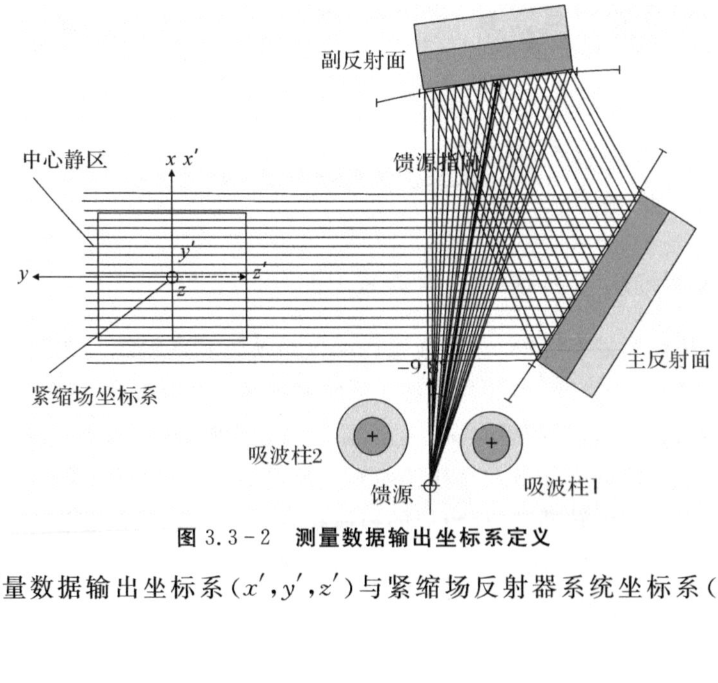

图 3.3-2　测量数据输出坐标系定义

紧缩场测量数据输出坐标系 (x',y',z') 与紧缩场反射器系统坐标系 (x,y,z) 的关系如下：

$$\left.\begin{aligned} x' &= x \\ y' &= z \\ z' &= -y \end{aligned}\right\} \tag{3.3-1}$$

通过待测天线的安装准直确定天线坐标系与紧缩场反射器坐标系的关系，结合式(3.3-1)可以确定天线坐标系与紧缩场测量数据输出坐标系的关系。据此，可以把测量数据转换到天线坐标系(或与天线坐标系相关的其他观察坐标系)下。

3.3.3　天线紧缩场方向图的测量

方法同天线远场测量。

3.3.4　天线紧缩场增益测量

一般来讲，紧缩场系统(测量转台)不便于比较法测量所需的标准增益天线的安装测量，工程上，紧缩场增益测量常采用直接法。图 3.3-3 中，以待测天线接收为例，给出紧缩场增益测量方法。测量系统信号源发出射频激励信号，经过耦合器分为两路——耦合路和直通路。耦合信号作为参考信号，直通信号馈给照射馈源，待测天线接收来自照射馈源的辐射信号，图中箭头方向表示信号流向。

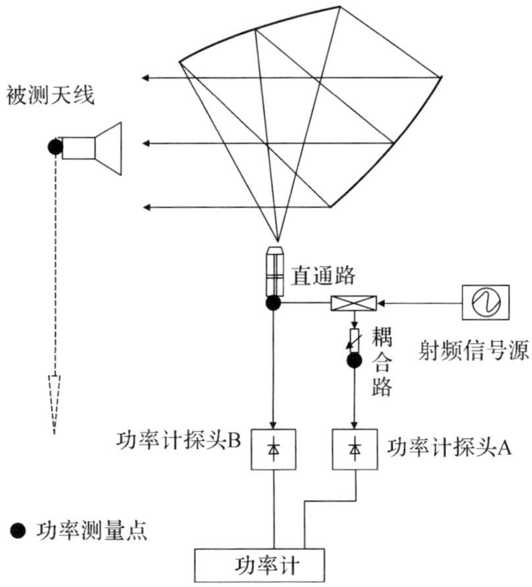

图 3.3-3　紧缩场直接法测量增益

首先用双探头功率计读取照射馈源入口处及参考通道功率测量点的功率值，做比值处理获得照射馈源的入口功率信息，记作 P_{in}(dB)。然后把功率计探头 B 移至待测天线出口处，读取待测天线输出口及参考通道功率测量点的功率值，做比值处理获得待测天线的输出功率信息，记作 P_{out}(dB)。在照射馈源增益 G_f(dBi)、信号传输路径(等效)长度 R(m)已知的条件下，利用 Friss 传输公式，可获得待测天线增益 G_a(dBi)。

$$G_a = P_{out} - P_{in} - G_f - \text{Loss} \tag{3.3-2}$$

式中：$\mathrm{Loss}=20\lg 10\ \dfrac{\lambda}{4\pi R}$。

利用上述公式可以获得线极化天线的增益值。对于圆极化天线，可以对其一组正交线极化分量按照上述方法分别作测量，获得两个线极化分量的增益值 G_1(dB)和 G_2(dB)，即可获得圆极化天线的增益值为

$$G=G_1+10\lg(1+10^{G_2-G_1}) \tag{3.3-3}$$

3.3.5 天线紧缩场其他参数测试

紧缩场测试与远场基本一致，故其他参数(如 EIRP、G/T 值、相位中心、时延等参数)的测试均可参见远场测量部分，在此不再赘述。

3.4 天线测量新技术在紧缩场的应用

3.4.1 基于多通道接收机的快速测量技术

随着对卫星通信容量需求的增加，高通量卫星近年来获得了较快的发展，多波束天线成为高通量卫星载荷系统的“标配”。卫星覆盖区域从如图 3.4-1 所示的传统单波束区域覆盖模式逐渐转变为如图 3.4-2 所示的高通量多波束小范围拼接模式，天线的波束数量大幅增加。从我国第一颗高通量卫星中星 16 号到目前的中星 26 号卫星，天线工作频段越来越高，波束数量也增加到近 100 个。

图 3.4-1 传统区域覆盖星载天线示意图

传统天线测试端口数少，从 1～8 个不等，在端口数少的情况下可以采用电子开关的方式实现一次天线测试过程完成多个端口的测试。通信天线为了增大通信容量会将频率划分为多个子带进行复用，为了检验天线在该子带内的性能，天线测试需要测试多个子带内的多个频率性能，结合端口数，需要实现频率、端口二维复杂度的数据采集工作。以一般星载天线紧缩场测试为例，一个端口一个频率全球范围测试需要 24 h。若不使用多波束扫频测试

方式，4 个端口 10 个频率就需要 24 h×4×10＝960 h＝40 d，这是天线研制流程中无法忍受的，再加上研制流程的试验前、后测试，时间长度更是无法接受。随着频率和端口数增多，数据采集时间会逐步影响测试时长，传统方式增加开关通道数量无法满足测试效率提升的需求，需要寻找新的方式以提升多波束多频率天线的测试效率。

图 3.4－2　新型多波束星载天线示意图

多通道采集技术在此需求背景下应运而生，利用多通道数据采集设备，直接采集多端口天线各通道的信号幅度与相位信息，实现多通道的并行采集，从而完成多通道天线的快速测量。利用模块化的多通道接收机替代原来系统中的接收装置实现多通道信号的采集，采用并行测量，不存在通过开关切换的时延，因此测量速度更快。图 3.4－3 所示为紧缩场采用多通道采集技术原理图。

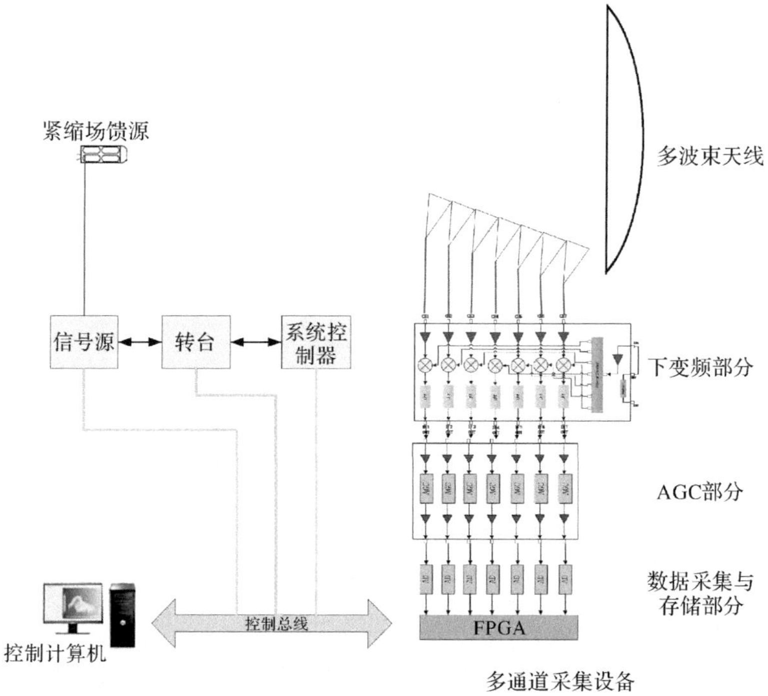

图 3.4－3　多通道采集技术紧缩场工作原理图

如图 3.4－4 所示，待测多端口天线接收到的信号通过下变频单元变到中频信号后，通过信号处理单元，由多通道高性能数据采集单元直接采集，从而完成多通道天线的测量。图中的下变频、中频放大和数据采集单元全部为模块化单元，可以根据系统需要灵活配置。采用多通道接收机替代原来系统的接收端部分，发射端不变，从而实现多通道天线测量。

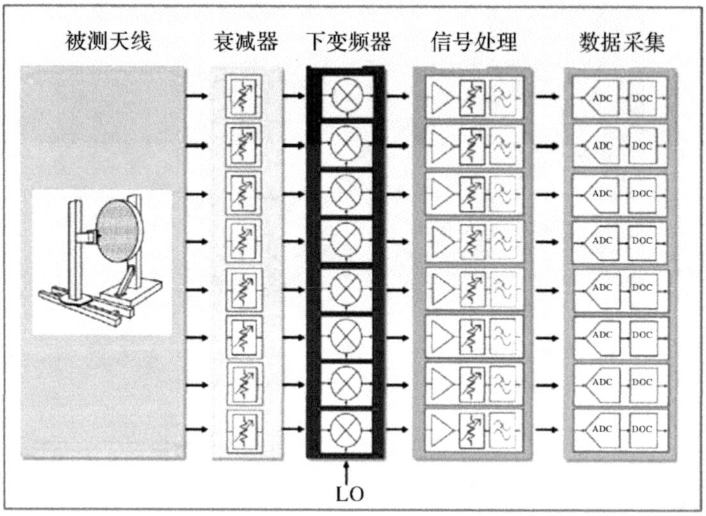

图 3.4－4　多通道接收机原理图

3.4.2　照射馈源扫描技术

在待测件特别复杂不便于运动或者天线波束非常窄、转台转动精度难以满足要求的情况下，比如某探测领域工作在 400 GHz 的反射面天线，波束宽度仅 0.02°，要在紧缩场进行天线测量，可通过紧缩场照射馈源扫描的方法来代替待测天线的转动，如图 3.4－5 所示。此时，一般要求紧缩场的等效焦距比较长，照射馈源在焦平面上扫描，使得照射在待测天线上平面波的来波方向做改变。对紧缩场系统通过几何光学的方法计算获得位移和来波方向角度的对应关系，结果和频率无关。馈源扫描时，静区的幅相起伏会有一定的变化，对方向图测量精度有一定的影响。当扫描范围很小时，上述影响可以忽略。待测天线的尺寸决定馈源的最大扫描范围，待测天线尺寸越大，照射馈源的扫描范围越小；反之，馈源的扫描范围越大。

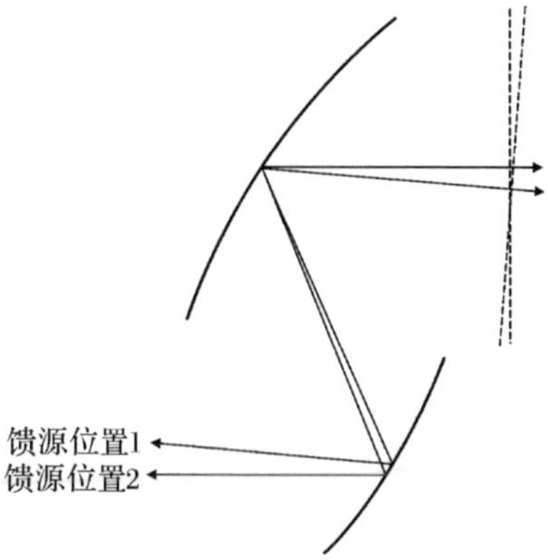

图 3.4－5　照射馈源的扫描

馈源扫描时，待测天线口径面所在的平面不再是等相位面，口径面上照射波的相位会有很大的变化，必须对此做相位修正。照射馈源做水平扫描时，仅做水平方向的相位修正；照射馈源做垂直扫描时，水平和垂直方向上均需做相位修正。

3.4.3　硬件门技术

同软件门类似，硬件门技术用于消除直射路径和干扰路径已知的多路径效应，主要应用在干扰路径相对固定的场地，比如以紧缩场测量最为合适。

硬件门系统包括开关发射单元、开关接收单元、硬件门控制单元、相关电缆、计算机控制软件(可选)，它可以独立于测量系统工作。如图 3.4－6 所示，发射端开关单元和接收端开关单元分别安装在靠近发射天线和接收天线处，两个开关由硬件门控制单元控制，信号源发出的连续波射频信号经发射端开关单元后变成脉冲信号，直射信号和干扰信号进入接收天线，通过接收端开关单元滤掉干扰信号，进而消除多路径效应。

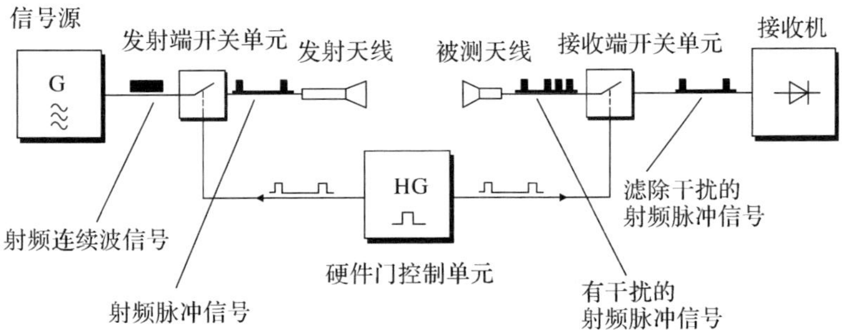

图 3.4－6　硬件门系统组成

3.5　紧缩场测量误差评价

本节针对西安空间无线电技术研究所某前馈卡塞格伦紧缩场，给出其增益、副瓣电平的不确定度评定结果，其中增益基于直接法测量。

3.5.1 紧缩场误差源

紧缩场测量中误差源及其影响的电参数见表 3.5－1，对主要误差源的介绍如下。

表 3.5－1　紧缩场测量中误差源和影响的电参数

序 号	误差源	影响的电参数		误差源确定方法
1	照射馈源方向图	方向图电平	增益	测量、仿真
2	照射馈源极化			测量、计算
3	照射馈源增益		增益	测量、计算
4	照射馈源安装误差	方向图电平	增益	测量、仿真

续 表

序 号	误差源	影响的电参数		误差源确定方法
5	阻抗失配		增益	测量、计算
6	反射器的非理想性	方向图电平	增益	测量、仿真、计算
7	多次反射	方向图电平	增益	测量
8	接收机幅度非线性	方向图电平	增益	测量、计算、仿真
9	系统动态范围	方向图电平	增益	测量
10	暗室散射	方向图电平	增益	仿真、计算
11	泄漏和串扰	方向图电平	增益	测量、计算
12	幅度随机误差	方向图电平	增益	测量

1.照射馈源方向图

照射馈源方向图误差带来的待测天线增益和方向图的测量不确定度分别记作$\delta G_{\text{j-fp}}$,$\delta P_{\text{j-fp}}$。

在紧缩场测量中,照射馈源方向图的非理想性会导致静区幅度分布的变化,进而影响增益和方向图测量结果,致使待测天线远场增益和方向图测量结果存在不确定度。该不确定度来自第三方校准证书。

2.照射馈源增益

照射馈源增益误差带来的待测天线增益测量不确定度记作$\delta G_{\text{j-fg}}$。

在紧缩场测量中,增益测量采用直接法,照射馈源的标称增益值不确定度直接影响待测天线的增益测量结果。该不确定度来自第三方校准证书。

3.照射馈源安装误差

照射馈源安装误差带来的待测天线增益、方向图测量不确定度分别记作$\delta G_{\text{j-fa}}$,$\delta P_{\text{j-fa}}$。

照射馈源安装偏离焦点位置或者指向偏差,会影响静区的平面波性能,从而影响增益和方向图测量结果。该安装偏差可用光学测量仪器测量得到,然后带入紧缩场模型仿真,比较测量结果的最大偏差,作为不确定度。

4.阻抗失配

阻抗失配会给天线增益测量带来误差。阻抗失配带来的待测天线增益不确定度记作$\delta G_{\text{j-M}}$。

天线馈电端口以及测量系统各连接端口处的阻抗失配会直接影响增益测量结果。测得各个端口的反射系数,进行阻抗失配修正。测量最终不确定度取决于反射系数的测量精度。

5.反射器的非理想性

反射器的非理想性指如图3.5-1所示型面的非理想以及边缘的不连续性产生的散射,它带来的增益和方向图的测量不确定度分别记作$\delta G_{\text{j-rp}}$,$\delta P_{\text{j-rp}}$。反射器的非理想性会导致静区幅相分布的变化,进而影响增益和方向图测量结果,致使待测天线远场增益和方向图测量结果存在不确定度。该不确定度通过对反射器型面的测量、对紧缩场模型的仿真及紧缩场测量误差模型的计算获得。

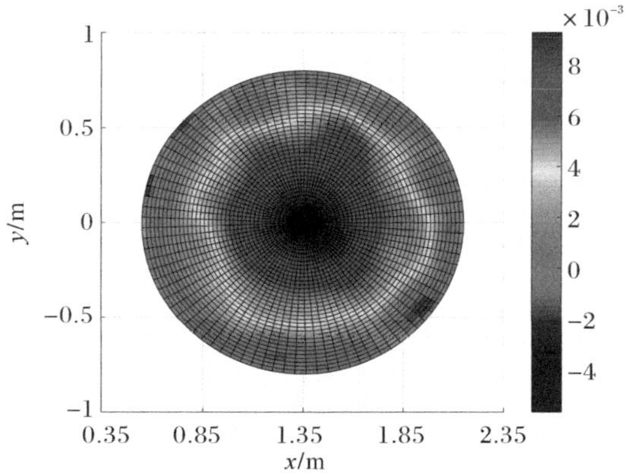

图 3.5－1　反射器理想型面与实际型面差值示意图

6. 多次反射

待测天线测量时多次反射带来的待测天线增益和方向图不确定度分别记作 $\delta G_{\text{j-mr}}$，$\delta P_{\text{j-mr}}$。

紧缩场测量时，电磁波能量会在待测天线与紧缩场系统之间多次反射，影响测量结果。通常采用改变待测天线在静区的位置从而改变反射波的叠加情况进行测量，比较多次测量结果，以结果的最大差值作为不确定度。

7. 接收机幅度非线性

天线测量时接收机幅度非线性带来的待测天线增益和方向图不确定度分别记作 $\delta G_{\text{j-rl}}$，$\delta P_{\text{j-rl}}$。

接收机对于不同电平响应结果不完全线性，对于不同电平的测量结果会与真实情况有一定的误差。通常采用改变系统输入电平，同时改变接收机中频带宽，保持系统整体动态范围基本不变。比较不同电平下的结果，以最大差值作为不确定度。

8. 系统动态范围

天线测量时系统动态范围带来的待测天线增益和方向图不确定度分别记作 $\delta G_{\text{j-dr}}$，$\delta P_{\text{j-dr}}$。

系统底噪是一定功率的高斯白噪声，在进行测量时，必定会引入这一影响量。该影响量通过对系统的动态范围的测量来得到，即测量最大信号与噪声电平的大小比值。

9. 暗室散射

暗室散射带来的待测天线增益和方向图不确定度分别记作 $\delta G_{\text{j-rs}}$，$\delta P_{\text{j-rs}}$。

暗室散射是由于部分区域无法覆盖吸波材料及吸波材料的非理想性产生的，对静区的电平有一定影响，可以模拟仿真静区的散射电平，建立误差矩阵和数学模型，比较有散射影响的结果与没有散射影响的结果的差值，将其最大值作为不确定度。

10. 泄漏和串扰

泄漏串扰带来的待测天线增益和方向图不确定度分别记作 $\delta G_{\text{j-lc}}$，$\delta P_{\text{j-lc}}$。

照射馈源有部分能量未经过反射器直接泄漏进入静区，同时由于测量系统有较多的射频连接端口，加上部分设备自身屏蔽效能非理想，会产生信号泄漏。泄漏信号进入接收机，造成测量误差。泄漏可以通过发射源连接匹配负载，在静区接收不同位置的泄漏信号。串扰可以使接收天线连接匹配负载，确定接收机接收串扰信号的大小。增益不确定度评定中采用方向图的最大值作为比较结果。采用归一化后的方向图进行比较，获得泄漏和串扰的影响。

11. 幅度随机误差

天线测量时幅度随机误差带来的待测天线增益和方向图不确定度分别记作 $\delta G_{j\text{-}rad}$，$\delta P_{j\text{-}rad}$。

由于温度梯度、湿度梯度对射频设备、反射器及机械设备的影响，供电电压抖动等一系列微小随机事件对测量结果造成的影响，因此增益不确定度评定中采用方向图的最大值作为比较结果。方向图比较时采用归一化后的方向图进行比较，获得随机误差的影响。

3.5.2 典型指标评价结果

表 3.5-1 给出了紧缩场测量各误差源，具体到特定天线和测量场地，其测量不确定度可参照下面两式进行评定。

$$G_{aut}=P_{out}-P_{in}-G_f+\text{Loss}+\delta G_{j\text{-}fp}+\delta G_{j\text{-}fg}+\delta G_{j\text{-}fa}+\delta G_{j\text{-}M}+\\ \delta G_{j\text{-}rp}+\delta G_{j\text{-}mr}+\delta G_{j\text{-}r1}+\delta G_{j\text{-}dr}+\delta G_{j\text{-}rs}+\delta G_{j\text{-}k}+\delta G_{j\text{-}rad} \quad (3.5-1)$$

式中：G_{aut}——待测天线的增益，dBi；

G_f——照射馈源的增益，dBi；

P_{out}——待测天线最大输出电平值，dBm；

P_{in}——照射馈源输入电平值，dBm；

其余各误差量单位为 dB。

$$P_{aut}=P_{re}+\delta_{j\text{-}fp}+\delta P_{j\text{-}fa}+\delta P_{j\text{-}rp}+\delta P_{j\text{-}mr}+\delta P_{j\text{-}r1}+\delta P_{j\text{-}dr}+\\ \delta P_{j\text{-}rs}+\delta P_{j\text{-}k}+\delta P_{j\text{-}rad} \quad (3.5-2)$$

式中：P_{aut}——待测天线方向图电平值，dBm；

P_{re}——接收到的电平值，dBm；

其余各误差量单位为 dB。

表 3.5-2 给出了某天线在紧缩场采用直接法测量增益的不确定度评定的结果，表 3.5-3给出了该天线在紧缩场测量−20 dB 旁瓣电平不确定度评定的结果。

表 3.5-2 某天线增益不确定度综合评定结果(直接法，Ku 波段，G=25 dBi)

序 号	输入量 x_i	误差界/dB	标准不确定度 $u(x_i)$/dB
1	$\delta G_{j\text{-}fp}$	0.060	0.030
2	$\delta G_{j\text{-}fg}$	0.2	0.1
3	$\delta G_{j\text{-}fa}$	0.08	0.046
4	$\delta G_{j\text{-}M}$	0.042	0.03
5	$\delta G_{j\text{-}rp}$	0.069	0.04

续 表

序 号	输入量 x_i	误差界/dB	标准不确定度 $u(x_i)$/dB
6	$\delta G_{j\text{-mr}}$	0.078	0.045
7	$\delta G_{j\text{-rl}}$	0.005	0.003
8	$\delta G_{j\text{-dr}}$	0.033	0.011
9	$\delta G_{j\text{-rs}}$	0.032	0.023
10	$\delta G_{j\text{-lc}}$	0.054	0.031
11	$\delta G_{j\text{-rad}}$	0.09	0.03
合成标准不确定度(k=1)			0.142
扩展不确定度(k=2)			0.284

表 3.5-3　方向图副瓣(−20 dB 电平)不确定度综合评定结果(Ku 波段,G=25 dBi)

序 号	输入量 x_i	误差界/dB	标准不确定度 $u(x_i)$/dB
1	$\delta P_{j\text{-fp}}$	0.198	0.1
2	$\delta P_{j\text{-fa}}$	0.336	0.194
3	$\delta P_{j\text{-rp}}$	0.727	0.42
4	$\delta P_{j\text{-mr}}$	0.745	0.43
5	$\delta P_{j\text{-rl}}$	0.052	0.03
6	$\delta P_{j\text{-pha}}$	0.303	0.175
7	$\delta P_{j\text{-dr}}$	0.33	0.11
8	$\delta P_{j\text{-rs}}$	0.34	0.24
9	$\delta P_{j\text{-lc}}$	0.54	0.31
10	$\delta P_{j\text{-rad}}$	0.93	0.31
合成标准不确定度(k=1)			0.972
扩展不确定度(k=2)			1.944

3.6　紧缩场测量典型案例

紧缩场由于其优越的性能,备受青睐。图 3.6-1 所示为某星载天线在紧缩场测量的实物照片。

与远场相比,不同时段、不同天线进行紧缩场测量时,干扰源位置和路径固定,更适合采用硬件门技术。下文以西安空间无线电技术研究所的 CCR75/60 紧缩场为例,演示硬件门技术的工程应用。

脉冲在自由空间的时延为 3.33 ns/m,在电缆(ε_r=2.2)中的时延为 5 ns/m。图 3.6-2 为该紧缩场内各直射信号和多路干扰信号流向示意图。其中,MF 信号代表有用信号,从焦点出发，先后经副反和主反后进入静区。其余 4 路均为干扰信号。IF1 由焦点发出，经遮挡吸波柱 1 后进入静区；DF 由焦点发出，经遮挡吸波柱 2 后进入静区；IF2 由焦点发出，经副反边缘进入静区；IF3 为后墙的反射。各路信号的路径长度和对应的时延见表 3.6－1。

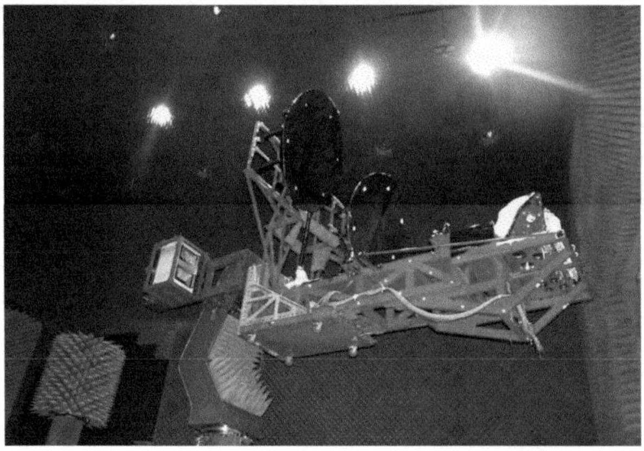

图 3.6－1　紧缩场星载天线实际测试图

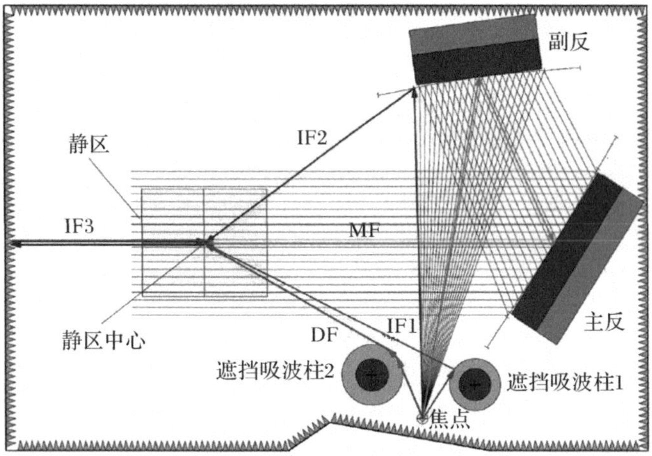

图 3.6－2　紧缩场各信号路径示意图

表 3.6－1　各路信号的路径长度及时延

序 号	信 号	路径长度/m	时延/ns
1	MF 有用信号	40.87	136.2
2	DF 泄漏干扰信号	13.18	43.9
3	IF1 干扰信号	15.9	53
4	IF2 干扰信号	27.3	90
5	IF3 后墙反射干扰信号	59.05	196.8

测量时，连接照射馈源的电缆长度为 0.4 m，连接待测天线的电缆长度为 0.8 m，对应的时延分别为 2 ns 和 4 ns。依据表 3.6－1 中各路信号的时延值，对硬件门的参数设置见表 3.6－2。其中，设置原则是接收脉冲与发射脉冲同步(见图 3.6－3)，且脉冲宽度尽可能大，接收脉冲宽度略大于发射脉冲，在接收脉冲持续时间内，仅 MF 有用信号被接收，其他干扰

信号均被排除在“门”外，从而起到抑制干扰信号的作用。需要说明的是，硬件门解决的是同源发射的多路径效应的问题，而不能解决不同源的干扰问题。同时需要注意，硬件门从信号类型角度讲使用了脉冲信号，所以占空比对动态范围会有一定的影响，与连续波相比相同工况下动态范围会有所下降。

表 3.6-2　硬件门的设置参数

序号	变量名	变量设置值/ns
1	脉冲重复时间	141
2	发射脉冲宽度	45
3	接收脉冲宽度	49
4	开始接收时间	140

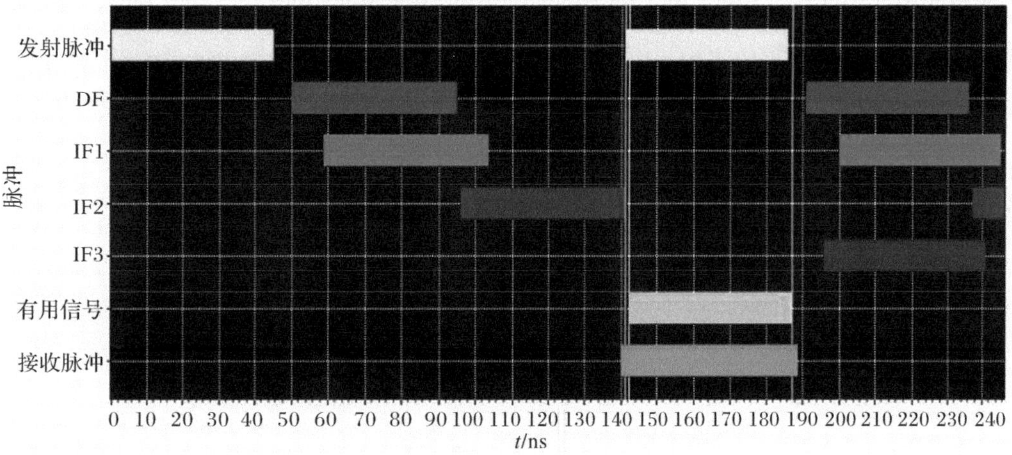

图 3.6-3　各路信号的脉冲时域分布

图 3.6-4 为紧缩场采用硬件门技术前后某天线的测量结果。可以看出，没有硬件门时由于紧缩场固有的干扰特别是 IF2 路径所产生的干扰对于天线在 −30°附近的位置产生很大的波动，这个角度也与紧缩场 IF2 的路径相匹配。使用软件门后干扰被软件门滤除，方向图抖动消失，验证了硬件门对于方向图测试精度提高的效果。

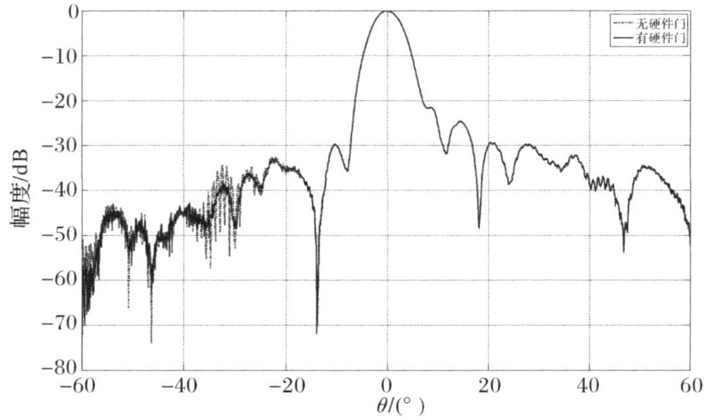

图 3.6-4　硬件门效果对比

参 考 文 献

[1] JOHNSON R C, ECKER H A, MOORE R A. Compact range techniques and Measurements [J]. IEEE Transactions on Antennas and Propagation, 1969, 17(5): 568-576.

[2] VOKURKA V J. Compact-antenna range performance at 70 GHz[J]. IEEE Int Symp On Antennas and Propagation, Quebec, 1980, 18(6): 260-263.

[3] KERNS, MARLOW D. Plane-wave scattering-matrix theory of antennas and antenna-antenna interactions[J]. Technical Report Archive & Image Library, 1981, 82(1): 5-51.

[4] LEE T H. Performance trade-off between serrated edge and rolled edge compact range reflector[J]. IEEE Transactions on Antennas & Propag, 1996, 44(1): 87-96.

[5] 杨克中,杨智友,章日荣. 现代面天线新技术[M]. 北京:人民邮电出版社,1993.

[6] CAPOZZOLI A, CURCIO C, ELIA G, et al. Phaseless antenna characterization by prolate function expansion of the aperture field [J]. Microwave and Optical Technology Letters, 2006, 48(10): 2060-2064.

[7] DESCARDECI J R, PARINI C G. Tri-reflector compact antenna test range[J]. IEEE Proceedings - Microwaves Antennas and Propagation, 1997, 144(5): 305-310.

[8] 刘灵鸽,赵兵,陈波. 太赫兹天线无相测试方法[J]. 空间电子技术,2013,10(4):4.

第 4 章　平面近场测量

相对于室内远场和紧缩场，近场在三维方向图测试、测试效率、口径场幅相探测方面具有一定优势，近场测量技术因此获得快速发展。近场测量技术发展经过了四个阶段：第一个阶段为无探头修正探索阶段(1950—1961 年)，第二阶段为探头修正理论研究阶段(1961—1975 年)，第三阶段为实验验证探头修正理论阶段(1965—1975 年)，第四阶段为应用推广阶段(1975 年至今)。目前，近场测量系统遍布世界各地。

4.1　平面近场测量基本理论

天线近场测量主要的理论依据是惠更斯-基尔霍夫原理及模式展开理论，下面做简要介绍。

4.1.1　惠更斯-基尔霍夫原理

如果一个封闭曲面包含了所有的辐射源，那么我们只要知道该闭合面上的电场的切向或磁场的切向分量，则可以唯一确定闭合面以外的辐射场，如图 4.1-1 所示。近场测量时，由测量探头在近场扫描面上获得的切向电场(或磁场)分量，可以通过傅里叶变换得到待测天线的远场方向图。

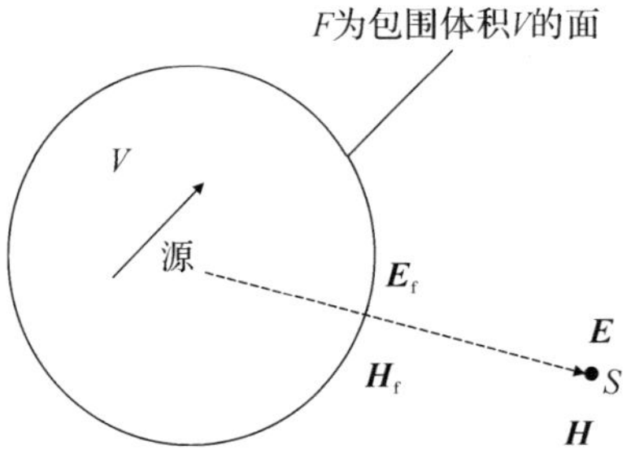

图 4.1-1　惠更斯-基尔霍夫原理

根据近场扫描面的不同，可分为平面近场、柱面近场和球面近场，如图 4.1-2 所示。

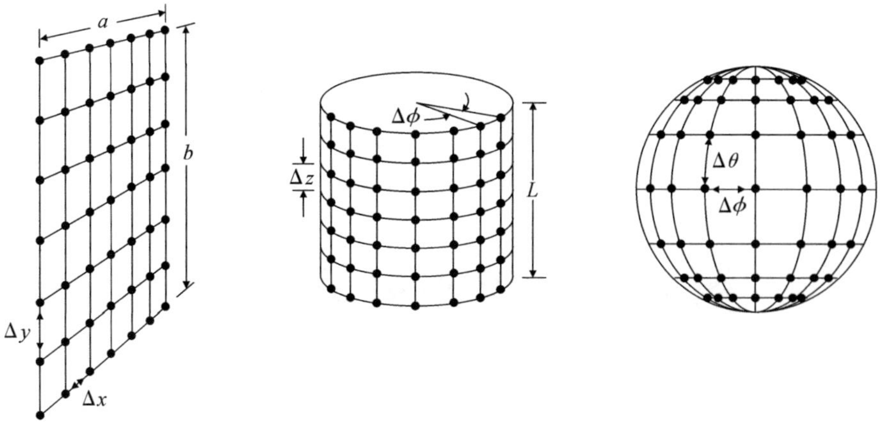

图 4.1-2 几种典型的近场扫描方式

(a)平面扫描;(b)柱面扫描;(c)球面扫描

如图 4.1-3(a)所示,可以认为待测天线在 F 面上激励的电磁场或表面电磁流只在 F_1 平面部分存在,而在 F_2 部分甚小以至可以忽略不计(设辐射强度低于最大辐射方向 30～40 dB)。这一点对于绝大多数有一定方向性的天线都是成立的,如图 4.1-3(b)所示,其中 θ_{max} 为最大关注的远场方向角度,此时为平面近场测量。从以上分析可知,对于宽波束天线的测量(波束宽度 $>\theta_{max}$),采用平面近场是不太合适的,应采用柱面近场或球面近场,否则无法准确测量远旁瓣和后瓣。

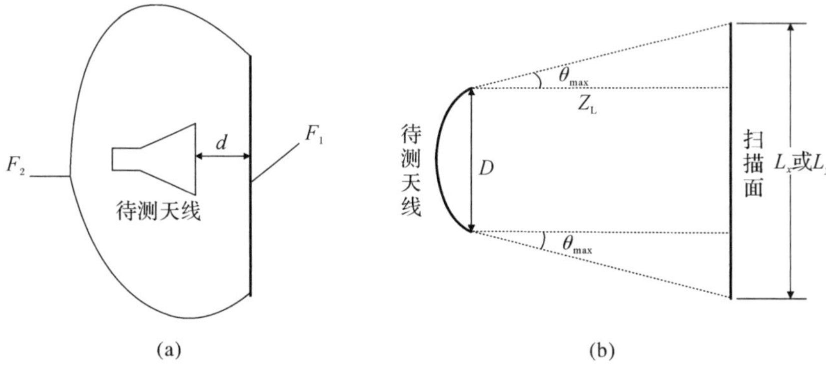

图 4.1-3 包围待测天线的封闭曲面

4.1.2 平面波谱展开理论

由相关文献可知,在电磁场的封闭传输波导系统中,任何电磁场波都可以由波导中的各种由波导结构和尺寸决定的模式按照一定的幅度和相位叠加而成。在开放系统即自由空间,电磁场的传输可以展开成各种模式的叠加。不同的是,封闭系统中的模式是离散的,求总场需要求和,而开放系统的模式是连续的,求总场需要求积分。因此,只要已知天线的波谱分布,即各种模式的加权函数(也称波谱),就可以确定天线的传播特性即天线的辐射方向图。在开放的自由空间,模式没有固定的形式,可以人为规定,于是就有了平面波的展开、柱面波展开和球面波展开。

用一个特性已知的探头，在离开待测天线几个波长的某一平面上进行扫描，测量天线在该平面离散点上的电场切向分量分布，由近场测量的电场切向分量可以求得平面波谱，然后应用严格的平面波谱展开理论，确定天线的远场方向图特性。该方法的基本思想是把待测天线在空间建立的场展开成平面波函数之和，展开式中的加权函数包含着远场方向图的完整信息，根据近场数据算出加权函数，进而确定天线的远场方向图。

空间任意一个时谐电磁场都可以表示为沿着不同传播方向的一系列平面电磁波之和，假设空间内电磁场分别为 $\boldsymbol{E}$，$\boldsymbol{H}$，依据 1.1.4 节的介绍，则对简谐时间变化（$e^{j\omega t}$）的电磁场，电场在直角坐标系中的基本解可表示为下式：

$$\boldsymbol{E}(\boldsymbol{r})=\boldsymbol{A}(\boldsymbol{k})e^{-j\boldsymbol{k}\cdot\boldsymbol{r}} \tag{4.1-1}$$

$$\boldsymbol{k}=k_x\hat{\boldsymbol{x}}+k_y\hat{\boldsymbol{y}}+k_z\hat{\boldsymbol{z}} \tag{4.1-2}$$

$$k^2=\omega^2\mu\varepsilon \tag{4.1-3}$$

式中：$\boldsymbol{E}$——空间矢量电场；

$\boldsymbol{k}$——矢量波数，其大小由式(4.1-3)确定，而其方向为式(4.1-2)所代表的平面波的传播方向；

ω——角频率；

μ——媒质的磁导率；

ε——媒质的介电常数；

$\boldsymbol{A}(\boldsymbol{k})$——平面波谱矢量，它表示沿着 $\boldsymbol{k}$ 方向传播的平面波的复振幅；

$\boldsymbol{r}$——观察点 (x,y,z) 的位置矢量，如图 4.1-4 所示。

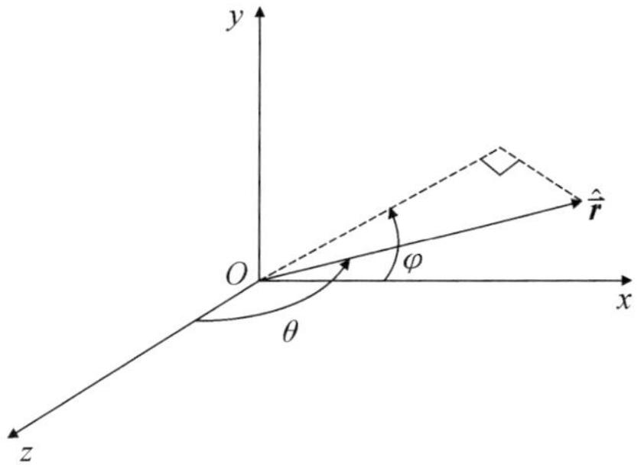

图 4.1-4　空间观察点的位置矢

$$\boldsymbol{k}=k(\sin\theta\cos\varphi\hat{\boldsymbol{x}}+\sin\theta\sin\varphi\hat{\boldsymbol{y}}+\cos\theta\hat{\boldsymbol{z}}) \tag{4.1-4}$$

由于 $\boldsymbol{k}\cdot\boldsymbol{k}=k^2=\omega^2\mu\varepsilon=k_x^2+k_y^2+k_z^2$，因此 $\boldsymbol{k}$ 的三个分量只有两个是独立的。令 k_x，k_y 为独立变量，则有

$$k_z=\begin{cases}\sqrt{k^2-k_x^2-k_y^2}, & k_x^2+k_y^2\leqslant k^2\\ -j\sqrt{k_x^2+k_y^2-k^2}, & k_x^2+k_y^2>k^2\end{cases} \tag{4.1-5}$$

式(4.1-5)中根号前取负号是为了保证式(4.1-3)所辨识的平面波在 $z\to\infty$（$z\geqslant0$ 空间）时为有限值。这里只讨论 $k_x^2+k_y^2\leqslant k^2$ 空间的波，$k_x^2+k_y^2>k^2$ 为空间衰落波。

由于无源区电磁场满足 $\nabla\cdot\boldsymbol{E}=0$，结合式(4.1-2)，得到下式：

$$\boldsymbol{k}\cdot\boldsymbol{A}(\boldsymbol{k})=0 \tag{4.1-6}$$

$$k_x A_x + k_y A_y + k_z A_z = 0 \tag{4.1-7}$$

这表明，电场取向与场的传播方向垂直，所以 $\boldsymbol{A}(\boldsymbol{k})$ 的三个分量也只有两个是独立的。令两个独立分量为A_x，A_y，则有

$$A_z = \frac{-1}{k_z}(A_x k_x + A_y k_y) \tag{4.1-8}$$

这时，式(4.1-1)变为平面波表达式，有下式：

$$\boldsymbol{E}(\boldsymbol{r}) = \boldsymbol{A}(k_x, k_y)\exp[-\mathrm{j}\boldsymbol{k}(k_x, k_y)\cdot\boldsymbol{r}] \tag{4.1-9}$$

根据麦克斯韦方程，有

$$\boldsymbol{H}(\boldsymbol{r}) = -\frac{1}{\mathrm{j}\omega\upsilon}\nabla\times\boldsymbol{E} = \frac{1}{\omega\upsilon}\boldsymbol{k}(k_x, k_y)\times\boldsymbol{A}(k_x, k_y)\exp[-\mathrm{j}\boldsymbol{k}(k_x, k_y)\cdot\boldsymbol{r}] \tag{4.1-10}$$

由于场方程是线性的，对所有 k_x，k_y 积分，便可构成无源区域电磁场的一般解，见下式：

$$\boldsymbol{E}(\boldsymbol{r}) = \int_{-\infty}^{\infty}\int_{-\infty}^{\infty}\boldsymbol{A}(k_x, k_y)\mathrm{e}^{-\mathrm{j}\boldsymbol{k}(k_x, k_y)\cdot\boldsymbol{r}}\mathrm{d}k_x\mathrm{d}k_y \tag{4.1-11}$$

$$\boldsymbol{H}(\boldsymbol{r}) = \int_{-\infty}^{\infty}\int_{-\infty}^{\infty}\boldsymbol{k}(k_x, k_y)\times\boldsymbol{A}(k_x, k_y)\mathrm{e}^{-\mathrm{j}\boldsymbol{k}(k_x, k_y)\cdot\boldsymbol{r}}\mathrm{d}k_x\mathrm{d}k_y \tag{4.1-12}$$

式(4.1-11)和式(4.1-12)说明，空间任意一点的电磁场$[\boldsymbol{E}(\boldsymbol{r}), \boldsymbol{H}(\boldsymbol{r})]$可由沿不同方向的平面波之和来表示。只要知道参与叠加的各个平面波的复振幅对传播方向的关系，场的特性就完全确定了。

如果在 $z=d$ 面上电场的切向分量可以测量得到，那么有下式：

$$\boldsymbol{E}_t(x, y, d) = \boldsymbol{E}_x(x, y, d)\hat{\boldsymbol{x}} + \boldsymbol{E}_y(x, y, d)\hat{\boldsymbol{y}} \tag{4.1-13}$$

则由式(4.1-11)可以得到

$$\boldsymbol{E}_t(x, y, d) = \int_{-\infty}^{\infty}\int_{-\infty}^{\infty}\boldsymbol{A}_t(k_x, k_y)\exp(-\mathrm{j}\boldsymbol{k}\cdot\boldsymbol{r})\mathrm{d}k_x\mathrm{d}k_y \tag{4.1-14}$$

显然，$\boldsymbol{A}_t(k_x, k_y)$是 $z=d$ 平面上横向场的二维傅里叶(Fourier)变换，因此有

$$\boldsymbol{A}_t(k_x, k_y) = \frac{1}{4\pi^2}\exp(\mathrm{j}k_z d)\int_{-\infty}^{\infty}\int_{-\infty}^{\infty}\boldsymbol{E}_t(x, y, d)\exp[\mathrm{j}(k_x + k_y)]\mathrm{d}k_x\mathrm{d}k_y \tag{4.1-15}$$

再借助于式(4.1-8)可计算出$\boldsymbol{A}_z$，则有

$$\boldsymbol{A} = \boldsymbol{A}_t + \boldsymbol{A}_z \tag{4.1-16}$$

将式(4.1-16)代入式(4.1-11)，便可以求出 $z>0$ 区域内的任意位置场。

然后，根据平面波谱与远场方向图的关系可以得到远场方向图，见下式：

$$\underset{r\to\infty,\theta<\frac{\pi}{2}}{\boldsymbol{E}(r, \theta, \varphi)} = \mathrm{e}^{-\mathrm{j}kr}\mathrm{j}k\cos\theta\boldsymbol{A}(k\sin\theta\cos\varphi, k\sin\theta\sin\varphi) \tag{4.1-17}$$

4.1.3 平面近场探头补偿理论

4.1.2 节的平面波谱展开理论是无探头补偿的平面近场测量的理论依据。实际上，近场测量用的探头是一个小天线，它的尺寸并非为零，探头的接收信号即测量值与探头的特性有关。也就是说，同样的近场分布用不同的探头去测量其测量值会有所不同，而天线的固有特性是与探头无关的。为了由测量数据准确推出天线的近场和远场特性，应当在计算中把探头的影响消除掉，即探头补偿。

令$(\boldsymbol{E}_A,\boldsymbol{H}_A)$为待测天线处于发射状态而探头处于接收状态时相应的电磁场分布，$(\boldsymbol{E}_B,\boldsymbol{H}_B)$为探头发射而待测天线接收时所相应的电磁场分布。$\boldsymbol{J}_A$，$\boldsymbol{J}_B$ 分别为上述两种情况下的外加源分布。由 Lorentz 互易定理，并忽略二次及以上的高阶散射场，可得

$$\oint_S (\boldsymbol{E}_A \times \boldsymbol{H}_B - \boldsymbol{E}_B \times \boldsymbol{H}_A) \cdot \hat{\boldsymbol{n}} \mathrm{d}S = \int_V (\boldsymbol{J}_A \cdot \boldsymbol{E}_B - \boldsymbol{J}_B \cdot \boldsymbol{E}_A) \mathrm{d}V \qquad (4.1-18)$$

式中：S——区域 V 的边界面。

在这里我们取区域V为封闭面$\sum_1$和封闭面$\sum_2$之间的区域，如图 4.1-5 所示。其中，$\sum_1$ 由 $z=a(0<a<d)$ 的平面 S_p 与半径趋于无穷的右半球面 S_∞ 所构成，$\sum_2$ 由 S'_0 和 S_1 组成，S_1 是紧贴探头和馈线的金属壁的表面，如图 4.1-5 中的虚线所示。

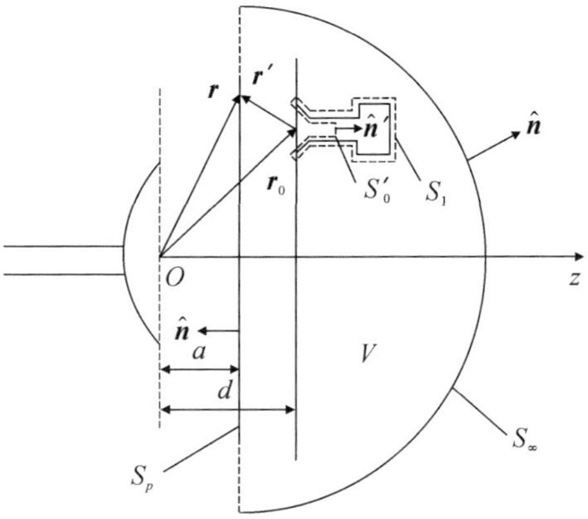

图 4.1-5　探头耦合示意图

在区域 V 内，既不包含场$(\boldsymbol{E}_A,\boldsymbol{H}_A)$的源 $\boldsymbol{J}_A$，也不包含场$(\boldsymbol{E}_B,\boldsymbol{H}_B)$的源 $\boldsymbol{J}_B$，得

$$\int_{S_p+S_\infty+S_0+S_1} (\boldsymbol{E}_A \times \boldsymbol{H}_B - \boldsymbol{E}_B \times \boldsymbol{H}_A) \cdot \hat{\boldsymbol{n}} \mathrm{d}S = 0$$

在 S_∞ 上，不论$(\boldsymbol{E}_A,\boldsymbol{H}_A)$还是$(\boldsymbol{E}_B,\boldsymbol{H}_B)$都趋于沿球面法线向外传播的径向 TEM 波，且传播方向与 S_∞ 的法线方向一致。因此，在 S_∞ 上

$$(\boldsymbol{E}_A \times \boldsymbol{H}_B - \boldsymbol{E}_B \times \boldsymbol{H}_A) \cdot \hat{\boldsymbol{n}} = (\hat{\boldsymbol{n}} \times \boldsymbol{E}_A) \cdot \boldsymbol{H}_B - (\hat{\boldsymbol{n}} \times \boldsymbol{E}_B) \cdot \boldsymbol{H}_A =$$
$$Z_0 \boldsymbol{H}_A \cdot \boldsymbol{H}_B - Z_0 \boldsymbol{H}_B \cdot \boldsymbol{H}_A = 0$$

即沿 S_∞ 的积分为零。

考察 S_1 上的积分，因为 S_1 紧贴理想金属壁，而理想导体金属表面电场切向分量为零，所以在 S_1 上$(\boldsymbol{E}_A \times \boldsymbol{H}_B - \boldsymbol{E}_B \times \boldsymbol{H}_A) \cdot \hat{\boldsymbol{n}} = (\hat{\boldsymbol{n}} \times \boldsymbol{E}_A) \cdot \boldsymbol{H}_B - (\hat{\boldsymbol{n}} \times \boldsymbol{E}_B) \cdot \boldsymbol{H}_A = 0$，故沿 S_1 的积分为零。

现在计算沿 S'_0 的积分。因为在 S'_0 上

$$\left.\begin{aligned} \boldsymbol{E}_{At}(\boldsymbol{r}) &= b'_0(1+\Gamma_L)\boldsymbol{e}'(\boldsymbol{r}) \\ \boldsymbol{H}_{At}(\boldsymbol{r}) &= b'_0(1-\Gamma_L)Y_0\boldsymbol{h}'(\boldsymbol{r}) \end{aligned}, \quad \boldsymbol{r} \in S'_0 \right\} \qquad (4.1-19)$$

$$\left.\begin{aligned} \boldsymbol{E}_{Bt}(\boldsymbol{r}) &= a'_0(1+\Gamma')\boldsymbol{e}'(\boldsymbol{r}) \\ \boldsymbol{H}_{Bt}(\boldsymbol{r}) &= -a'_0(1-\Gamma')Y_0\boldsymbol{h}'(\boldsymbol{r}) \end{aligned}, \quad \boldsymbol{r} \in S'_0 \right\} \qquad (4.1-20)$$

$$b'_0 = \frac{1}{2Y_0 a'_0(1-\Gamma_L\Gamma')} \int_{S_p} (\boldsymbol{E}_a \times \boldsymbol{H}_b - \boldsymbol{E}_b \times \boldsymbol{H}_a) \cdot \hat{\boldsymbol{n}}_p \mathrm{d}S \qquad (4.1-21)$$

把$(\boldsymbol{E}_a,\boldsymbol{H}_a)$和$(\boldsymbol{E}_b,\boldsymbol{H}_b)$写为平面波谱展开式：

$$\left.\begin{aligned}\boldsymbol{E}_a &= \frac{a_0}{2\pi}\int_{-\infty}^{\infty}\int_{-\infty}^{\infty}\boldsymbol{A}(\boldsymbol{k})\mathrm{e}^{-\mathrm{j}\boldsymbol{k}\cdot\boldsymbol{r}}\mathrm{d}k_x\mathrm{d}k_y\\ \boldsymbol{H}_a &= \frac{a_0}{2\pi}\int_{-\infty}^{\infty}\int_{-\infty}^{\infty}\frac{\boldsymbol{k}}{\omega\mu}\times\boldsymbol{A}(\boldsymbol{k})\mathrm{e}^{-\mathrm{j}\boldsymbol{k}\cdot\boldsymbol{r}}\mathrm{d}k_x\mathrm{d}k_y\end{aligned}\right\} \tag{4.1-22}$$

$$\left.\begin{aligned}\boldsymbol{E}_b &= \frac{a_0'}{2\pi}\int_{-\infty}^{\infty}\int_{-\infty}^{\infty}\boldsymbol{A}'(\boldsymbol{k}')\mathrm{e}^{-\mathrm{j}\boldsymbol{k}'\cdot\boldsymbol{r}'}\mathrm{d}k_x'\mathrm{d}k_y'\\ \boldsymbol{H}_b &= \frac{a_0'}{2\pi}\int_{-\infty}^{\infty}\int_{-\infty}^{\infty}\frac{\boldsymbol{k}'}{\omega\mu}\times\boldsymbol{A}'(\boldsymbol{k}')\mathrm{e}^{-\mathrm{j}\boldsymbol{k}'\cdot\boldsymbol{r}'}\mathrm{d}k_x'\mathrm{d}k_y'\end{aligned}\right\} \tag{4.1-23}$$

$$\left.\begin{aligned}&\boldsymbol{k}'=k_x\hat{\boldsymbol{x}}'+k_y'\hat{\boldsymbol{y}}'+k_z'\hat{\boldsymbol{z}}'\\ &k_z'=\begin{cases}\sqrt{k^2-k_x'^2-k_y'^2}, & k_x'^2+k_y'^2\leqslant k^2\\ -\mathrm{j}\sqrt{k_x'^2+k_y'^2-k^2}, & k_x'^2+k_y'^2>k^2\end{cases}\end{aligned}\right\} \tag{4.1-24}$$

式中：$\boldsymbol{A}'(\boldsymbol{k}')$——探头在自身坐标系中的平面波谱；

$\boldsymbol{r}$——平面 $z=a$ 上的点相对于天线坐标系的位置矢；

$\boldsymbol{r}'$——平面 $z=a$ 上的点相对于探头坐标系的位置矢，如图 4.1-6 所示。

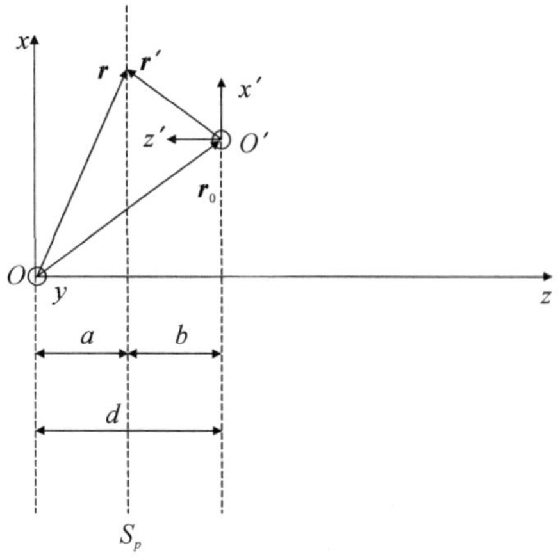

图 4.1-6　位置矢的定义

将展开式(4.1-22)和式(4.1-23)代入式(4.1-21)，得

$$b_0'(x_0,y_0,d)=\frac{a_0}{2Y_0(1-\Gamma_L\Gamma')4\pi^2}\int_{-\infty}^{\infty}\int_{-\infty}^{\infty}\int_{-\infty}^{\infty}\int_{-\infty}^{\infty}\int_{-\infty}^{\infty}\int_{-\infty}^{\infty}\frac{1}{\omega\mu}\{\boldsymbol{A}(\boldsymbol{k})\times[\boldsymbol{k}'\times\boldsymbol{A}'(\boldsymbol{k}')]-\boldsymbol{A}'(\boldsymbol{k}')\times[\boldsymbol{k}\times\boldsymbol{A}(\boldsymbol{k})]\}\mathrm{e}^{-\mathrm{j}\boldsymbol{k}\cdot\boldsymbol{r}}\mathrm{e}^{-\mathrm{j}\boldsymbol{k}'\cdot\boldsymbol{r}'}\cdot(-\hat{\boldsymbol{z}})\mathrm{d}k_x'\mathrm{d}k_y'\mathrm{d}k_x\mathrm{d}k_y\mathrm{d}x\mathrm{d}y \tag{4.1-25}$$

$$\frac{b_0'(x_0,y_0,d)}{a_0}=\frac{1}{1-\Gamma_L\Gamma'}\int_{-\infty}^{\infty}\int_{-\infty}^{\infty}\boldsymbol{A}(\boldsymbol{k})\cdot\frac{k_z}{k}\boldsymbol{A}'(-\boldsymbol{k})\mathrm{e}^{-\mathrm{j}\boldsymbol{k}\cdot\boldsymbol{r}_0}\mathrm{d}k_x\mathrm{d}k_y \tag{4.1-26}$$

$$\boldsymbol{A}(\boldsymbol{k})\cdot\frac{k_z}{k}\boldsymbol{A}'(-\boldsymbol{k})=\frac{1-\Gamma_L\Gamma'}{4\pi^2}\mathrm{e}^{\mathrm{j}k_z d}\int_{-\infty}^{\infty}\int_{-\infty}^{\infty}\frac{b_0'(x,y,d)}{a_0}\mathrm{e}^{\mathrm{j}(k_x x+k_y y)}\mathrm{d}x\mathrm{d}y \tag{4.1-27}$$

$$\boldsymbol{F}(\theta,\varphi)\cdot\boldsymbol{f}'(\theta',\varphi')=-\frac{k_z}{k}(1-\Gamma_L\Gamma')\mathrm{e}^{\mathrm{j}k_z d}\int_{-\infty}^{\infty}\int_{-\infty}^{\infty}\frac{b'(x,y,d)}{a_0}\mathrm{e}^{\mathrm{j}(k_x x+k_y y)}\mathrm{d}\left(\frac{x}{\lambda}\right)\mathrm{d}\left(\frac{y}{\lambda}\right) \tag{4.1-28}$$

$$\boldsymbol{F}(\theta,\varphi)\cdot\boldsymbol{f}''(\theta',\varphi')=-\frac{k_z}{k}(1-\Gamma_L\Gamma'')\mathrm{e}^{\mathrm{j}k_z d}\int_{-\infty}^{\infty}\int_{-\infty}^{\infty}\frac{b''(x,y,d)}{a_0}\mathrm{e}^{\mathrm{j}(k_x x+k_y y)}\mathrm{d}\left(\frac{x}{\lambda}\right)\mathrm{d}\left(\frac{y}{\lambda}\right)\quad(4.1-29)$$

式中：

$$\boldsymbol{k}=k(\sin\theta\cos\varphi\hat{\boldsymbol{x}}+\sin\theta\sin\varphi\hat{\boldsymbol{y}}+\cos\theta\hat{\boldsymbol{z}})\quad(4.1-30)$$

$$-\boldsymbol{k}=k(\sin\theta'\cos\varphi'\hat{\boldsymbol{x}}'+\sin\theta'\sin\varphi'\hat{\boldsymbol{y}}'+\cos\theta'\hat{\boldsymbol{z}}')\quad(4.1-31)$$

于是，式(4.1-28)和式(4.1-29)可进一步表示为

$$-F_\theta(\theta,\varphi)f'_{\theta'}(\theta,\pi-\varphi)+F_\varphi(\theta,\varphi)f'_{\varphi'}(\theta,\pi-\varphi)=C_1\quad(4.1-32)$$

$$-F_\theta(\theta,\varphi)f''_{\theta'}(\theta,\pi-\varphi)+F_\varphi(\theta,\varphi)f''_{\varphi'}(\theta,\pi-\varphi)=C_2\quad(4.1-33)$$

式中：C_1 和 C_2——式(4.1-28)和式(4.1-29)等号的右边，它们可由测量经运算后求得；

$\boldsymbol{f}'$，$\boldsymbol{f}''$——由探头方向图确定。

对上述方程组联立求解，可求出补偿探头影响的天线远场方向图 $F_\theta(\theta,\varphi)$ 和 $F_\varphi(\theta,\varphi)$。

4.2　平面近场的分类

可以按照平面近场扫描面与地面的垂直或水平情况分为垂直平面近场和水平平面近场。也可以按照采样面采用笛卡儿坐标或者极坐标分为 xOy 坐标平面近场和极坐标平面近场。西安空间无线电技术研究所建成了国内首例水平平面近场，其 20 m×20 m 的水平近场是目前世界上最大的水平平面近场。

4.2.1　垂直与水平平面近场

平面近场可以分为如图 4.2-1(a)所示的垂直平面近场和如图 4.2-1(b)所示的水平平面近场，其中，垂直平面近场扫描架的扫描面与地面垂直，水平平面近场扫描架的扫描面与地面平行。工程上，垂直平面近场的应用更为广泛，最主要的原因是测量距离的调整很方便。但是，对于某些柔性天线，型面刚度差，口径面与地面垂直放置时，受重力的影响型面很难保持。此时，采用水平平面近场是较好的选择。西安空间无线电技术研究所的两个水平平面近场的最大扫描范围分别为 6 m×8 m 和 20 m×20 m，最大待测天线的电口径尺寸为 15 m。

(a)　　　　(b)

图 4.2-1　西安空间无线电技术研究所某平面近场

(a)垂直平面近场；(b)水平平面近场

4.2.2 xOy 坐标与极坐标平面近场

平面近场采样面的形式不同，图 4.2-2(a)是广泛使用的 xOy 采样面，图 4.2-2(b)是极坐标采样面。极坐标采样面一般用于口径面较大的天线，待测天线做极化轴旋转配合单轴运动的扫描架完成极坐标面的采样，这样可以降低对扫描架扫描范围及复杂度的要求。对于极坐标面的平面近场，对采样数据做近远场变换前，一般对采样数据先做插值处理，插值后与 xOy 采样面格式相同。需要注意的是，极坐标面在每个采样点采集的极化分量不再是 xOy 采样面采样点的 E_x 和 E_y 分量，而是 E_θ 和 E_ϕ 分量，数据处理过程要做相应变化。当然，平面近场的采样面不局限于以上两种，但应用并不广泛，这里不再赘述。

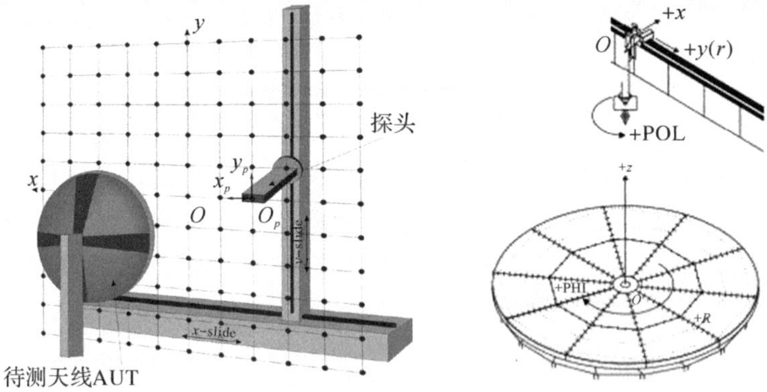

(a)　　　　　　　　　　(b)

图 4.2-2　xOy 平面近场与极坐标平面近场示意图

(a)xOy 采样面；(b)极坐标采样面

4.3　天线平面近场测量方法

4.3.1　平面近场测量系统的基本组成

以垂直 xOy 型平面近场为例，介绍平面近场测量系统的基本组成。如图 4.3-1 所示，系统由机械支撑子系统、控制与软件子系统和射频子系统组成。机械支撑子系统实现机械运动扫描的功能，主要指扫描架，有些情况下，平面近场也会配置用于待测天线安装调整的支架或者转台，支架或者转台也属于机械支撑子系统；控制与软件子系统实现远程自动测量功能，包括各类设备的控制器与系统测量软件，软件主要实现数据自动采集与数据后处理功能；射频子系统实现射频信号的发射、处理、传输与接收，主要由信号源、混频器和接收机组成。

1. 机械支撑子系统

机械支撑子系统主要指扫描架，扫描架有四个轴、三个位移轴（x 轴、y 轴、z 轴）和一个极化轴，如图 4.3-2 所示。其中，x 轴、y 轴的运动可以改变平面上水平和垂直向的位移，z 轴的运动可以改变测量距离，极化轴旋转改变极化方向。扫描架最主要的指标是扫描范围、定位精度和平面度，扫描范围决定了可测量天线的口径，定位精度和平面度决定了可测量天线的最高工作频率。一般地，要求平面度为最小工作波长的 1/100。

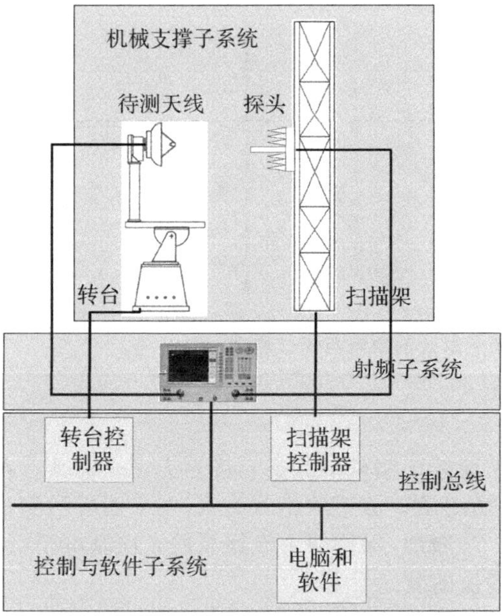

图 4.3-1　平面近场测量系统的组成

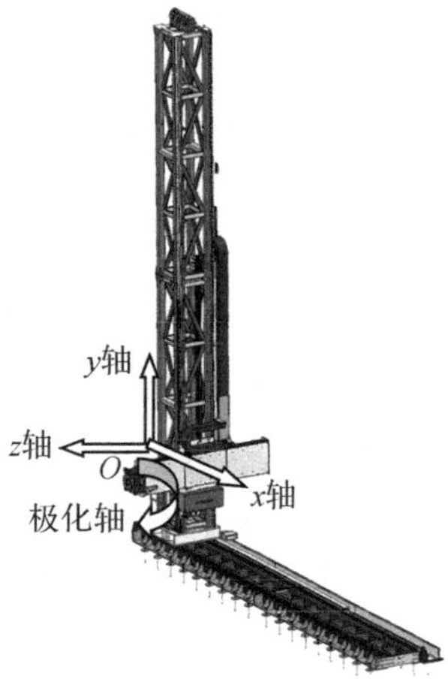

图 4.3-2　xOy 型扫描架

2. 控制与软件子系统

控制系统一般采用控制时序精度微秒级的 RTC 实时控制器作为核心控制部件，实现实时、快速地对系统各部分仪器的复杂时序控制与同步。软件实现数据的数据自动采集与分析处理，即实现近远场变换、方向图绘制等功能。

3. 射频子系统

以待测天线发射为例，如图 4.3-3 所示，介绍射频子系统的工作原理：信号源发出射频激励信号，先经过耦合器，分为耦合射频信号 RF1 和直通射频信号 RF2；本振源产生本振信号 LO，经功分器分为两路本振信号 LO1 和 LO2；耦合射频信号 RF1 和本振信号 LO1 经混频装置后变为中频信号 IF1 进入接收机，作为系统参考信号；直通射频信号 RF2 馈入待测天线，被特性已知的测量探头接收，与本振信号 LO2 经混频装置后变为中频信号 IF2 进入接收机，接收机对两路中频信号做比值处理获取幅度和相位信息。射频子系统设计的用于比幅比相的参考通道可以获得排除时间 $e^{j\omega t}$ 因子影响的不随时间改变的相位信息，同时还可以去除或者减小发射端输出信号不稳定对测量结果的影响。

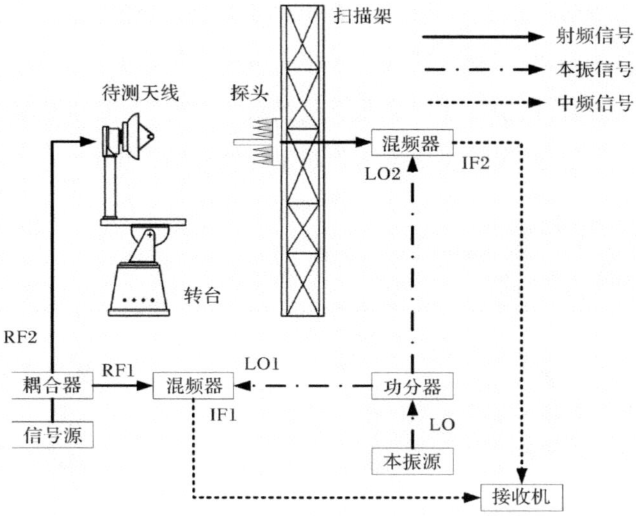

图 4.3-3 射频子系统的组成与工作原理

4.3.2 平面近场坐标系的定义

天线平面近场测量用的坐标系包括平面近场测量坐标系和待测天线坐标系。在天线测量前，需要确定待测天线坐标系和平面近场测量坐标系的相对关系，在平面近场测量坐标系的测量结果要转换到待测天线坐标系下。一般地，保持两个坐标系的方向基本平行，这样可以避免数据后处理阶段坐标和极化分量转换的复杂计算。

1. 平面近场测量坐标系

一般定义如下：坐标原点 O_p 位于扫描平面上，为平面近场扫描矩阵中心点，垂直地面向上为 y_p 轴，垂直扫描平面指向待测天线为 z_p 轴，x_p 轴由右手螺旋法则确定。如图 4.3-4(a)所示，其中(x_p，y_p，z_p)为平面近场测量坐标系，也叫探头坐标系，一般也是测量数据输出坐标系。以上是平面近场测量坐标系的常见定义，也存在其他不同的定义，系统使用前，一定要确认该坐标系的定义情况，这非常重要。

2. 待测天线坐标系

一般地，坐标原点 O_a 一般为待测天线口面中心，垂直地面向上为 y_a 轴，垂直于待测天线口径面且指离待测天线方向为 z_a 轴，x_a 轴由右手螺旋法则确定，如图 4.3-4(b)所示。

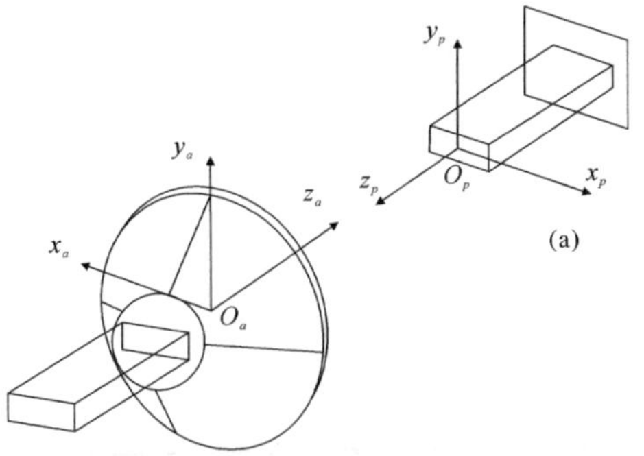

图 4.3-4 平面近场测量用坐标系

(a)平面近场测试坐标系；(b)待测天线坐标系

4.3.3　天线平面近场方向图的测量

1. 扫描范围和采样间隔

平面近场的扫描面要足够大，保证一定的截断电平（一般要求 30 dB 以上）。扫描范围根据测量距离、待测天线口径尺寸，按照下式计算确定 x 向或 y 向[记作 $x(y)$]扫描范围，如图 4.3－5 所示。

$$x(y)=D+2d\cdot\tan\alpha \tag{4.3-1}$$

式中：$x(y)$——x 向或 y 向的扫描范围，mm；

D——待测天线有效辐射口径，mm；

d——近场测量距离，mm；

α——所关心 x 或 y 方向远场最大角度范围，(°)。

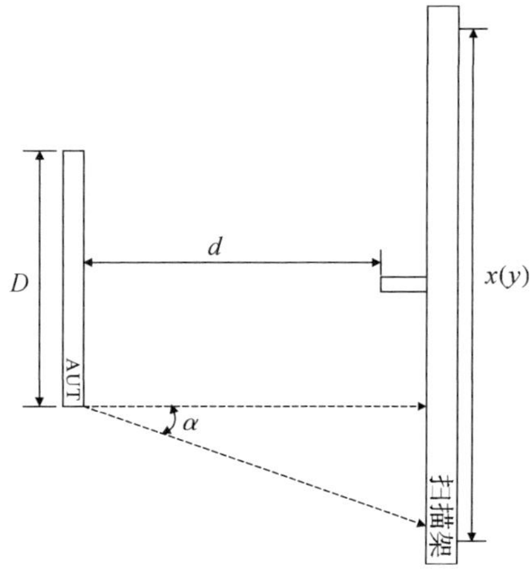

图 4.3－5　平面近场测量扫描范围示意图

采样间隔 Δx 或 Δy 一般小于或等于测量最高频率的半个波长，对于窄波束天线，也可以采用下式确定采样间隔：

$$\Delta x=\Delta y=\frac{\lambda}{2\sin\alpha} \tag{4.3-2}$$

2. 数据采集与处理

通过扫描架的运动，采集平面上电场的两个切向分量，基于 4.1 节的平面近场基本理论，系统后处理软件对近场采集数据做傅里叶变换，获得天线的远场方向图。

如果待测天线为圆极化天线，进行双线极化合成圆极化的处理，采用

$$\boldsymbol{E}_{\mathrm{L}}=\frac{\boldsymbol{E}_{\mathrm{H}}-\mathrm{j}\,\boldsymbol{E}_{\mathrm{V}}}{\sqrt{2}} \tag{4.3-3}$$

$$\boldsymbol{E}_{\mathrm{R}}=\frac{\boldsymbol{E}_{\mathrm{H}}+\mathrm{j}\,\boldsymbol{E}_{\mathrm{V}}}{\sqrt{2}} \tag{4.3-4}$$

获得圆极化天线的主极化、交叉极化方向图及旋向。

采用

$$AR=\frac{|\boldsymbol{E}_L|+|\boldsymbol{E}_R|}{||\boldsymbol{E}_L|-|\boldsymbol{E}_R||} \tag{4.3-5}$$

$$\left.\begin{aligned} XPD_{lp}&=||\boldsymbol{E}_H|-|\boldsymbol{E}_V|| \quad (\text{线极化天线}) \\ XPD_{cp}&=||\boldsymbol{E}_L|-|\boldsymbol{E}_R|| \quad (\text{圆极化天线}) \end{aligned}\right\} \tag{4.3-6}$$

计算天线的轴比 AR 和极化隔离度 XPD。由线极化或圆极化天线的主极化方向图，可以得到旁瓣电平、零深、波束指向、波束宽度等信息。

式(4.3-3)～式(4.3-6)中：

$\boldsymbol{E}_L$——待测天线方向图左旋分量；

$\boldsymbol{E}_R$——待测天线方向图右旋分量；

$\boldsymbol{E}_H$——待测天线方向图水平极化分量；

$\boldsymbol{E}_V$——待测天线方向图垂直极化分量。

$|\boldsymbol{E}_L|$，$|\boldsymbol{E}_R|$——$\boldsymbol{E}_L$ 和 $\boldsymbol{E}_R$ 的幅度值，大者为该圆极化天线的主极化分量，小者为交叉极化分量，对应的方向图即为主极化和交叉极化方向图，主极化分量代表旋向方向。

4.3.4 天线平面近场增益测量

天线平面近场增益测量一般采用比较法，如图 4.3-6 所示，即用增益已知的标准增益天线和待测天线做比较，得出待测天线的增益。

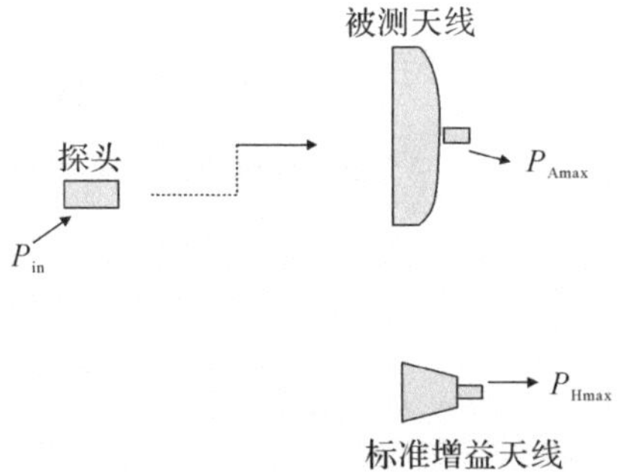

图 4.3-6 平面近场比较法测量增益

标准增益天线与待测天线测量完成后，进行近远场变换，分别读取待测天线和标准增益天线的远场主极化最大值电平，已知标准增益天线的标准增益值，则待测天线的主极化增益由下式计算：

$$G_{Am}=P_{Amax}-P_{Hmax}+G_H \tag{4.3-7}$$

式中：G_{Am}——待测天线的增益，dBi；

P_{Amax}——待测天线远场方向图最大电平，dB；

P_{Hmax}——标准增益天线远场方向图最大电平，dB；

G_H——标准增益天线的增益，dBi。

4.3.5　近场相位中心测量

早期相位中心的测量方法是通过不断调整待测天线的安装状态实现的，测量过程非常麻烦。本节介绍的相位中心测量技术，仅对天线做一次测量，根据测量获得的天线坐标系下的相位方向图计算相位中心的位置。其核心思想是把待求的相位中心位置作为新的天线坐标系的坐标原点，在新天线坐标系下，相位方向图分布在关注角域内随角度的变化最小，根据这一原则获得相位中心的位置信息。

天线的远场幅度方向图函数与天线的坐标原点选择无关，而相位方向图函数与坐标原点的选择密切相关。天线以 O 点为参考点的远区电场的主极化分量用 $E_m(\boldsymbol{r})$ 表示，则

$$E_m(\boldsymbol{r})=\frac{1}{r_0}\mathrm{e}^{-\mathrm{j}kr}\left|F_m(\boldsymbol{r})\right|\mathrm{e}^{\mathrm{j}\Psi_0(\boldsymbol{r})} \tag{4.3-8}$$

式中：$\Psi_0(\boldsymbol{r})$——天线以 O 点为参考点时，远场主极化分量的相位方向函数；

$\boldsymbol{r}$——从 O 点指向远区场点的单位方向矢量，如图 4.3-7 所示。

若以 $\boldsymbol{\rho}_c$ 点为参考点，其远场主极化分量可以表示为

$$\begin{aligned}E_m(\boldsymbol{r})&=\frac{1}{r}\mathrm{e}^{-\mathrm{j}k(r_c+\boldsymbol{\rho}_c\cdot\boldsymbol{r})}\left|F_m(\boldsymbol{r})\right|\mathrm{e}^{\mathrm{j}\Psi_0(\boldsymbol{r})}=\frac{\mathrm{e}^{-\mathrm{j}kr_c}}{r}\left|F_m(\boldsymbol{r})\right|\mathrm{e}^{\mathrm{j}[\Psi_0(\boldsymbol{r})-k(\boldsymbol{\rho}_c\cdot\boldsymbol{r})]}=\\&\frac{\mathrm{e}^{-\mathrm{j}kr_c}}{r}\left|F_m(\boldsymbol{r})\right|\mathrm{e}^{\mathrm{j}\Psi_c(\boldsymbol{r})}\end{aligned} \tag{4.3-9}$$

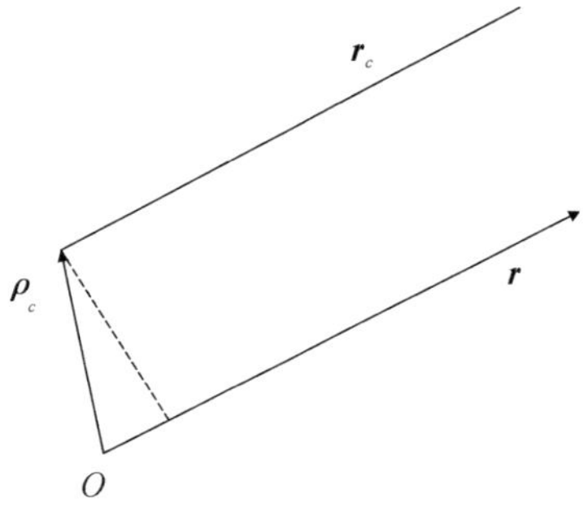

图 4.3-7　不同参考点的天线远区方向矢量

比较式(4.3-8)和式(4.3-9)可以看出，以 O 点和以 $\boldsymbol{\rho}_c$ 点为参考点的远场振幅方向图是一样的，但是相位方向图不一样，其关系为 $\Psi_c(\boldsymbol{r})=\Psi_0(\boldsymbol{r})-k(\boldsymbol{\rho}_c\cdot\boldsymbol{r})$。如存在一点 $\boldsymbol{\rho}_c$ 能使得，天线相对于此点的相位方向图函数 $\Psi_c(\boldsymbol{r})$ 在天线主瓣区域内为一常数(即天线远场的等相位面是以 $\boldsymbol{\rho}_c$ 为球心的球面)，则此点称作天线的相位中心。

工程上相位中心一般做如下定义：在所关注空域一个给定方向 $\boldsymbol{r}_0$ 附近一个角域内场的相位特性，如果能找到一点 $\boldsymbol{\rho}_c$，使得 $\Psi_c(\boldsymbol{r})-\Psi_c(\boldsymbol{r}_0)$ 在上述角域内与 0 偏离的均方误差最小，就称 $\boldsymbol{\rho}_c$ 为天线的相位中心。

在 az over el 坐标系下，以 O 点为参考点天线远场主极化分量的相位方向图函数为 $\Psi_0(az,el)$，以 $\boldsymbol{\rho}_c$ 为参考点的相位方向图为

$$\Psi_c(az,el)=\Psi_0(az,el)-(k_xx_c+k_yy_c+k_zz_c)$$

式中：

$$k_x = k_0 \sin(az)\cos(el)\ ,\ k_y = k_0 \sin(el), k_z = k_0 \cos(az)\cos(el)$$

希望 $\Psi_c(az, el)$在以(az_0, el_0)为中心的一个立体角内变化最小，在该方向：

$$\begin{cases} k_{x0} = k_0 \sin(az_0)\cos(el_0) \\ k_{y0} = k_0 \sin(el_0) \\ k_{z0} = k_0 \cos(az_0)\cos(el_0) \end{cases}$$

令
$$u = \frac{k_x}{k_0}, v = \frac{k_y}{k_0}, w = \frac{k_z}{k_0}, u_0 = \frac{k_{x0}}{k_0}, v_0 = \frac{k_{y0}}{k_0}, w_0 = \frac{k_{z0}}{k_0}$$

且
$$\Delta = \int_\Omega \left| \Psi_c(az, el) - \Psi_c(az_0, el_0) \right|^2 \cos(el)\,\mathrm{d}el\,\mathrm{d}az$$

其中，Ω 是(az_0, el_0)附近的一个区域，使 Δ 取极小值的(x_c, y_c, z_c)满足

$$\frac{\partial \Delta}{\partial x_c} = \frac{\partial \Delta}{\partial y_c} = \frac{\partial \Delta}{\partial z_c} = 0 \tag{4.3-10}$$

经推导得

$$\left.\begin{aligned} a_{11}x_c + a_{12}y_c + a_{13}z_c = b_1 \\ a_{21}x_c + a_{22}y_c + a_{23}z_c = b_2 \\ a_{31}x_c + a_{32}y_c + a_{33}z_c = b_3 \end{aligned}\right\} \tag{4.3-11}$$

式中：

$$\left.\begin{aligned}
a_{11} &= \int_\Omega (u - u_0)^2 \cos(el)\,\mathrm{d}az\,\mathrm{d}el \\
a_{22} &= \int_\Omega (v - v_0)^2 \cos(el)\,\mathrm{d}az\,\mathrm{d}el \\
a_{33} &= \int_\Omega (w - w_0)^2 \cos(el)\,\mathrm{d}az\,\mathrm{d}el \\
a_{12} = a_{21} &= \int_\Omega (u - u_0)(v - v_0)\cos(el)\,\mathrm{d}az\,\mathrm{d}el \\
a_{13} = a_{31} &= \int_\Omega (u - u_0)(w - w_0)\cos(el)\,\mathrm{d}az\,\mathrm{d}el \\
a_{23} = a_{32} &= \int_\Omega (v - v_0)(w - w_0)\cos(el)\,\mathrm{d}az\,\mathrm{d}el \\
b_1 &= \frac{1}{k}\int_\Omega \delta_0(az, el)(u - u_0)\cos(el)\,\mathrm{d}az\,\mathrm{d}el \\
b_2 &= \frac{1}{k}\int_\Omega \delta_0(az, el)(v - v_0)\cos(el)\,\mathrm{d}az\,\mathrm{d}el \\
b_3 &= \frac{1}{k}\int_\Omega \delta_0(az, el)(w - w_0)\cos(el)\,\mathrm{d}az\,\mathrm{d}el
\end{aligned}\right\} \tag{4.3-12}$$

式中：

$$\delta_0(az, el) = \Psi_0(az, el) - \Psi_0(az_0, el_0)$$

由测得的相位方向图 $\Psi_0(az,el)$ 算出 $a_{ij}(i,j=1,2,3)$ 和 $b_i(i=1,2,3)$，然后解方程组(4.3-12)可求出待测天线相位中心的位置(x_c,y_c,z_c)。

4.3.6　天线平面近场 EIRP 的测量

天线 EIRP 为待测天线的增益与入口功率的乘积。对于天线与发射前端端口可以断开的情况，通过定义的方法，可直接测得，即通过测量增益和入口功率值获得，称为直接法；对于天线与发射前端端口不能断开的情况，通过近场采集数据与参考点的探头输出功率测量计算获得，称为间接法。

1. 直接法测量

采用下式计算得到待测天线 EIRP 值：

$$\mathrm{EIRP}=P_{\mathrm{in}}+G_{\mathrm{A}} \tag{4.3-13}$$

式中：EIRP——待测天线的 EIRP，dBm；

G_{A}——待测天线的增益，由 4.3.4 节的方法测得，dB；

P_{in}——待测天线的入口功率，dBm。

2. 间接法测量

采用式(4.3-14)计算得到待测天线 K_0 方向的 EIRP 值：

$$\mathrm{EIRP}(K_0)=(4\pi)^2\left[\frac{|1-\Gamma_1\Gamma_{\mathrm{p}}|^2 Q(P_0)}{(1-|\Gamma_{\mathrm{p}}|^2)(1-|\Gamma_1|^2)G_{\mathrm{p}}(K_0)}\right]\cdot \left[\frac{|\delta_x\delta_y\sum_i B_0'(P_i)\mathrm{e}^{\mathrm{i}K_0P_i}|^2}{\lambda^4}\right] \tag{4.3-14}$$

式中：$\mathrm{EIRP}(K_0)$——待测天线 K_0 方向 EIRP 值，dBm；

P_i，P_0——近场采样点及采样参考点，采样参考点一般为近场幅度最大值处；

K_0——与近场参考点对应的远场波谱方向；

Γ_1，Γ_{p}——接收端负载方向和探头方向的反射系数；

δ_x，δ_y——近场 x 方向和 y 方向的采样间隔；

G_{p}——探头增益，dB；

$Q(P_0)$——参考点位置的探头输出功率，dBm。

4.3.7　天线平面近场 G/T 值测量

G/T 值为接收天线的增益与等效噪声温度的比值。平面近场测量时，通过增益 G 和等效噪声温度 T 的分别测量获得 G/T 值。增益的测量方法见 4.3.4 节；等效噪声温度通过噪声电平的测量获得，即在信号源关闭的情况下直接测量待测天线的接收噪声电平。

4.4 天线测量新技术在平面近场的应用

4.4.1 平面近场幅相漂移补偿技术

天线平面近场测量系统中，随着暗室温湿度的变化以及扫描架运动过程中射频电缆的机械运动，系统的幅度和相位会做无规律的变化，称为幅相漂移。幅相漂移对测量结果会带来很大的测量误差，尤其是测量时间过长或者温度变化带来的相位误差。当测量频率较高时，测量系统对这种误差的敏感度更高。当射频路径比较长，测量和参考通道的路径差别较大时尤其如此。当射频系统所用的电缆，其电性能对温度敏感时，情况会变得非常恶劣。在毫米波和亚毫米波段测量时，相位漂移的影响不能忽略，需要采取一定的校正措施。所有的近场系统都会碰到此问题，平面近场受影响更大，特别是测量高增益天线时，平面近场幅相漂移补偿技术可以有效应对上述情况，从而获得真实稳定的测量结果。我国研制的天链 1 号卫星，配置的大口径高频段反射面天线，单次扫描测量时间很长，交叉极化指标测量结果不稳定，应用平面近场幅相漂移补偿技术获得了可靠的测量结果。

假定平面近场 y 轴的扫描过程中整个路径中没有由温度波动产生的幅相变化，而 x 轴由于扫描时间远大于 y 轴，则会产生明显的幅相漂移。很明显，上述假定没有考虑暗室内热的梯度变化，或者至少热的梯度变化没有充足的时间来影响射频通道。基于上述假定，可以采用“Tie Scan”补偿技术。“Tie Scan”是一种返回指定位置的校准，在整个扫描区域的一小部分区域进行数据重复采集工作。假定测量时 y 轴扫描 x 轴步进，扫描完成后，沿 x 轴测量一个切面，如图 4.4－1 所示。

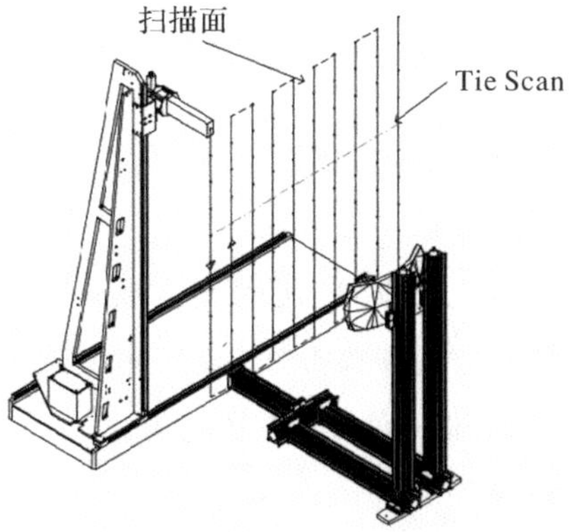

图 4.4－1 “Tie Scan”示意图

为增加校准的可靠性，通常在不同的 y 位置处，采集几个 x 向的切面。如上述假定在一个 y 向扫描时间内可以忽略幅相漂移，现假定在一个 x 向扫描时间内也可以忽略幅相漂移。这个假定并非没有道理：现有的测量系统，x 向连续匀速扫描通常只需要几秒的时间。校正因子通过“Tie Scan”获得：认为“Tie Scan”的采样数据不随温度漂移，整个扫描面的数据用“Tie Scan”的采样数据修正。

$$c(x)=\frac{E_t(x,y=y_0)}{E(x,y=y_0)} \tag{4.4-1}$$

式中：$c(x)$——近场数据的校正因子；

E_t 和 E——同一近场分量，E_t 由“Tie Scan”获得，E 由完整的近场扫描获得；

y_0——常数，指 x 切面对应的 y 值，也就是说，校正因子 c 对于扫描面上的任意位置都是有效的。

注意，对于 y_0 的选取原则，一般选取幅度最大值附近，且不能过零点。

在扫频测量时，探头处于连续运动模式。此时，仅有一个频点的“Tie Scan”位置与原扫描面对应采集线的位置一致，可以采用这一个频点（f_0）的校正数据推导其他频点的幅相校正数据。假定幅度校正数据与频率无关（窄带内可以这样近似），把相位校正数据还原为电长度，通过电长度计算其他频点的相位校正数据。例如，已知频点 f_0 的相位校正数据为 φ_0，频点 f_i 的相位校正数据 φ_i 为

$$\left.\begin{aligned} l &= \frac{\lambda_0}{2\pi}\varphi_0 \\ \varphi_i &= \frac{2\pi}{\lambda_i} l \end{aligned}\right\} \tag{4.4-2}$$

式中：φ_i——关注频点的相位补偿数据。

可以看出，在平面近场扫频测量时，仅需对一个频点做“Tie Scan”扫描，其他频点的校正数据可以据此获得。

4.4.2　口径场诊断技术

口径场反应的是天线口径面的场分布，也就是源的分布情况。因此，口径场诊断可以对相控阵天线损坏的单元、装配问题、通道问题进行诊断，或对反射面天线的馈源或反射器不正确的校准关系进行诊断。目前，口径场诊断技术也应用在一些星载相控阵天线的通道校准工作中。

口径场诊断技术的理论基础仍然是模式展开理论，本节介绍的方法是由平面近场直接采集的电场切向分量计算天线远场方向图，再由远场方向图计算口径场，这个方法不仅考虑了探头的影响，同时，该技术使用范围也可由平面近场推广到几乎所有类型的测量场。

通过平面上电场的切向分量获得电磁场的六个分量值，从而获得半个空间内任意位置的场。当然，可以通过空间一个平面的场获得另一个平面的场，测量平面外空间平面场近场数据的重构，应用了不同的相位变化，可以看成是远场的回推：

$$\left.\begin{aligned} F(k_x,k_y,z=0) &= \int_{-\infty}^{\infty}\int_{-\infty}^{\infty} E(x,y,z=0)\mathrm{e}^{\mathrm{j}(k_x x+k_y y)}\,\mathrm{d}x\mathrm{d}y \\ E(x,y,z) &= \frac{1}{4\pi^2}\int_{-\infty}^{\infty}\int_{-\infty}^{\infty} F(k_x,k_y,z=0)\mathrm{e}^{-\mathrm{j}(k_x x+k_y y+k_z z)}\,\mathrm{d}k_x\mathrm{d}k_y \end{aligned}\right\} \tag{4.4-3}$$

式(4.4－3)为平面波谱和电场的关系式。可以通过一个平面的场，计算另一个与之距离 z 的平行平面的场，可以简单表达为

$$E(x,y,z)=\zeta^{-1}\{\zeta[E(x,y,z=0)]\mathrm{e}^{-\mathrm{j}k_z z}\} \tag{4.4-4}$$

重构的平面可以是在相心上或者前面的无穷多平面的任意一个，当这个平面与天线口径面重合时，才有“实用”价值。天线的口径面认为是空间传导电流与位移电流的过度面，近

场测量其实是对天线产生的部分场分量在空间一个区域内进行取样。因此，面到面的转换只需要知道场的辐射能量，无须存储能量(衰减模式)参与，即依赖于 Helmholtz 在自由空间的解。

物理解释如下：自由空间的格林函数，在远场时，它与天线的方向图函数非常相似，它在空间辐射球面波，在 $r=0$ 时有一奇异点，即

$$\Psi=\frac{e^{-jk_0 r}}{r} \tag{4.4-5}$$

很明显：其幅度特性在空间随距离线性减小，意味着当距离趋于无穷远时，幅度值趋于0；而相位的变化却非如此，当距离一定时，相位为一常数。两个在 z 向相距几个波长的平行天线口径场，其角谱(平面波谱)仅相差一个相位因子。例如，如图 4.4-2 所示，在距离为 z_0 处的一个平面，与原点的平面相比，远场处的路径差为 $z_0\cos\theta$，θ 为观察角。对应的相位偏差为

$$\varphi=k_0 z_0\cos\theta=k_z z_0 \tag{4.4-6}$$

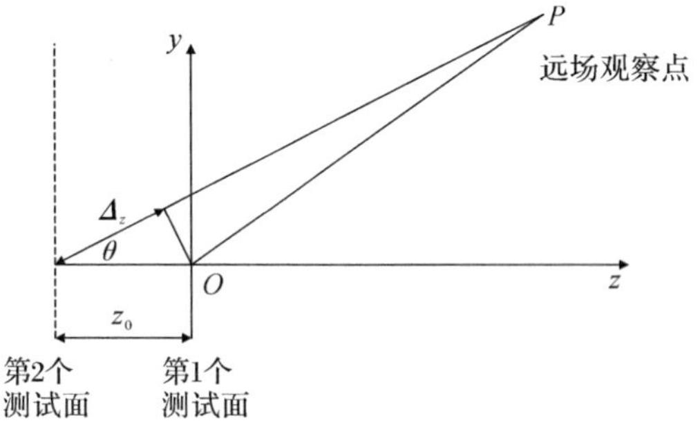

图 4.4-2　不同测量面的远场路程差

采用上方位下俯仰(az over el)坐标系定义场点：

$$\boldsymbol{r}=\sin(az)\cos(el)\hat{\boldsymbol{e}}_x+\sin(el)\hat{\boldsymbol{e}}_y+\cos(az)\cos(el)\hat{\boldsymbol{e}}_z \tag{4.4-7}$$

则口径场诊断的表达式为

$$E(x,y,z)=\frac{1}{\lambda^2}\int_{-\pi/2}^{\pi/2}\int_{-\pi/2}^{\pi/2}F(az,el)\times e^{-jk[\sin(az)\cos(el)x+\sin(el)y+\cos(az)\cos(el)z]}\times \cos(az)\cos^2(el)\,\mathrm{d}az\,\mathrm{d}el \tag{4.4-8}$$

当远场方向图采用(θ,φ)坐标时，类似地有

$$E(x,y,z)=\frac{1}{\lambda^2}\int_{-\pi}^{\pi}\int_{0}^{\pi/2}F(\theta,\varphi)e^{-jk_0(\alpha x+\beta y+\gamma z)}\sin\theta\cos\theta\,\mathrm{d}\theta\,\mathrm{d}\varphi \tag{4.4-9}$$

上述两个表达式非常有用，给出了球面波和平面波的相互关系，可以从常见的球面坐标系(az over el)或者(θ,φ)的远场方向图计算获得平面近场分布，是口径场诊断的实用公式，同时把口径场诊断技术推广到其他类型测量场，如远场、紧缩场、柱面和球面近场等。

4.4.3　平面近场探头安装位置横向误差的补偿方法

相位方向图和交叉极化对平面近场探头安装位置横向误差比较敏感，圆极化天线比线极化天线对这一误差更为敏感。比如在空间数据传输领域应用的中继天线，交叉极化指标

的测试结果不稳定，在－30 dB 电平时变化范围±5 dB，经分析，是由探头安装位置误差引起的。

平面近场对于任意待测天线，通常采用单极化近场探头，采集两个正交极化的数据。根据近场公式要求用两个不同的探头，实际上通过单个探头的极化旋转来实现。为获得探头校准的远场方向图，两组正交数据分别处理后根据极化定义计算线极化或圆极化的合成方向图。极化处理时假定只考虑横向误差，其他因素（探头的 z 轴与旋转轴的机械位置偏差）忽略。对于 40 GHz 以下低频段的天线测量，上述假定成立，一般不需要额外的补偿。但对于高频的应用，探头尺寸很小，精确机械安装准直的难度极大，尤其是探头和笨重的扩频模块连接在一起时（见图 4.4－3），一般安装在极化平台上，因为市场上没有高频的旋转关节，而波导旋转关节成本昂贵且频带受限。

要保证探头辐射轴与扫描面垂直，这个安装准直难度还可以接受，并且该因素对远场方向图的影响也有限，因为绝大多数的开口波导探头波瓣很宽，正交度稍差一些不会有多大影响。

图 4.4－4 给出探头从位置 1（0°极化）旋转到位置 2（90°极化）的示意图，旋转轴为 z 轴，偏置距离用 $\boldsymbol{T}$（$\boldsymbol{T}=\Delta x\hat{\boldsymbol{x}}+\Delta y\hat{\boldsymbol{y}}$）表示，一般地，$\Delta x\neq\Delta y$。要对偏置距离 $\boldsymbol{T}$ 做补偿，首先需要确定 Δx 和 Δy 的值，之后把两个线极化的远场方向图分别做坐标平移即可。可用机械的方法确定 Δx 和 Δy 的值，但这并不容易，下面给出采用电气的方法确定 Δx 和 Δy 的过程。

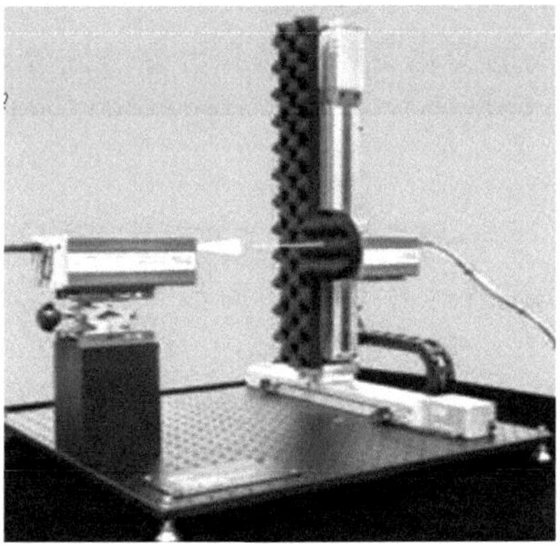

图 4.4－3　探头与扩频模块硬连接

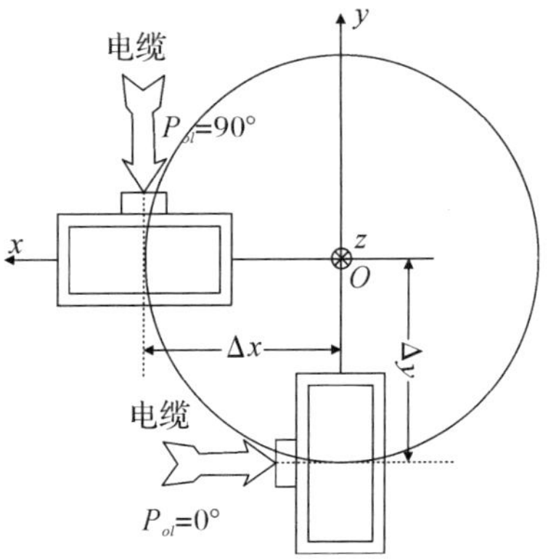

图 4.4－4　探头极化旋转示意图

在探头位于 0°，90°，180°和 270°四个极化状态做平面近场扫描，做近远场变换后，0°极化和 180°极化对应远场方位面（俯仰 0°）相位方向图记作 $P_{x0}(az)$ 和 $P_{x180}(az)$，90°极化和 270°极化对应远场俯仰面（方位 0°）相位方向图记作 $P_{y90}(el)$ 和 $P_{y270}(el)$，则

$$\left.\begin{aligned}\Delta x&=\frac{\lambda\Delta p_x}{2\pi\sin(az)}\\\Delta y&=\frac{\lambda\Delta p_y}{2\pi\sin(el)}\end{aligned}\right\}\qquad(4.4-10)$$

式中：Δp_x——$P_{x0}(az)$ 与 $P_{x180}(az)$ 差值；

Δp_y——$P_{y90}(el)$ 与 $P_{y270}(el)$ 差值。

需要说明的是，在做差值前，需要考虑 180°的极化翻转带来的相位翻转。

4.4.4 平面近场测量滤波技术

本节介绍的平面近场测量滤波技术，是通过采集辐射近场的切向电场分量，计算远场方向图；再通过远场方向图，获得柱面波或球面波系数；滤除高阶柱面波或球面波，保留仅与天线相关的低阶柱面波或球面波，再由滤波后的柱面波或球面波叠加获取远场方向图。功能与 2.4.2 节、3.4.3 节一致，但适用范围不同。2.4.2 节的软件门技术适合在远场较宽的频带内测得大量的频率点的情况下使用，3.4.3 节的硬件门技术适合在紧缩场干扰路径相对固定的情况下使用，本节描述的方法不牺牲测试效率，适合在近场测量中应用。

暗室散射在天线测量误差预算中，通常是最大的误差源。室内的天线测量系统，发射天线辐射的能量不可避免地要照射到墙壁上，如果功率不能被完全吸收，用直射信号相比，散射信号比较重要时，会使测量设备的性能严重下降。

数字吸波材料反射抑制(MARS)技术是在不增加测量时间的基础上利用滤波技术抑制干扰信号的测量数据分析后处理技术。它假定待测天线的近场方向图函数是空间带限的(即电流分布在空间有限的区域内)，这样，多次反射、测量环境的散射等有限区域以外空间的信号被识别和滤除。

通常，天线测量时，天线安装要尽量靠近场地坐标系原点，使天线电流源主要分布在原点附近。多次反射会干扰到天线口径面的照射场，安装在原点附近确保数据采集过程中天线口径面的照射场受干扰的程度尽可能地小。MARS 技术采用相反的策略，即测量时故意把待测天线安装在偏离坐标原点的地方，使得照射场的变化更加明显和更容易区分，随后消除干扰场。安装偏置尺寸越大，滤波效果越明显，直到偏离尺寸等于天线尺寸后，继续增加效果不再明显，反而会增加测量时间。

MARS 技术利用传统的近场理论，但在转换时把与待测天线相关的模式系数和与待测天线无关的模式系数分离。方法的核心是由平面波谱计算获得柱面波系数或者球面波系数。

1. 柱面波系数

通过平面近场测量，可以获得在 az over el 坐标系下探头校正后的待测天线远场方向图。过程如下：角谱(平面波谱)可以直接从近场的切向分量获得，即

$$F_T(k_x,k_y,z=0)=\int_{-\infty}^{\infty}\int_{-\infty}^{\infty}E_T(k_x,k_y,z=0)\mathrm{e}^{\mathrm{j}(k_x x+k_y y)}\,\mathrm{d}x\mathrm{d}y \qquad (4.4-11)$$

式中：

$$\begin{cases}k_x=k_0\sin(az)\cos(el)\\k_y=k_0\sin(el)\\k_z=k_0\cos(az)\cos(el)\end{cases}$$

式中：E_T——近场的两个正交切向分量；

az 和 el——方位和俯仰角；

k_0——自由空间传播常数。

上述方程的求解可以通过两次一维积分来完成，先进行 y 积分，再进行 x 积分。传播的远场电场在平面波条件下利用驻相法通过角谱正切分量获得：

$$E(k_x,k_y)\approx \mathrm{j}\frac{\mathrm{e}^{\mathrm{j}k_0 r}}{\lambda r}\frac{k_z}{k_0}\left[F_T(k_x,k_y)-\frac{k_T\cdot F_T(k_x,k_y)}{k_z}\hat{e}_z\right] \tag{4.4-12}$$

由 az over el 坐标系下探头校正后的待测天线远场方向图，可以通过 IFFT 较容易计算获得柱面波模式系数，详见 5.4.1 节的描述。图 4.4-5 为一阵列天线的柱面波系数幅度分布，可以看出，柱面波系数在很宽范围的模式内都有能量分布。把待测天线通过平面近场测量获得的相位方向图放在 4.2 节定义的待测天线坐标系下，计算此时的柱面波系数，如图 4.4-6 所示。很明显，此时的柱面波系数能量限制在模式 $n=0$ 为中心的窄带范围内。

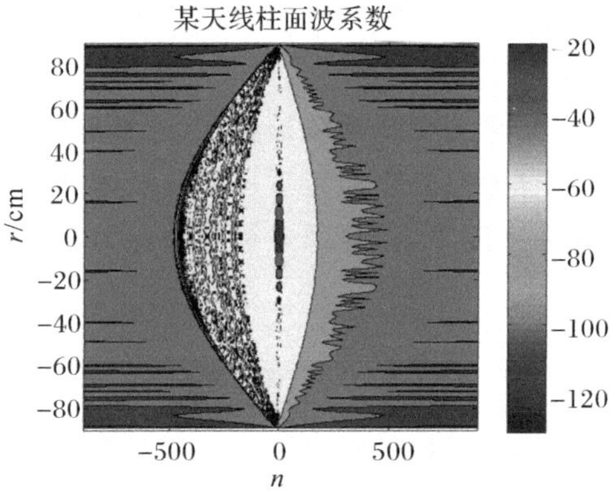

图 4.4-5　平面近场测量坐标系下计算的柱面波模式系数的能量分布

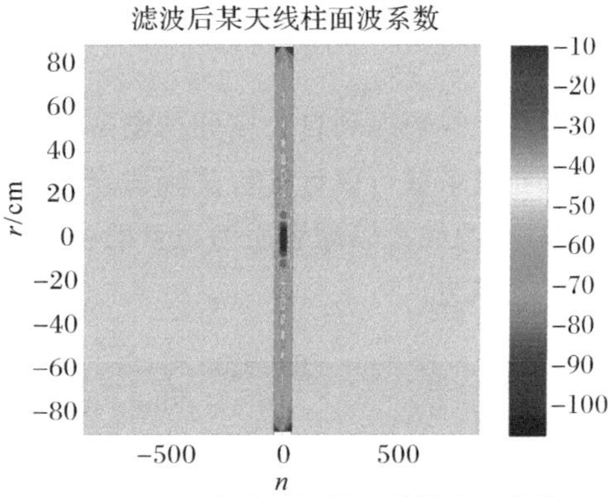

图 4.4-6　滤波后的柱面波模式系数的能量分布

从平面近场测量结果获得柱面波系数，发现最小柱面半径与最大扫描面尺寸有关，最高阶模式系数直接与平面近场采样间隔相关。采用带通滤波器函数把不代表天线远场辐射方向图的高阶模滤掉，再用滤掉高阶模式的柱面波还原天线远场方向图，即可去除环境散射对天线方向图测量结果的影响。一般滤波通常基于包围天线的最小半径，也可以增加到平面近场的采样范围尺寸。滤波后的远场方向图可由柱面波系数利用 FFT 的简单叠加计算获得。上面描述的模式滤波技术主要抑制了 xOz 面的散射影响，不涉及其在 yOz 面的分量。幸运的是，绕天线 z 轴把要滤波的天线方向图函数旋转 90°重新处理一遍，即可抑制 yOz 面散射分量的影响。在水平和垂直轴，两次实施上述处理过程，即可有效抑制散射的影响。图 4.4-7 为采用柱面波模式滤波前的平面近场测量获得的远场方向图，图 4.4-8 为采用柱面波模式滤波后的平面近场测量获得的远场方向图。

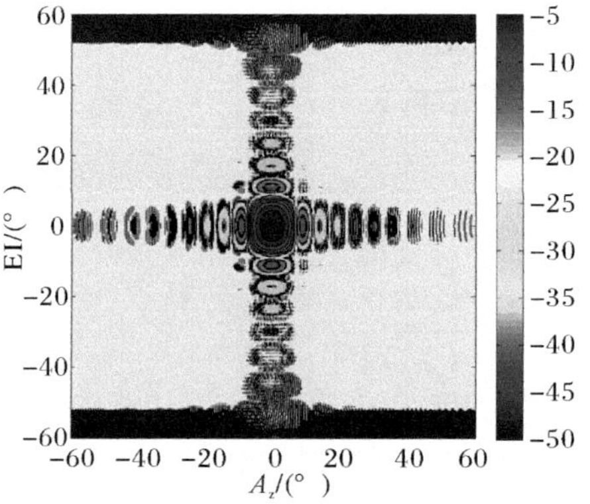

图 4.4-7　滤波前的远场方向图

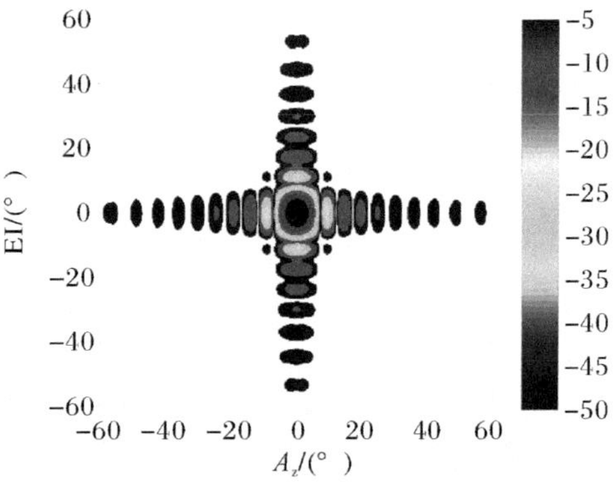

图 4.4-8　滤波后的远场方向图

2. 球面波系数

通过平面近场测量可以获得球面坐标系下的探头校正后的待测天线远场方向图。球面坐标系方向余弦的定义如下：

$$k_x = k_0\sin\theta\cos\varphi, k_y = k_0\sin\theta\sin\varphi, k_z = k_0\cos\theta$$

式中：θ 和 φ ——球坐标系常规定义的角度；

k_0——自由空间传播常数。

求得球坐标系下远场极化分量 E_θ 和 E_φ 后（它们均为 θ 和 φ 的函数），对 θ 和 φ 等间隔取样。

任意天线辐射到自由空间的电磁场均可展开为一组正交球面波的叠加，通过球面波函数与球面波系数可以计算包围辐射器的半径为 ρ_0 的球面以外空间任意位置的电场和磁场。特别地，在源或者以球表面为边界的各相同性的线性空间里，以球面坐标系原点为中心，电场可以表示为

$$\boldsymbol{E}(\boldsymbol{r}) = \frac{k}{\sqrt{\eta}}\sum_{n=1}^{\infty}\sum_{m=-n}^{n}\left[B_{mn}^{1}\boldsymbol{M}_{mn}^{(4)}(\boldsymbol{r}) + B_{mn}^{2}\boldsymbol{N}_{mn}^{(4)}(\boldsymbol{r})\right] \tag{4.4-13}$$

式中：B_{mn}^1 和 B_{mn}^2——横向电场和横向磁场的波系数，是关于 m 和 n 的复数函数；

$\boldsymbol{M}_{mn}^{(4)}(\boldsymbol{r})$ 和 $\boldsymbol{N}_{mn}^{(4)}(\boldsymbol{r})$——横向电场和横向磁场关于 m,n,r,θ,φ 的球面波矢量函数；

上标(4)——满足辐射条件的向外辐射的球面 Hankel 函数；

η——场传播介质的本质阻抗。

实际上，球面波数 n 会在某一固定值处（例如 N）截断，N 值足够大，就可以精确表示场值。上述公式中假定电流源主要位于半径为 ρ_0 的球面内，球面波阶数 $N>k_0\rho_0$ 代表构成场的最高阶的模式，N 值通常取为

$$N = \mathrm{ceil}\,(k_0\rho_0) + n_1 \tag{4.4-14}$$

式中：ceil——取正向最近的整数；

n_1——由精度确定，一般取 $n_1=10$。

可以推导，用平面近场测量数据计算球面模式系数，最高阶模数为

$$N = \mathrm{ceil}\left(\frac{k_0\sqrt{x_{\mathrm{span}}^2 + y_{\mathrm{span}}^2}}{2}\right) + n_1 \tag{4.4-15}$$

式中：x_{span} 和 y_{span}——平面近场 x 方向和 y 方向的扫描范围。

传统的球面近场理论用下式描述采样间隔和最大模数的关系：

$$\Delta\theta = \frac{2\pi}{2N+1} \tag{4.4-16}$$

从平面近场测量数据确定球面波系数时，θ 和 φ 向采样间隔不大于

$$\Delta\theta = \frac{2\pi}{2\left[\mathrm{ceil}(k_0\sqrt{x_{\mathrm{span}}^2 + y_{\mathrm{span}}^2}/2) + n_1\right] + 1} \tag{4.4-17}$$

通过平面近场测量获得的球坐标系下的远场 E_θ 和 E_φ 分量，然后再由 E_θ 和 E_φ 分量计算球面波系数，计算方法详见 6.4.2 节。

图 4.4-9 为由平面近场测量通过上述计算获得的 TE 模球面波系数的幅度分布，黑色

区域代表 $|m|>n$ 的情况。平面近场测量待测天线和探头间的偏置距离使得测量面上测得的相位值变化更快，导致平面近场测量坐标系下由 E_θ 和 E_φ 求得的球面波模式分布范围很宽，高阶 m，n 模式的能量很高，如图 4.4－9(a)所示。相反，如果把平面近场测量结果转换到 4.2 节定义的待测天线坐标系下，由该坐标系下的 E_θ 和 E_φ 求得球面波模式系数，其分布范围明显变窄，球面波的高阶模式的能量会小很多。与待测天线相关的模式对应图 4.4－9(b) m，n 很小的顶点处。

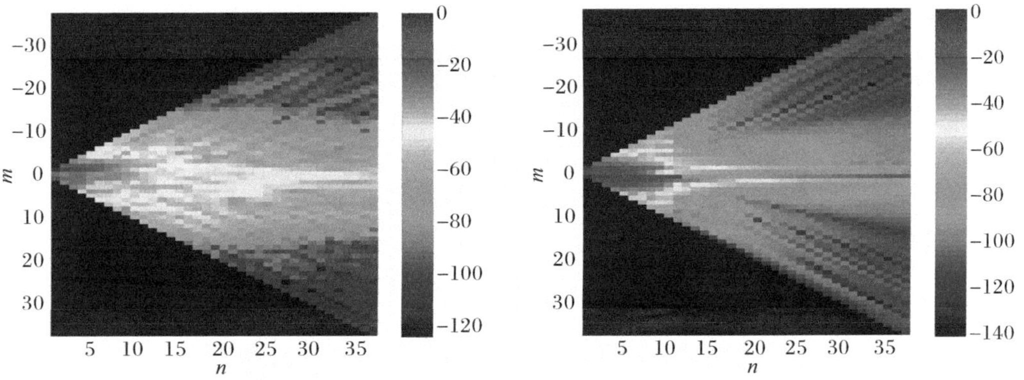

(a)　　(b)

图 4.4－9　平面近场不同坐标系下计算的球面波模式分布

(a)平面近场测量坐标系下；(b) 待测天线坐标系下

当进行滤波处理时，和房间散射相关的模式可以用高阶模式系数来表示，这些区域的幅度电平很低。实际上，散射体和待测天线对球面波系数的影响是分开的，并不会相互干涉，而且彼此具有正交性。因此，滤掉高阶模式对待测天线的实际性能并没有影响，可以基于待测天线物理尺寸进行模式截断，抑制房间散射。移除模式空间 $k_0 r_{t0}$ 区域外的系数不会影响天线方向图的真实性能，其中 r_{t0} 代表包围待测天线的最小球半径。取得滤波后的球面波后，采用标准的球面变换处理即可获得远场方向图。

4.4.5　平面近场多探头测量技术

多探头技术一般用在平面近场或球面近场测量系统中，旨在提升测量效率。比如，某 L 波段的 10 m 口径的天线，采用传统单探头平面近场测量方法，单次扫描时间超过 20 h；如果采用多探头，那么单次扫描时间可大幅减少。

平面近场的多探头阵一般为线阵(见图 4.4－10)。阵元间的距离选择很重要：一方面要求阵元间距足够大，确保阵元间互耦的影响可以接受；另一方面，间距过大，会给扫描架的承载能力提出挑战。一般来讲，阵元间距选择 3～10 个波长，阵元间距为平面近场采样间隔的整数倍。多探头阵的阵元基本上都是双线极化的形式，通常在后端采用高速切换开关实现探头各端口的切换。

测量时，各通道的幅相不一致性必须要做补偿。同一阵元不同极化间的校准补偿方法见 6.4.3 节，不同阵元间的校准补偿方法如下：探头阵靠近中心的阵元对准待测天线辐射最大值的附近，固定探头极化方向，沿阵元排布方向扫一条线，选择采样间隔与阵元间距相等，选择扫描线上某一位置点 p_0，该位置的幅值较强且幅度相位变化较平缓。假定探头为 n 元线阵，在该位置，n 个探头对应 n 个幅度相位采样值，记作 (am_1^0, ph_1^0)，(am_2^0, ph_2^0)，…，(am_n^0, ph_n^0)，以某个阵元的采样值为基准（这里选第 1 个阵元），对各阵元的采样数据做修正，第 $i(i=1,2,\cdots,n)$ 个阵元采集数据修正后：

$$\begin{aligned}(am'_{ij}, ph'_{ij}) &= (am_{ij} + \Delta am_i, ph_{ij} + \Delta ph_i) = \\ &(am_{ij} + am_1^0 - am_i^0, ph_{ij} + ph_1^0 - ph_i^0) \end{aligned} \tag{4.4-18}$$

式中：(am_{ij}, ph_{ij})——第 $i(i=1,2,\cdots,n)$ 个阵元在位置 p_j 处的采样值；

(am'_{ij}, ph'_{ij})——第 $i(i=1,2,\cdots,n)$ 个阵元在位置 p_j 处的修正值。

图 4.4－10　平面近场的多探头阵

4.5　平面近场测量误差评价

本节以平面近场为例，给出天线测量不确定度评定的方法。本节针对西安空间无线电技术研究所某垂直平面近场，给出其增益、副瓣电平的不确定度评定结果，其中增益基于比较法测量。

4.5.1　平面近场误差源

平面近场测量中误差源和影响的电参数见表 4.5－1，对主要误差源的介绍如下。

表 4.5－1　平面近场测量中误差源和影响的电参数

序号	误差源	影响的电参数		误差源确定方法
1	探头方向图	方向图电平		测量、计算
2	探头极化	方向图电平		测量、计算
3	探头安装对准	方向图电平	增益	测量、计算
4	标准增益天线增益		增益	测量、计算

续 表

序号	误差源	影响的电参数		误差源确定方法
5	归一化常数			测量、计算
6	阻抗失配		增益	测量、计算
7	待测天线安装对准			测量、计算
8	采样间隔	方向图电平	增益	测量、计算、仿真
9	扫描截断	方向图电平	增益	计算、仿真
10	探头 xOy 向位置误差	方向图电平	增益	测量、计算、仿真
11	探头 z 向位置误差	方向图电平	增益	测量、计算、仿真
12	多次反射	方向图电平	增益	测量
13	接收机幅度非线性	方向图电平	增益	测量、计算、仿真
14	系统相位误差	方向图电平	增益	测量、计算
15	系统动态范围	方向图电平	增益	测量
16	暗室散射	方向图电平	增益	测量
17	泄漏和串扰	方向图电平	增益	测量、计算
18	幅度和相位随机误差	方向图电平	增益	测量、计算、仿真

注：计算指误差公式推导计算，仿真指计算机模拟。

1. 探头方向图

探头方向图误差带来的待测天线方向图测量不确定度记作 δP_{ap}。在平面近场测量中，为补偿测量探头的影响，探头方向图的数据会代入近远场变换的数据后处理软件中，进行探头补偿和修正。用于计算的探头方向图与实际方向图存在差异，导致待测天线远场方向图测量结果存在不确定度。该不确定度来自第三方校准证书。

2. 探头极化

探头极化误差带来待测天线方向图测量不确定度记作 δP_{pol}。由于探头多采用开口波导，因此其理论 E 面和 H 面为理想线极化，但是实际通常具有一定的量级的交叉极化存在，且对测量带来一定影响。该不确定度来自第三方校准证书。

3. 探头安装误差

探头安装误差带来的待测天线方向图测量不确定度记作 δP_{al}。探头与扫描平面的垂直度以及坐标系坐标的平行度均有偏差，导致实际探头采样时的姿态与探头修正时的姿态有偏差。该偏差可用光学测量仪器测量得到，如图 4.5－1 所示，测得探头旋转角度 Δazimuth，Δelevation，Δroll 三个分量，然后代入数学模型计算，比较测量结果的最大偏差，作为不确定度。

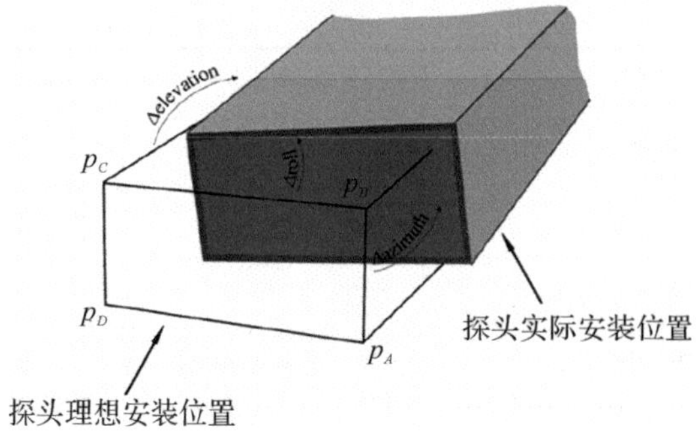

图 4.5-1　探头安装误差示意图

4. 标准增益天线增益

标准增益天线的增益误差带来的待测天线增益测量不确定度记作 δG_{std}。

在平面近场扫描法测量中，增益测量采用比较法，标准天线的标称增益值不确定度直接影响待测天线的增益测量结果。该不确定度来自第三方校准证书。

5. 阻抗失配

阻抗失配会给天线增益测量带来误差。标准增益天线和待测天线的阻抗失配带来的待测天线增益不确定度记作 $\delta G_{\mathrm{std\text{-}M}}$，$\delta G_{\mathrm{aut\text{-}M}}$。

天线馈电端口以及测量系统各连接端口处的阻抗失配会直接影响增益测量结果。测得各个端口的反射系数，进行阻抗失配修正。测量最终不确定度取决于反射系数的测量精度。

6. 采样间隔

采样间隔会影响方向图和增益的测量精度。标准增益天线和待测天线采样间隔带来的待测天线增益不确定度分别记作 $\delta G_{\mathrm{std\text{-}dps}}$，$\delta G_{\mathrm{aut\text{-}dps}}$；待测天线采样间隔带来的待测天线方向图副瓣电平不确定度记作 δP_{dps}。

平面近场理论中，平面波谱带宽（$-k/2\sim k/2$）恒定，通过乃奎斯特采样定理确定采样间隔。实际上，其波谱宽度超出上述范围，在进行有限带宽傅里叶变换时，由于有限带宽的非周期函数的傅里叶变换为周期函数的性质，会有一部分扩展波谱落入考察范围内的波谱宽度之中，导致混叠，造成一定误差。通常采用加密采样间隔进行测量，提取常规间隔的采集数据并计算结果，与加密间隔的测量结果进行比较，其最大偏差为不确定度。

7. 扫描截断

标准增益天线和待测天线扫描截断带来的待测天线增益不确定度分别记作 $\delta G_{\mathrm{std\text{-}mat}}$，$\delta G_{\mathrm{aut\text{-}mat}}$、待测天线扫描截断带来的待测天线方向图不确定度记作 δP_{mat}。

平面近场理论上要求扫描面无穷大，实际无法做到，通常采用 -30 dB 的截断电平作为扫描范围。边沿的截断效应和未测量区域内的能量分布，导致增益与方向图的测量不确定度。通常会扫描足够大区域，选取 -30 dB 截断电平与足够大区域的结果比较，获得不确定度值。

8. 探头 ***xOy*** 向位置误差

标准增益天线和待测天线扫描时探头 xOy 位置误差带来的待测天线增益不确定度分

别记作 $\delta G_{\text{std-}xyp}$，$\delta G_{\text{aut-}xyp}$；待测天线扫描时探头 xOy 位置误差带来的待测天线方向图副瓣不确定度记作 δP_{xyp}。

平面近场测量要求所有采样点位于指定网格上，实际中由于扫描架定位精度原因，实际采样点与理论采样点位置有偏差，会导致增益与方向图测量的不确定度。通常采用高精度的光学位置测量工具，对实际采样点坐标进行标定，得到位置偏差值，构造误差矩阵，并代入数学模型计算，比较实际位置和理想位置结果的差值，将最大值作为不确定度，如图 4.5-2 所示。

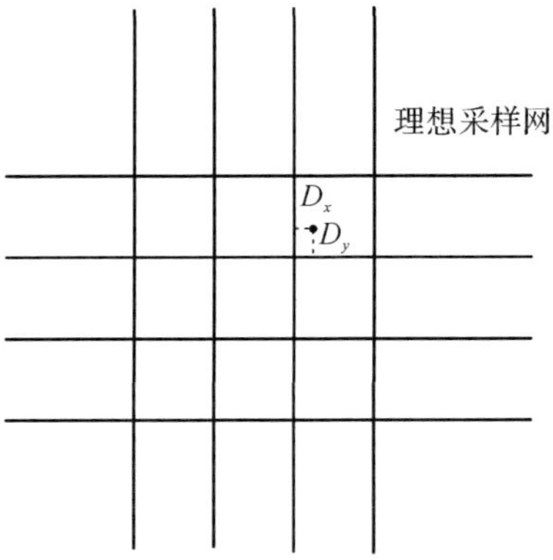

图 4.5-2　采样位置误差示意图

9. 探头 z 向位置误差

标准增益天线和待测天线扫描时探头 z 位置误差带来的待测天线增益不确定度分别记作 $\delta G_{\text{std-}zp}$，$\delta G_{\text{aut-}zp}$；待测天线扫描时探头 z 位置误差带来的待测天线方向图副瓣不确定度记作 δP_{zp}。

平面近场测量中要求采样点位于一个平面上，实际中由于扫描架精度有限，实际采样点位置与理想值有偏差，z 向位置不确定度的确定方法同 xOy 向。

10. 多次反射

标准增益天线和待测天线测量时多次反射带来的待测天线增益不确定度分别记作 $\delta G_{\text{std-mr}}$，$\delta G_{\text{aut-mr}}$；待测天线测量多次反射带来的方向图副瓣不确定度记作 δP_{mr}。

在平面近场测量时，探头与待测天线之间由于距离较近，电磁波能量会在两幅天线之间多次反射，影响测量结果。通常采用多次改变探头与待测天线之间的距离从而改变反射波的叠加情况进行测量，比较多次测量结果，以结果的最大差值作为不确定度。

11. 接收机幅度非线性

标准增益天线和待测天线测量时接收机幅度非线性带来的待测天线增益不确定度分别记作 $\delta G_{\text{std-rl}}$，$\delta G_{\text{aut-rl}}$；待测天线测量时接收机幅度非线性带来的方向图副瓣不确定度记作 δP_{rl}。

接收机对于不同电平响应结果不完全线性，对于不同电平的测量结果会与真实情况有一定的误差。通常采用改变系统输入电平，同时改变接收机中频带宽，保持系统整体动态范围基本不变。比较不同电平下的结果，以最大差值作为不确定度。

12. 系统相位误差

标准增益天线和待测天线测量时系统相位误差带来的待测天线增益不确定度分别记作 $\delta G_{std\text{-}pha}$，$\delta G_{aut\text{-}pha}$；待测天线测量时系统相位误差带来的方向图副瓣不确定度记作 δP_{pha}。

扫描架运行时，运动部分的电缆会以不同形式弯折，其相位值随位置、时间都有一定的漂移，对测量结果带来误差。射频电缆连通测量系统收、发端，多次重复移动扫描架，得到相位分布，建立误差矩阵，并代入数学模型计算，比较有相位误差与没有相位误差的结果，将最大差值作为不确定度。

13. 系统动态范围

标准增益天线和待测天线测量时系统动态范围带来的待测天线增益不确定度分别记作 $\delta G_{std\text{-}dr}$，$\delta G_{aut\text{-}dr}$；待测天线测量时系统动态范围带来的方向图副瓣不确定度记作 δP_{dr}。

系统底噪是一定功率的高斯白噪声，在进行测量时，必定会引入这一影响量。该影响量通过对系统的动态范围的测量来得到，即测量最大信号与噪声电平的大小比值。

14. 暗室散射

标准增益天线和待测天线测量时暗室散射带来的待测天线增益不确定度分别记作 $\delta G_{std\text{-}rs}$，$\delta G_{aut\text{-}rs}$；待测天线测量时暗室散射带来的方向图副瓣不确定度记作 δP_{rs}。

暗室散射是由于吸波材料的非理想性对测量区域内的电平有一定影响，可以测量扫描区域内的散射电平，建立误差矩阵和数学模型，比较有散射影响的结果与没有散射影响的结果的差值，将其最大值作为不确定度。

15. 泄漏和串扰

标准增益天线和待测天线测量时泄漏串扰带来的待测天线增益不确定度分别记作 $\delta G_{std\text{-}lc}$，$\delta G_{aut\text{-}lc}$；待测天线测量时泄漏串扰带来的方向图副瓣不确定度记作 δP_{lc}。

由于测量系统有较多的射频连接端口，加上部分设备自身屏蔽效能非理想，因此会产生信号泄漏。泄漏信号进入接收机，造成测量误差。泄漏可以通过发射源连接匹配负载，探头进行扫描接收不同位置的泄漏信号。串扰可以使接收天线连接匹配负载，确定接收机接收串扰信号的大小。增益不确定度评定中采用方向图的最大值作为比较结果。采用归一化后的方向图进行比较，消除增益带来的影响。

16. 幅度和相位随机误差

标准增益天线和待测天线测量时幅度相位随机误差带来的待测天线增益不确定度分别记作 $\delta G_{std\text{-}rad}$，$\delta G_{aut\text{-}rad}$；待测天线测量时幅度相位随机误差带来的方向图副瓣不确定度记作 δP_{rad}。

由于温度梯度、湿度梯度对射频设备、机械设备的影响，供电电压抖动等一系列微小随机事件对测量结果造成的影响，因此增益不确定度评定中采用方向图的最大值作为比较结果。方向图比较时采用归一化后的方向图进行比较，即消除增益带来的影响。

4.5.2 典型指标评价结果

表 4.5-1 给出了平面近场测量各误差源，具体到特定天线和测量场地，其测量不确定

度可参照下式进行评定：

$$G_{aut}=G_{std}+P_{aut}-P_{std}+\delta G_{std}+\delta G_{std\text{-}M}+\delta G_{aut\text{-}M}+\delta G_{std\text{-}dps}+\delta G_{aut\text{-}dps}+\\ \delta G_{std\text{-}mat}+\delta G_{aut\text{-}mat}+\delta G_{std\text{-}xyp}+\delta G_{aut\text{-}xyp}+\delta G_{std\text{-}zp}+\delta G_{aut\text{-}zp}+\\ \delta G_{std\text{-}mr}+\delta G_{aut\text{-}mr}+\delta G_{std\text{-}rl}+\delta G_{aut\text{-}rl}+\delta G_{std\text{-}pha}+\delta G_{aut\text{-}pha}+\\ \delta G_{std\text{-}dr}+\delta G_{aut\text{-}dr}+\delta G_{std\text{-}rs}+\delta G_{aut\text{-}rs}+\delta G_{std\text{-}lc}+\delta G_{aut\text{-}lc}+\\ \delta G_{std\text{-}rad}+\delta G_{aut\text{-}rad} \tag{4.5-1}$$

式中：G_{aut}——待测天线的增益，dBi；

G_{std}——标准增益天线的增益，dBi；

P_{aut}——待测天线电平值，dBm；

P_{std}——标准增益天线电平值，dBm；

其余各误差量单位为 dB。

$$P_{aut}=P_{re}+\delta P_{ap}+\delta P_{pol}+\delta P_{pa}+\delta P_{dps}+\delta P_{mat}+\delta P_{xyp}+\delta P_{zp}+\\ \delta P_{mr}+\delta P_{rl}+\delta P_{pha}+\delta P_{dr}+\delta P_{rs}+\delta P_{lc}+\delta P_{rad} \tag{4.5-2}$$

式中：P_{aut}——待测天线方向图电平值，dBm；

P_{re}——接收到的电平值，dBm；

其余各误差量单位为 dB。

表 4.5-2 给出了某天线在平面近场采用比较法测量增益的不确定度评定的结果，表 4.5-3 给出了该天线在平面近场测量－20 dB 旁瓣电平不确定度评定的结果。

表 4.5-2　某天线增益不确定度综合评定结果(比较法，Ku 波段，G=25 dBi)

序　号	输入量 x_i	误差界/dB	标准不确定度 $u(x_i)$/dB
1	δG_{std}	0.1	0.050
2	$\delta G_{std\text{-}M}$	0.011	0.008
3	$\delta G_{aut\text{-}M}$	0.011	0.008
4	$\delta G_{std\text{-}dps}$	0.028	0.016
5	$\delta G_{aut\text{-}dps}$	0.028	0.016
6	$\delta G_{std\text{-}mat}$	0.110	0.064
7	$\delta G_{aut\text{-}mat}$	0.110	0.064
8	$\delta G_{std\text{-}xyp}$	0.011	0.006
9	$\delta G_{aut\text{-}xyp}$	0.011	0.006
10	$\delta G_{std\text{-}zp}$	0.028	0.016
11	$\delta G_{aut\text{-}zp}$	0.028	0.016
12	$\delta G_{std\text{-}mr}$	0.028	0.016
13	$\delta G_{aut\text{-}mr}$	0.028	0.016
14	$\delta G_{std\text{-}rl}$	0.005	0.003
15	$\delta G_{aut\text{-}rl}$	0.005	0.003

续 表

序 号	输入量 x_i	误差界/dB	标准不确定度 $u(x_i)$/dB
16	$\delta G_{std-pha}$	0.031	0.018
17	$\delta G_{aut-pha}$	0.031	0.018
18	δG_{std-dr}	0.003	0.001
19	δG_{aut-dr}	0.003	0.001
20	δG_{std-rs}	0.003	0.002
21	δG_{aut-rs}	0.003	0.002
22	δG_{std-lc}	0.003	0.001
23	δG_{aut-lc}	0.003	0.001
24	$\delta G_{std-rad}$	0.011	0.004
25	$\delta G_{aut-rad}$	0.011	0.004
合成标准不确定度(k=1)			0.131
扩展不确定度(k=2)			0.262

表 4.5-3 方向图副瓣(—20 dB 电平)不确定度综合评定结果(Ku 波段,G=25 dBi)

序 号	误差输入量 x_i	误差界/dB	标准不确定度 $u(x_i)$/dB
1	δP_{ap}	0.160	0.053
2	δP_{pol}	0.080	0.027
3	δP_{pa}	0.049	0.028
4	δP_{dps}	0.279	0.161
5	δP_{mat}	1.169	0.675
6	δP_{xyp}	0.11	0.064
7	δP_{zp}	0.279	0.161
8	δP_{mr}	0.279	0.161
9	δP_{rl}	0.049	0.028
10	δP_{pha}	0.314	0.181
11	δP_{dr}	0.028	0.009
12	δP_{rs}	0.032	0.023
13	δP_{lc}	0.028	0.009
14	δP_{rad}	0.110	0.037
合成标准不确定度(k=1)			0.760
扩展不确定度(k=2)			1.520

4.6　平面近场测量典型案例

某圆极化反射器天线，工作在 Ka 波段，天线口径约为 3 m，对该天线做平面近场测量。

该天线口径大，工作频率高，测量时间长，对交叉极化指标要求较高。针对上述特点，希望采用较大的采样间隔以提升测量效率，同时采用 4.4.2 节的平面近场幅相漂移补偿技术，确保测量结果稳定、可靠。

4.6.1　确定采样间隔

由于工作频率高且口径大，预估该天线的扫描测量时间会很长。为减少测量时间，预采用式(4.3-2)的公式确定采样间隔。远场观察角范围小于±5°，拟选用采样间隔为 2λ，完成一次扫描的时间约为 4 h，可以接受。

为了确保 $\Delta x=\Delta y=2\lambda$ 的采样间隔不会引入额外测量误差，选择待测天线某一端口的中心频点以传统方法决定的采样间隔 $\Delta x=\Delta y=\frac{\lambda}{2}$ 进行扫描测量，用时约 22 h，结束后进行数据处理获得待测天线的远场方向图。对近场采用数据进行提取，每个方向保留 1/4 的数据量，模拟 $\Delta x=\Delta y=2\lambda$ 的采样结果，对提取后大间隔的采样数据进行数据处理获得待测天线的另一组远场方向图。两组远场方向图进行严格对比，发现在观察角 $-5°\sim+5°$ 范围内几乎没有任何差距。之所以对原采集数据进行提取而不以新的采样间隔重新测量，除了考虑节约测量时间外，最主要的原因是确保两组测量结果的不同仅是由采样间隔不同引起，排除其他测量误差因素影响。

4.6.2　实施平面近场幅相漂移补偿

监测系统幅度相位的一致性，发现相位的稳定性较差，系统幅相在不同的时间段在做无规律的漂移(见图 4.6-1)。第一个时间段内幅度漂移量 0.05 dB，相位漂移量 2.3°；在第二个时间段内，幅度漂移量 1 dB，相位漂移量 8.5°。

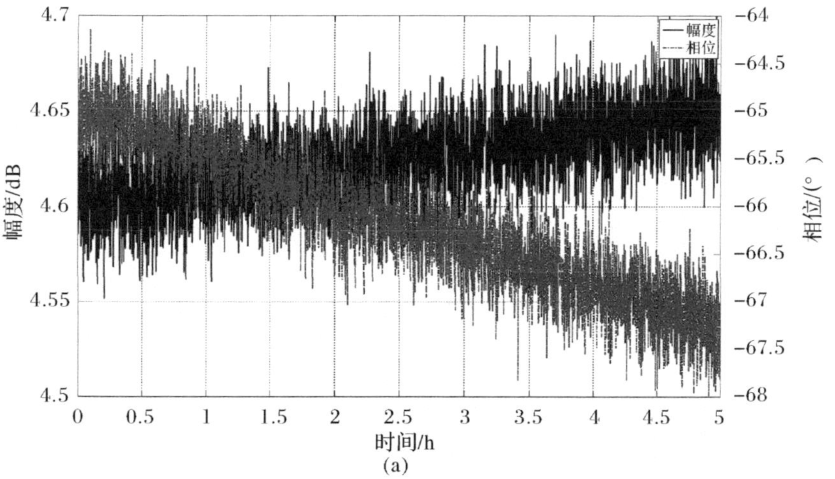

(a)

图 4.6-1　系统幅相漂移情况

(a)第一个时间段幅度相位漂移

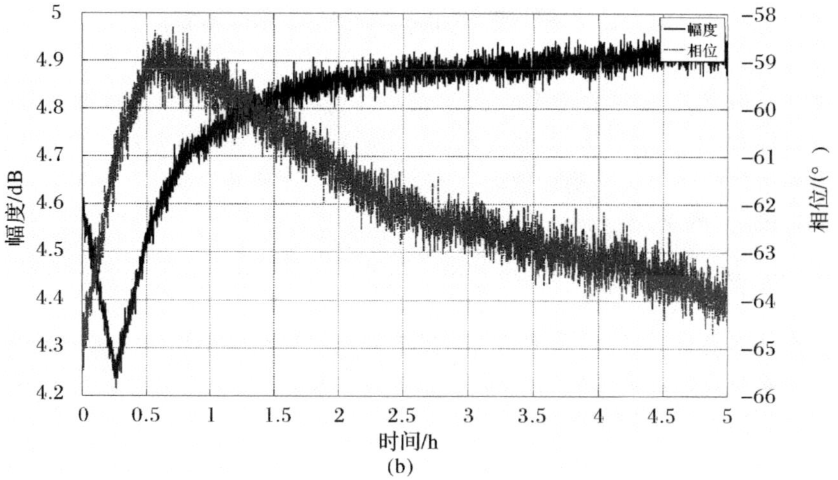

(b)

续图 4.6-1 系统幅相漂移情况

(b)第二个时间段幅度相位漂移

相位漂移量超过 5°,这会对-30 dB 交叉极化指标的圆极化天线的测量结果(尤其是交叉极化)造成严重的影响。基于上述事实,拟采用 4.4.2 节的平面近场幅相漂移补偿技术,实施效果良好。

该技术实施前待测天线交叉极化的测量结果不稳定,随着测试时间段的不同三次测量结果分别为-15 dB(见图 4.6-2),-26 dB 和-19 dB。采用平面近场幅相漂移补偿技术后,对三次采集数据进行补偿校正后,获得交叉极化的结果稳定性良好,分别为-29.3 dB(见图 4.6-3),-29.5 dB 和-29.2 dB。待测天线其他指标测量结果在对采样数据补偿前后均稳定。可以看出,圆极化天线的交叉极化对测量系统的幅相漂移尤为敏感,4.4.2 节的平面近场幅相漂移补偿技术可以在此发挥较好的作用。

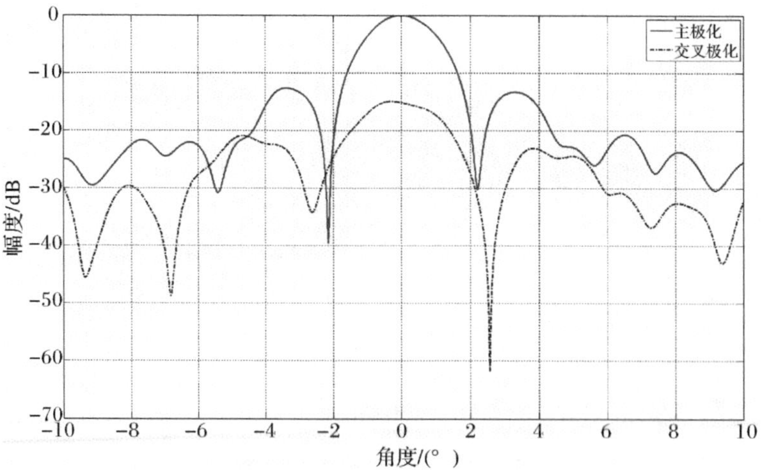

图 4.6-2 补偿前交叉极化结果

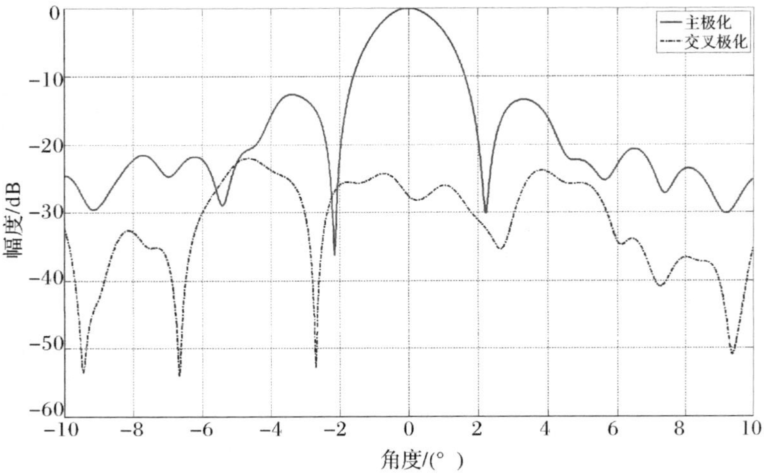

图 4.6-3　补偿后交叉极化结果

参考文献

[1] 魏文元，宫德明，陈必森．天线原理[M]．西安：西安电子科技大学出版社，1985.

[2] 毛乃宏，俱新德．天线测量手册[M]．北京：国防工业出版社，1987.

[3] PARIS D, LEACH W, JOY E. Basic theory of probe-compensated near-field measurements [J]. IEEE Transactions on Antennas & Propagation, 1978, 26(3): 373-379.

[4] JOY E B, LEACH W, RODRIGUE G. Applications of probe compensated near-field measurements[J]. IEEE Trans, 1978, 26(3): 379-389.

[5] 刘灵鸽．修正幅相漂移对天线近场测试的影响[J]．空间电子技术，2009，6(3)：62-65.

[6] TOLAND B, RAHMAT S Y. Application of FFT and DFT for image reconstruction of planar arrays in microwave holographic diagnostics[J]. IEEEAPS, 1990(5): 292-295.

[7] NEWELL A C. Error analysis techniques for planar near-field measurements[J]. IEEE Transactions on Antennas & Propagation, 1988, 36(6): 754-768.

第 5 章　柱面近场测量

与平面近场天线测量技术发展尤为相似，天线柱面近场测量技术的发展历程也经历了无探头补偿和有探头补偿两个阶段。20 世纪 70 年代，Paris 和 Leach 等人用洛伦兹互易定理推导出了含有探头修正的平面波与柱面波展开式表达式，至此频域近场测量的模式展开理论已经完全成熟。随后美国标准局(NIST)进行了近场方法验证性的大量实验。

5.1　柱面近场测量基本理论

5.1.1　柱面波谱展开理论

与第 4 章描述的平面近场类似，同样对利用麦克斯韦方程组导出的波方程求解，所不同的是，平面近场测量原理的本质是求解在平面近场测量所引入的边界条件下波方程在直角坐标系下的基本解；而柱面近场测量原理的本质是求解波方程在柱面坐标系下的基本解。结合 1.1.4 节的内容，这里给出柱面近场测量的远场电场柱面波展开式的简要推导过程。

首先麦克斯韦无源区域的方程组为

$$\left.\begin{aligned}&\nabla\cdot\boldsymbol{E}=0\\&\nabla\times\boldsymbol{E}=-\frac{\partial\boldsymbol{B}}{\partial t}\\&\nabla\cdot\boldsymbol{B}=0\\&\nabla\times\boldsymbol{B}=\mu\varepsilon\frac{\partial\boldsymbol{E}}{\partial t}\end{aligned}\right\}\tag{5.1-1}$$

根据麦克斯韦方程组中的第二个方程，对等号两边同时进行旋度计算，左侧利用第一个方程，无源区域内的电场的梯度为零，可以最终得到

$$\nabla\times(\nabla\times\boldsymbol{E})=\nabla(\nabla\cdot\boldsymbol{E})-\nabla^2\boldsymbol{E}=-\nabla^2\boldsymbol{E}\tag{5.1-2}$$

同样右测更换旋度与求导计算次序，然后利用第四个方程进行磁场的旋度计算，得到

$$\nabla\times\left(-\frac{\partial\boldsymbol{B}}{\partial t}\right)=-\frac{\partial}{\partial t}(\nabla\times\boldsymbol{B})=-\mu\varepsilon\frac{\partial^2\boldsymbol{E}}{\partial^2 t}\tag{5.1-3}$$

左右两边仍然相等，最终得到矢量波方程

$$\nabla^2\boldsymbol{E}+\mu\varepsilon\frac{\partial^2\boldsymbol{E}}{\partial^2 t}=0\tag{5.1-4}$$

根据天线场计算的标量位函数法，引入标量位函数，并将矢量方程化简为标量位函数

方程：

$$\left.\begin{aligned}&\nabla^2\Phi+\mu\varepsilon\frac{\partial^2\Phi}{\partial^2 t}=0\\&\boldsymbol{M}=\nabla\times\Phi\boldsymbol{z}\\&\boldsymbol{N}=\frac{1}{k}\nabla\times\boldsymbol{M}\end{aligned}\right\}\tag{5.1-5}$$

将标量位函数方程转换到柱面坐标系下并利用时谐场性质将对 t 的求导运算进行化简，得到了标量位函数在柱面坐标系下的方程：

$$\frac{\partial^2\Phi}{\partial\rho^2}+\frac{1}{\rho}\frac{\partial\Phi}{\partial\rho}+\frac{1}{\rho^2}\frac{\partial^2\Phi}{\partial\varphi^2}+\frac{\partial^2\Phi}{\partial z^2}+k^2\Phi=0\tag{5.1-6}$$

式中：Φ——圆柱坐标系下的标量位函数；

z——圆柱高或竖直方向的坐标变量；

ρ——圆柱半径；

k——自由空间波数，$k=\omega\sqrt{\mu\varepsilon}$；

ω——电磁波角速度；

μ——电磁波传播介质的磁导率；

ε——电磁波传播介电常数。

根据分离变量法求解通解表达式，得到通解：

$$\Phi_{nk}^{i}(r)=Z_n^i(\Lambda\rho)\mathrm{e}^{(\mathrm{j}n\varphi-\mathrm{j}hz)}$$

式中：$Z_n^i(\Lambda\rho)$——第 i 类第 n 阶圆柱 Bessel 函数，第一、二类 Bessel 函数代表柱波，第三类代表内行波，第四类代表外行波，根据柱面近场测试客观情况，我们需要求解最小圆柱体外的场，所以选择第四类 Bessel 函数即第二类 Hankel 函数 $\mathrm{H}_n^{(2)}(\Lambda\rho)$；

n——任意整数；

h——任意实数。

$$\Lambda=\begin{cases}\sqrt{k^2-h^2} & (h\leqslant k)\\-\mathrm{j}\sqrt{k^2-h^2} & (h>k)\end{cases}$$

求出了标量位函数的通解后，利用位矢量法求出两个基本矢量函数：

$$\boldsymbol{M}_{nh}^{i}(r)=\left[\hat{\boldsymbol{\rho}}\frac{\mathrm{j}n}{\rho}Z_n^i(\Lambda\rho)-\hat{\boldsymbol{\varphi}}\frac{\partial Z_n^i(\Lambda\rho)}{\partial\rho}\right]\mathrm{e}^{(\mathrm{j}n\varphi-\mathrm{j}hz)}\tag{5.1-7}$$

$$\boldsymbol{N}_{nh}^{i}(r)=\left[-\hat{\boldsymbol{\rho}}\frac{\mathrm{j}h}{k}\frac{\partial Z_n^i(\Lambda\rho)}{\partial\rho}+\hat{\boldsymbol{\varphi}}\frac{nh}{k\rho}Z_n^i(\Lambda\rho)+\hat{\boldsymbol{z}}\frac{\Lambda^2}{k}Z_n^i(\Lambda\rho)\right]\mathrm{e}^{(\mathrm{j}n\varphi-\mathrm{j}hz)}\tag{5.1-8}$$

式中：$\hat{\boldsymbol{\rho}}$——ρ 方向的单位矢量；

$\hat{\boldsymbol{\varphi}}$——$\varphi$ 方向的单位矢量。

求得了基本函数，通过其线性叠加即可求出电场的表达式，该表达式通常也称为柱面波展开式，对应的系数为柱面波系数：

$$\boldsymbol{E}(r)=\sum_{n=-\infty}^{\infty}\int_{-\infty}^{\infty}[a_n(h)\boldsymbol{M}_{nh}^{i}(r)+b_n(h)\boldsymbol{N}_{nh}^{i}(r)]\mathrm{d}h \tag{5.1-9}$$

根据此式通过距离趋近于无穷远同时利用 Hankel 函数的渐进式,并且结合柱坐标系固有关系:

$$\left.\begin{aligned}&\mathrm{H}_n^{(2)}(\Lambda\rho)\approx\mathrm{j}^{n+1/2}\left(\frac{2}{\pi\Lambda\rho}\right)^{1/2}\mathrm{e}^{-\mathrm{j}\Lambda\rho}\\&\rho=r\sin\theta\\&z=r\cos\theta\end{aligned}\right\} \tag{5.1-10}$$

即可求得远场方向图:

$$\boldsymbol{E}(r)=\frac{-2k\sin\theta}{r}\mathrm{e}^{-\mathrm{j}kr}\sum_{n=-\infty}^{\infty}\mathrm{j}^n\mathrm{e}^{\mathrm{j}n\varphi}\hat{\boldsymbol{\varphi}}a_n(k\cos\theta)+\hat{\boldsymbol{\theta}}j\,\mathrm{b_n}(\mathrm{k}cos\,\theta)] \tag{5.1-11}$$

至此柱面近场的基本理论就完成了。通过测量,利用标准矢量函数的正交性求解柱面波系数 a_n 和 b_n,然后代入远场方向图公式,即可求得远场方向图。磁场利用电场与磁场的关系式即可求得,在此不再赘述。

5.1.2 柱面近场探头补偿理论

无论采用哪种近场测量方法,实际测量的场都会受到探头的干扰。在实验研究中,Grimmh 等人提出了零探头可以很好地提升测试精度,降低探头影响,但是其对探头的高要求会降低测量技术的工程应用化。因此,便于工程上推广应用的探头补偿技术就显得格外重要。如图 5.1-1 所示,虚线为一完全包围待测天线的圆柱在 xOz 面的投影,圆柱的轴向与描述待测天线方向图所用坐标系的 z 轴一致。在柱面外坐标为(r,φ,z)的地方有一探头,要计算探头所接收信号电平随位置变化的关系,需要建立探头与天线的耦合方程,推导不同区域电场和磁场的表达式。

如图 5.1-1 所示:左侧为待测天线,产生的场表示为 $\boldsymbol{E}_a$ 和 $\boldsymbol{H}_a$,发射信号经过探头散射产生的场为 $\boldsymbol{E}_{ps}$ 和 $\boldsymbol{H}_{ps}$;右侧为测试探头,产生的场表示为 $\boldsymbol{E}_p$ 和 $\boldsymbol{H}_p$,发射信号经过待测天线散射产生的场为 $\boldsymbol{E}_{as}$ 和 $\boldsymbol{H}_{as}$。

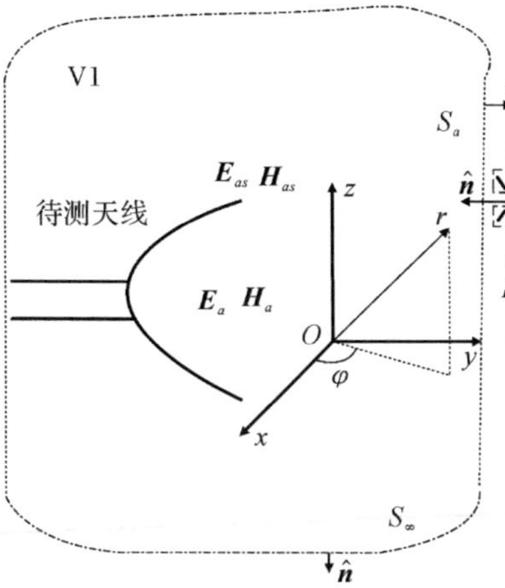

图 5.1-1 柱面近场探头补偿示意图

图 5.1－1 中，S_∞ 为圆柱面的外表面，S_a 为圆柱面的圆面，该圆面正对天线的辐射方向，sp2 为探头导体外表面，sp1 为探头馈线处的表面。在 sp2 与 sp1 组成的封闭面与 S_a 与 S_∞ 面组成的封闭面之间明显是一个无源区域，利用洛伦兹定理有如下结论：

$$\int_{S_\infty+S_a+\mathrm{sp1}+\mathrm{sp2}}[(\boldsymbol{E}_a+\boldsymbol{E}_{ps})\times(\boldsymbol{H}_p+\boldsymbol{H}_{as})-(\boldsymbol{E}_p+\boldsymbol{E}_{as})\times(\boldsymbol{H}_a+\boldsymbol{H}_{bs})]\cdot\hat{\boldsymbol{n}}\mathrm{d}S=0 \tag{5.1-12}$$

将式(5.1－12)积分内部乘法运算展开，并忽略二阶小量得到下式：

$$\begin{aligned}&\int_{S_\infty+S_a+\mathrm{sp1}+\mathrm{sp2}}[(\boldsymbol{E}_a+\boldsymbol{E}_{ps})\times(\boldsymbol{H}_p+\boldsymbol{H}_{as})-(\boldsymbol{E}_p+\boldsymbol{E}_{as})\times(\boldsymbol{H}_a+\boldsymbol{H}_{ps})]\cdot\hat{\boldsymbol{n}}\mathrm{d}S=\\&\int_{S_\infty+S_a+\mathrm{sp1}+\mathrm{sp2}}(\boldsymbol{E}_a\times\boldsymbol{H}_p-\boldsymbol{E}_p\times\boldsymbol{H}_a)\cdot\hat{\boldsymbol{n}}\mathrm{d}S+\\&\int_{S_\infty+S_a+\mathrm{sp1}+\mathrm{sp2}}(\boldsymbol{E}_a\times\boldsymbol{H}_{as}-\boldsymbol{E}_{as}\times\boldsymbol{H}_a)\cdot\hat{\boldsymbol{n}}\mathrm{d}S+\\&\int_{S_\infty+S_a+\mathrm{sp1}+\mathrm{sp2}}(\boldsymbol{E}_{ps}\times\boldsymbol{H}_p-\boldsymbol{E}_p\times\boldsymbol{H}_{ps})\cdot\hat{\boldsymbol{n}}\mathrm{d}S\end{aligned} \tag{5.1-13}$$

观察等式右侧第二部分，因为在该封闭区域内不包含待测天线，所以不包含场 $\boldsymbol{E}_a$ 和 $\boldsymbol{E}_{as}$ 的源，故该积分自身为零。同理，等式右侧第三部分同样为自身积分为零。结合式(5.1－12)～式(5.1－13)可得下式：

$$\int_{S_\infty+S_a+\mathrm{sp1}+\mathrm{sp2}}(\boldsymbol{E}_a\times\boldsymbol{H}_p-\boldsymbol{E}_p\times\boldsymbol{H}_a)\cdot\hat{\boldsymbol{n}}\mathrm{d}S=0 \tag{5.1-14}$$

根据辐射条件，可以得知在 S_∞ 上的积分为零。在 sp2 面上，因为是理想导体，切向电场也为零，所以该部分的积分为零。sp1 上的积分正比于探头接收到的电压，可以将上述积分写成

$$V_p(r,\varphi,z)=C\int_{S_a}(\boldsymbol{E}_a\times\boldsymbol{H}_p-\boldsymbol{E}_p\times\boldsymbol{H}_a)\cdot\hat{\boldsymbol{n}}\mathrm{d}S \tag{5.1-15}$$

式中：C——比例常数，与探头增益、驻波有关。

将式(5.1－15)积分中的电场与磁场利用 5.1.1 中的柱面波谱展开：

$$\left.\begin{aligned}&\boldsymbol{E}_a(\boldsymbol{r})=a_n(h)\boldsymbol{M}_{nh}(\boldsymbol{r})+b_n(h)\boldsymbol{N}_{nh}(\boldsymbol{r})\\&\boldsymbol{H}_a(\boldsymbol{r})=\frac{-k}{\mathrm{j}w\mu}[b_n(h)\boldsymbol{M}_{nh}(\boldsymbol{r})+a_n(h)\boldsymbol{N}_{nh}(\boldsymbol{r})]\\&\boldsymbol{E}_p(\boldsymbol{r})=p_{an}(l)\boldsymbol{M}_{nh}(\boldsymbol{r}')+p_{bn}(l)\boldsymbol{N}_{nh}(\boldsymbol{r}')\\&\boldsymbol{E}_p(\boldsymbol{r})=\frac{-k}{\mathrm{j}w\mu}[p_{bn}(l)\boldsymbol{M}_{nh}(\boldsymbol{r}')+p_{an}(l)\boldsymbol{N}_{nh}(\boldsymbol{r}')]\end{aligned}\right\} \tag{5.1-16}$$

式中：$a_n(h)$ 和 $b_n(h)$——待测天线的柱面波展开系数；

$p_{an}(l)$ 和 $p_{bn}(l)$——探头的柱面波展开系数；

$\boldsymbol{r}$——待测天线坐标系下的位置矢量；

$\boldsymbol{r}'$——探头坐标系下的位置矢量。

将式(5.1－16)代入 5.1.1 中的标准矢量函数 $\boldsymbol{M}^i_{nh}(r)$ 和 $\boldsymbol{N}^i_{nh}(r)$ 并进行化简，可得下式：

$$V_p(r,\varphi,z)=\frac{\Lambda^2}{4\pi^2k^2}\sum_{-\infty}^{\infty}\mathrm{e}^{\mathrm{j}n\varphi}\int_{-\infty}^{\infty}\left\{\begin{array}{l}a_n(h)\sum\limits_{-\infty}^{\infty}p_{am}(-h)\cdot \mathrm{H}_{m+n}^{(2)}(\Lambda r)+\\ b_n(h)\sum\limits_{-\infty}^{\infty}p_{bm}(-h)\cdot \mathrm{H}_{m+n}^{(2)}(\Lambda r)\end{array}\right\}\mathrm{e}^{-\mathrm{j}hz}\,\mathrm{d}h \tag{5.1-17}$$

注意探头坐标系与待测天线坐标系的关系，方程等号左侧为测量值，右侧的 $a_n(h)$ 和 $b_n(h)$ 为需要求得的值。对测量值进行傅里叶变换：

$$\left\{\begin{array}{l}a_n(h)\sum\limits_{-\infty}^{\infty}p_{am}(-h)\cdot \mathrm{H}_{m+n}^{(2)}(\Lambda r)+\\ b_n(h)\sum\limits_{-\infty}^{\infty}p_{bm}(-h)\cdot \mathrm{H}_{m+n}^{(2)}(\Lambda r)\end{array}\right\}=\frac{k^2}{\Lambda^2}\int_{-\infty}^{\infty}\int_{-\pi}^{\pi}V_p(r,\varphi,z)\mathrm{e}^{-\mathrm{j}n\varphi+\mathrm{j}hz}\,\mathrm{d}\varphi\mathrm{d}z \tag{5.1-18}$$

式(5.1-18)等号左侧有两组待解系数，等号右侧只有一组测量值，无法求解，故需要再进行一次独立测量。通常的做法是探头绕自身轴向旋转 90°，测量得到 V_p'，得到下式：

$$\left\{\begin{array}{l}a_n(h)\sum\limits_{-\infty}^{\infty}p_{am}'(-h)\cdot \mathrm{H}_{m+n}^{(2)}(\Lambda r)+\\ b_n(h)\sum\limits_{-\infty}^{\infty}p_{bm}'(-h)\cdot \mathrm{H}_{m+n}^{(2)}(\Lambda r)\end{array}\right\}=\frac{k^2}{\Lambda^2}\int_{-\infty}^{\infty}\int_{-\pi}^{\pi}V_p'(r,\varphi,z)\mathrm{e}^{-\mathrm{j}n\varphi+\mathrm{j}hz}\,\mathrm{d}\varphi\mathrm{d}z \tag{5.1-19}$$

式中：p_{am} 和 p_{bm}——探头的柱面波系数，旋转 90°后同样可以得到新坐标系下的柱面波系数 p_{am}' 和 p_{bm}'。

联立式(5.1-18)和式(5.1-19)，并利用 Hankel 函数正交性求得待测天线的柱面波系数如下：

$$a_n(h)=\frac{k^2}{\Lambda^2\Delta_n(h)}\Big[T_n(h)\sum_{-\infty}^{\infty}p_{am}'(-h)\mathrm{H}_{m+n}^{(2)}(\Lambda r)-T_n'(h)\sum_{-\infty}^{\infty}p_{bm}(-h)\mathrm{H}_{m+n}^{(2)}(\Lambda r)\Big] \tag{5.1-20}$$

$$b_n(h)=\frac{k^2}{\Lambda^2\Delta_n(h)}\Big[T_n'(h)\sum_{-\infty}^{\infty}p_{am}(-h)\mathrm{H}_{m+n}^{(2)}(\Lambda r)-T_n(h)\sum_{m=-\infty}^{\infty}p_{bm}'(-h)\mathrm{H}_{m+n}^{(2)}(\Lambda r)\Big] \tag{5.1-21}$$

式中：

$$T_n(h)=\int_{-\infty}^{\infty}\int_{-\pi}^{\pi}V_p(r,\varphi,z)\mathrm{e}^{-\mathrm{j}n\varphi+\mathrm{j}hz}\,\mathrm{d}\varphi\mathrm{d}z$$

$$T_n'(h)=\int_{-\infty}^{\infty}\int_{-\pi}^{\pi}V_p'(r,\varphi,z)\mathrm{e}^{-\mathrm{j}n\varphi+\mathrm{j}hz}\,\mathrm{d}\varphi\mathrm{d}z$$

$$\Delta_n(h)=\Big[\sum_{-\infty}^{\infty}p_{am}(-h)\cdot \mathrm{H}_{m+n}^{(2)}(\Lambda r)\Big]\cdot\Big[\sum_{-\infty}^{\infty}p_{bm}'(-h)\cdot \mathrm{H}_{m+n}^{(2)}(\Lambda r)\Big]-\Big[\sum_{-\infty}^{\infty}p_{am}'(-h)\cdot \mathrm{H}_{m+n}^{(2)}(\Lambda r)\Big]\cdot\Big[\sum_{-\infty}^{\infty}p_{bm}(-h)\cdot \mathrm{H}_{m+n}^{(2)}(\Lambda r)\Big]$$

求出柱面系数后，利用 5.1.1 节中的远场与柱面波系数的关系式即可求得待测天线的远场方向图。其他参数也可以通过第 2 章的方法进行计算得到。

5.2　柱面近场的分类

柱面近场根据扫描轴的形式可以分为水平柱面近场和垂直柱面近场，也有一些特殊类型（如一维倾斜扫描、一维圆周扫描）的圆锥形柱面近场。最早的柱面近场通常依附于平面近场建设，因为平面近场的扫描架的轴可作为柱面近场的圆柱竖直方向扫描轴使用，配合一维旋转装置即可得到柱面采样形式。

5.2.1　垂直柱面近场

图 5.2-1 所示为垂直柱面近场的一般形式，左侧为待测天线，安装在一个方位转台上，可以绕转台做一维旋转运动。右侧为测试探头，安装在垂直一维扫描架上，做上下线性运动。两个运动装置相互配合，一个作为扫描轴，另外一个作为步进轴，探头与待测天线的相对运动形成一个圆柱面。圆柱面的竖直面垂直于地面，故将此类柱面近场称为垂直柱面近场。为了使用方便，通常在待测天线转台处还拥有向探头方向移动的一维滑轨，可以调整测试距离；而方位转台通常采用图中向后方偏置的安装结构，使得一维转台旋转中心与待测天线的口面中心尽量重合。

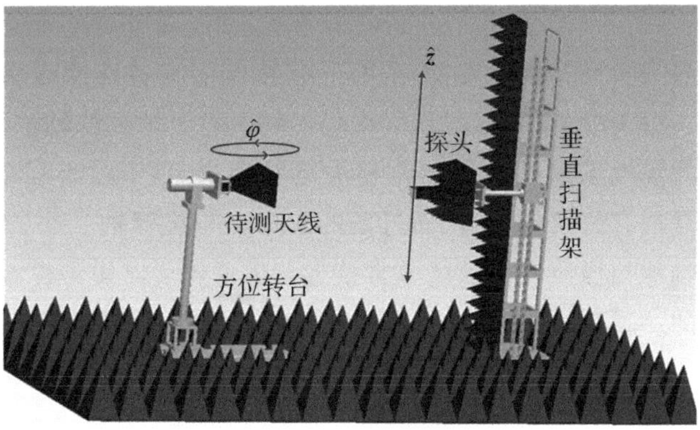

图 5.2-1　垂直柱面近场示意图

柱面近场适合测试方位向波束较宽、竖直面波束较窄的天线。

5.2.2　水平柱面近场

图 5.2-2 所示为水平柱面近场的一般形式，左侧为测试探头，安装在极化转台上，并和极化转台一起安装在一维水平导轨上，一维水平扫描方向为圆柱的线性方向。右侧为横滚转台，可以绕平行于 z 轴的横滚轴做旋转，该方向构成了柱面的圆周方向。两个运动装置相互配合，一个作为扫描轴，另外一个作为步进轴，探头与待测天线的相对运动形成一个圆柱面。圆柱面的线性面平行于地面，故将此类柱面近场称为水平柱面近场。为了使用方便，通

常在探头方向还拥有伸缩功能,方便调整测试距离,而横滚转台通常采取图中的向后方偏置的安装结构,两者配合保证旋转中心与待测天线的口面中心尽量接近。

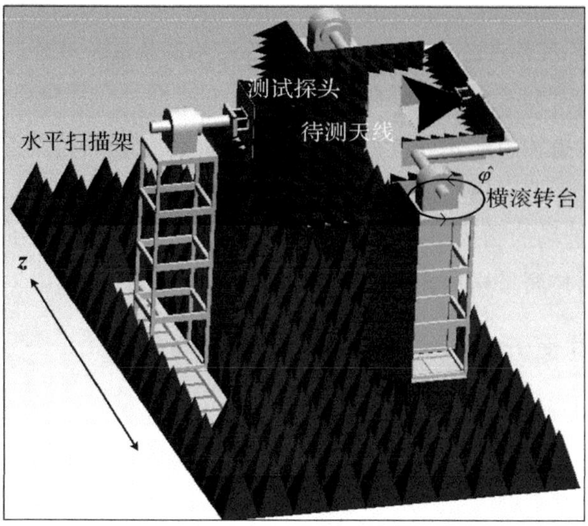

图 5.2-2 水平柱面近场示意图

该类近场适合测试细长条的圆柱阵列,可以很方便地直接安装于横滚转台上,如基站类天线等水平安装方便的天线。

5.2.3 其他类型的柱面近场

除了以上两种较为常见的柱面近场,还有一些特殊需求的柱面近场类型,如图 5.2-3 所示的斜柱面近场。探头沿着斜线运行,天线仍然绕垂直于地面的轴进行旋转,此时构成的圆锥面更为确切。此场地求解基础仍然是柱面近场理论,只不过半径是 z 轴的函数而已。此类场地的理论还是很有价值的,在柱面近场的扫描轴与旋转轴一个方向没有完全平行时产生的扫描面与此场地扫描所产生的场非常接近。该思想可以作为柱面特有的定位误差导致的测量结果偏差的一种标准模型。

图 5.2-3 倾斜柱面近场示意图

随着测量技术的不断发展,多探头技术随之应用,多探头技术与柱面近场的结合诞生出了多探头柱面近场。该类场地在测试效率上远高于单探头。图 5.2-4 所示为该场地的原理示意图，多探头同时测量可以有效提升扫描速度，用探头之间的通道切换代替了物理位置上的移动。因为此类探头多为阵列形式，故不方便旋转，所以一般采用双极化形式。多探头在提升效率的同时引入了不同探头测试的通道不一致性问题，对于不同通道的一致性校准是多探头系统实现的关键。

多探头系统由于测量效率高，特别适合批量化的天线测量。如图5.2-5所示，在测试产品不要求全空间方向图时，将传送带与顶部圆环多探头阵列组合在一起可以形成一个流水线式的快速柱面近场检测系统。根据大批量产品的特点，可以有针对性地设计探头类型与探头间隔，使得每次测试无须移动探头，产品随着传送带移动经过探头阵列即可完成检测。

图5.2-4　多探头柱面近场1

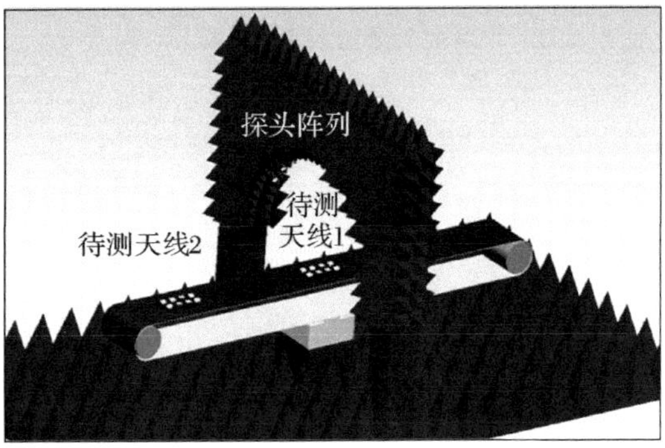

图5.2-5　多探头柱面近场2

5.3　柱面近场测量方法

5.3.1　柱面近场测量系统的基本组成

与平面近场类似，柱面近场测试系统也可以分为机械支撑子系统、控制与软件子系统和射频子系统三部分，以垂直柱面近场为例，如图5.3-1所示。机械支撑子系统实现待测天线与探头之间的相对柱面运动，包括带动探头进行一维竖直运动和极化转动的扫描架及极化转台、带动天线做方位转动的一维转台。控制与软件子系统实现系统整体的自动测量功能，各类转台、扫描架控制器主要控制转台与扫描架电机运动，软件主要实现数据自动采集与数据后处理功能。有些测量系统还包含有实时控制器，负责协调系统整体控制时序，同时还包含通过网线、基本网络卡线(BNC)线、通用接口总线(GPIB)线、光纤、低频电缆等连接而成的控制网络。射频子系统负责射频信号发射、放大、混频、采集、处理等任务，是测量信号的数值体现。

机械支撑子系统主要指垂直扫描架，扫描架控制探头旋转的极化转台，以及控制天线方位方向转动的转台。机械支撑子系统可以有很多种实现形式，只要满足探头与待测天线相对运动所形成的曲面为柱面，即满足柱面近场数据采集要求，故哪个轴进行扫描或步进没有限制的必要。通常将运动速度快，精度容易保证的扫描架作为扫描轴，这样可以使天线绝大部分时间处于静止状态，在天线尺寸大、重量重的条件下该策略更加具有优势。与平面近场不同，柱面扫描是转台与扫描架配合完成的，所以不单单要求扫描架与转台分别满足一定的精度要求，同时要求转台的旋转轴与一维扫描的竖直线严格平行。柱面近场在方位面上是360°的完整圆周，所以在该方向理论上可以得到全方位±180°的方向图。另外一个方向的测量范围与平面近场的判别方法相同，对于可测量天线口径的大小也同平面近场相同，在此不再赘述。定位精度决定了可测试天线的最高工作频率，一般地，要求定位精度为最小工作波长的1/50，对于转台的角度精度用以下公式进行计算：

$$\Delta\varphi=(\lambda_{\min}/50)/r \tag{5.3-1}$$

式中：$\lambda_{\min}$——能测量的最高频率对应的波长；

r——柱面近场测量时的圆柱半径；

$\Delta\varphi$——转台的角度精度要求。

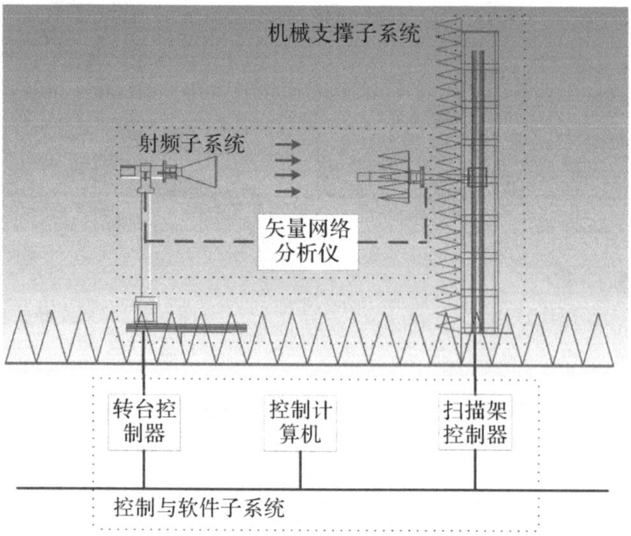

图 5.3-1　柱面近场测试系统系统框图

以20 GHz、半径1 m为例，转台精度要求为0.017°。

射频子系统根据场地建设需求以及场地建设者的设计会有多种形式，与平面近场相同的外混频形式在此不再赘述，此处介绍另外一种常用的射频形式。如图5.3-1所示，仅一台矢量网络分析仪加若干电缆就完成了射频系统的组成。矢量网络分析仪既是信号发射设备，又是信号接收设备，对于信号的产生、放大、接收、变频、数模转换、处理、存储均在矢量网络分析仪内部完成。该类系统的优点是射频链路简单，测量速度快，抗干扰能力强。其缺点是链路损耗大，动态范围在高频时下降明显。

控制与软件子系统包含转台控制器、扫描架控制器（一维直线轴和探头极化轴）、控制计算机。该系统是控制整体系统协同工作的指令中枢，以一般的柱面近场为例，软件完成以下任务：

（1）仪器初始化，与各个仪器建立连接，并将用户在控制计算机所输入的各类测量参数（如测试频率、功率、扫描范围）传递给各相关仪器仪表。

（2）按照设定的循环层级如先频率、再一维竖直方向、接着转台转动、最后探头旋转的四层循环结构完成各个频率、各个物理位置、两个极化的数据采集工作。

(3)将数据进行近远场变换并计算相关参数，输出所需要的结果。

5.3.2　柱面近场坐标系的定义

测试坐标系是非常重要的概念，是测量结果的输出坐标系，不同定义的坐标系，测量数据输出结果不同。由于坐标系是人为规定的，因此各类不同厂家建设的系统会有所不同，仍然以垂直柱面近场为例做一般化的说明。

与平面近场相同，垂直近场最主要的两个坐标系为测量坐标系和待测天线坐标系。测量坐标系是测试场地的坐标系，与待测天线无关，是场地物理搭建好后以及数据处理软件确定的坐标系，其表征了系统测试结果输出的原点、方向以及坐标系类型。如图 5.3-2 所示，实线为场地坐标系，坐标原点位于扫描面形成的圆柱体的几何中心。其 z 轴为探头与一维转台相对运动所形成的柱面的中心竖直线，通常以地面向上确定为 z 轴正方向；x 轴为转台 0°位置方向，与探头轴向平行；y 轴根据右手法则确定。点划线坐标系为待测天线坐标系，通常由天线设计者指定，一般为了方便测试结果判读，需要让天线坐标系与场地坐标系各轴平行，这点与平面近场原则相同。由于场地的原点很难做到与待测天线完全重合，因此在需要进行天线相位方向图测量时，需要使用经纬仪、摄影测量的机械测量仪器将待测天线与场地坐标系关系标定出来，然后利用数据处理软件进行输出结果的坐标位置转移。

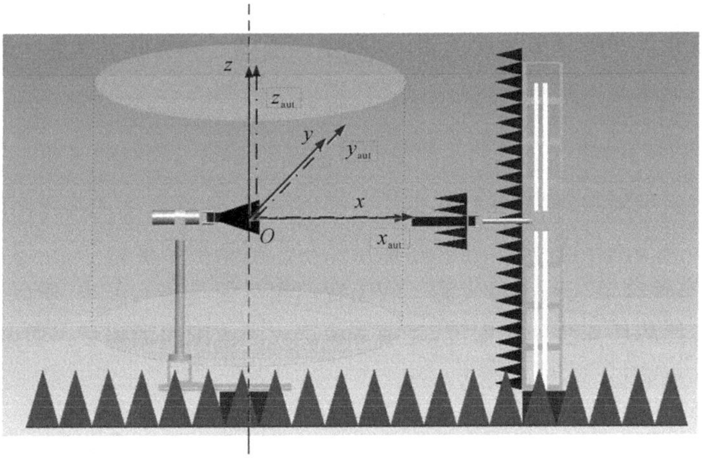

图 5.3-2　柱面近场坐标系

5.3.3　天线柱面近场方向图的测量

与平面近场类似，在进行方向图测量时，需要确定几个参数，如扫描范围和扫描间隔。

扫描范围在竖直面与平面近场相同[见图 5.3-3(a)]，如下式所示：

$$z=D+2d\cdot\tan\alpha \tag{5.3-2}$$

式中：z——z 方向即圆柱竖直方向的扫描范围，mm；

　　D——待测天线有效辐射口径，mm；

　　d——近场测量距离，mm；

α——所关心 z 方向远场最大角度范围，(°)。

方位面测量角度与远场方向图角度关系[见图 5.3-3(b)]，如下式所示：

$$\varphi=\alpha+N \tag{5.3-3}$$

式中：φ——柱面方位面需要测量的角度范围，(°)；

α——所关心方位方向远场最大角度范围，(°)；

N——工程中为了降低截断效应的保护角度，一般取 5°～10°。

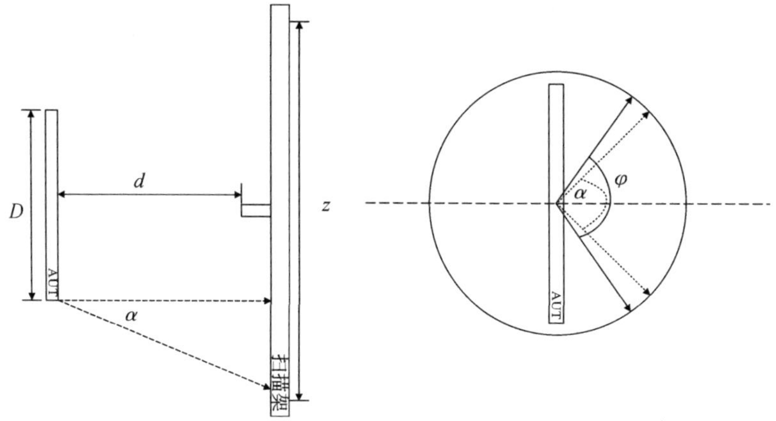

图 5.3-3 柱面近场测量扫描范围示意图

(a)竖直面；(b)方位面

采样间隔在竖直方向与平面近场相同，采样间隔 Δz 一般小于或等于测量最高频率的半个波长。对于窄波束天线，也可以采用下式确定采样间隔：

$$\Delta z=\frac{\lambda}{2\sin\alpha} \tag{5.3-4}$$

圆周方向虽然为圆弧，但是其基本理论与平面类似，即圆弧上的采样间隔要小于半个波长。该圆弧并非探头采样圆周上的圆弧，而是按照天线在测试坐标系下，以测试坐标系原点为圆心，能够包裹住待测天线的最大圆。因为我们测量的是待测天线，所以仅需要考虑能够完全表征待测天线的柱面波能量即可，无须考虑更大的范围内的能量。实际工程应用中，将圆半径向外扩一个波长，如下式所示：

$$(r+\lambda)\cdot\frac{\Delta\varphi}{360}\cdot 2\pi=\frac{\lambda}{2} \tag{5.3-5}$$

整理后得到柱面圆周方向的采样间隔要求：

$$\Delta\varphi=\frac{\lambda}{2(r+\lambda)}\cdot\frac{180}{\pi} \tag{5.3-6}$$

式中：$\Delta\varphi$——柱面圆周方向的采样间隔要求，(°)；

λ——测量频点对应的波长；

r——测试坐标系下，水平圆周方向能够包含待测天线的最大圆的半径。

通过前面小节提到的扫描方法，采集到圆柱面上两个独立极化的幅相数据，然后利用 5.1 节中的柱面近远场变换理论及数据处理软件进行数据处理，获得天线的远场方向图。

为了后续描述方便，将方向图表述为

$$\boldsymbol{f}(\theta,\varphi)=f_\theta(\theta,\varphi)\hat{\boldsymbol{\theta}}+f_\varphi(\theta,\varphi)\hat{\boldsymbol{\varphi}} \tag{5.3-7}$$

式中：$\boldsymbol{f}(\theta,\varphi)$——$(\theta,\varphi)$坐标系下的远场方向图；

$f_\theta(\theta,\varphi)$——θ 分量的远场方向图；

$f_\varphi(\theta,\varphi)$——$\varphi$ 分量的远场方向图；

$\hat{\boldsymbol{\theta}}$——$\theta$ 的单位方向矢量；

$\hat{\boldsymbol{\varphi}}$——$\varphi$ 的单位方向矢量。

如果待测天线为线极化天线，一般在 Lud-3 定义下观察远场方向图，其计算公式为

$$\boldsymbol{f}_{\mathrm{co}}(\theta,\varphi)=f_\theta(\theta,\varphi)\cos\varphi-f_\varphi(\theta,\varphi)\sin\varphi \tag{5.3-8}$$

$$\boldsymbol{f}_{\mathrm{cx}}(\theta,\varphi)=f_\theta(\theta,\varphi)\sin\varphi-f_\varphi(\theta,\varphi)\cos\varphi \tag{5.3-9}$$

式中：$\boldsymbol{f}_{\mathrm{co}}(\theta,\varphi)$——线极化天线 Lud-3 定义下的主极化；

$\boldsymbol{f}_{\mathrm{cx}}(\theta,\varphi)$——线极化天线 Lud-3 定义下的交叉极化。

如果待测天线为圆极化天线，还需要进一步地进行圆极化合成。圆极化天线一般在左旋圆极化与右旋圆极化的极化分量下进行考察，其计算公式为

$$\boldsymbol{f}_{\mathrm{lhcp}}(\theta,\varphi)=\frac{1}{\sqrt{2}}[\boldsymbol{f}_{\mathrm{co}}(\theta,\varphi)-\mathrm{j}\cdot\boldsymbol{f}_{\mathrm{cx}}(\theta,\varphi)] \tag{5.3-10}$$

$$\boldsymbol{f}_{\mathrm{rhcp}}(\theta,\varphi)==\frac{1}{\sqrt{2}}[\boldsymbol{f}_{\mathrm{co}}(\theta,\varphi)+\mathrm{j}\cdot\boldsymbol{f}_{\mathrm{cx}}(\theta,\varphi)] \tag{5.3-11}$$

式中：$\boldsymbol{f}_{\mathrm{lhcp}}(\theta,\varphi)$——左旋圆极化分量方向图；

$\boldsymbol{f}_{\mathrm{rhcp}}(\theta,\varphi)$——右旋圆极化分量方向图；

j——虚数符号，$\mathrm{j}^2=-1$。

天线的其他参数的计算方法如下，其中线极化和圆极化天线的极化隔离度计算式分别为

$$\mathrm{XPD}=20\lg\left\{10\left[\frac{|\boldsymbol{f}_{\mathrm{co}}(\theta,\varphi)|}{|\boldsymbol{f}_{\mathrm{cx}}(\theta,\varphi)|}\right]\right\} \tag{5.3-12}$$

$$\mathrm{XPD}=20\lg\left\{10\left[\frac{|\boldsymbol{f}_{\mathrm{lhcp}}(\theta,\varphi)|}{|\boldsymbol{f}_{\mathrm{rhcp}}(\theta,\varphi)|}\right]\right\} \tag{5.3-13}$$

式中：$|\cdot|$——对方向图取幅度运算。

式(5.3－12)和式(5.3－13)中分子为主极化幅度，分母为交叉极化幅度。

圆极化天线的轴比计算公式为

$$\mathrm{AR}=20\lg10\left[\frac{|\boldsymbol{f}_{\mathrm{lhcp}}(\theta,\varphi)|+|\boldsymbol{f}_{\mathrm{rhcp}}(\theta,\varphi)|}{||\boldsymbol{f}_{\mathrm{lhcp}}(\theta,\varphi)|-|\boldsymbol{f}_{\mathrm{rhcp}}(\theta,\varphi)||}\right]\Big\} \tag{5.3-14}$$

5.3.4　天线柱面近场增益测量

近场增益测量有比较法和直接法两种，这里介绍工程中使用最多的比较法，测试方法与平面近场基本相同。假定待测天线在测试系统馈电输入功率为 P_{aut} 时，测得的远场方向图的主极化为 $f_{\mathrm{aut}}(\theta,\varphi)$；在标准增益天线馈电输入功率为 P_{std} 时，测得的远场方向图的主极化为 $f_{\mathrm{std}}(\theta,\varphi)$；则增益计算可以按照下列公式进行：

$$G_{\mathrm{aut}}=\max(f_{\mathrm{aut}}(\theta,\varphi))-\max(f_{\mathrm{std}}(\theta,\varphi))+G_{\mathrm{std}}-P_{\mathrm{aut}}+P_{\mathrm{std}} \tag{5.3-15}$$

式中：G_{aut}——待测天线的增益值；

G_{std}——标准增益天线的标称增益值，是标准增益厂家提供或者第三方通过溯源方法计量得到的；

max——方向图幅度电平的最大值；

P_{aut}——测量待测天线时测试系统给待测天线或者探头的输入功率；

P_{std}——测量标准增益天线时测试系统给标准增益天线或者探头的输入功率。

注意：线极化天线 $f_{aut}(\theta,\varphi)$ 指主极化分量 $\boldsymbol{f}_{co}(\theta,\varphi)$ 的幅度，圆极化天线 $f_{aut}(\theta,\varphi)$ 指主极化分量 $\boldsymbol{f}_{lhcp}(\theta,\varphi)$ 与 $\boldsymbol{f}_{lhcp}(\theta,\varphi)$ 的幅度值大者。在标准增益天线增益与待测天线增益差距不大的情况下，可以采用同样的功率设置，故公式可以化简为

$$G_{aut}=\max[f_{aut}(\theta,\varphi)]-\max[f_{std}(\theta,\varphi)]+G_{std} \tag{5.3-16}$$

5.3.5 天线柱面近场 EIRP 的测量

EIRP 是等效全向辐射功率，一般是有源发射天线衡量其性能的一个重要指标，其含义为各向同性辐射器为以球形方向图发出辐射的点辐射源的等效功率值。在柱面近场可以通过以下公式进行计算：

$$\mathrm{EIRP}=P_{in}+G_{aut} \tag{5.3-17}$$

式中：P_{in}——参考端面的输入功率，需要使用功率计或者频谱仪等仪器进行功率测量；

G_{aut}——待测天线增益，用 5.3.4 节描述的方法测量。

5.3.6 天线柱面近场 *G/T* 值测量

G/T 值是有源接收天线的一个重要指标，是天线增益与接收系统噪声温度之比，比值越大意味着系统通信质量越高。分别测量天线增益 G 与噪声温度 T 即可得到 G/T 值。这里介绍一种星载有源天线常采用的修正因子法，表达式如下：

$$G/T=10\lg\left[10\left(kB\,\frac{G_{aut}}{P_2-P_1}\right)\right] \tag{5.3-18}$$

式中：G/T——所需要测量的有源天线 G/T 值，dB/K；

k——玻尔兹曼常数，$1.380\,649\times10^{-23}$ J/K；

B——所考察的 G/T 值的带宽，Hz；

G_{aut}——有源天线的增益真值，利用近场比较测得，测试方法见 5.3.4 节；

P_2——有源天线供电，但是射频信号关闭时的噪声能量值，W；

P_1——有源天线不供电，射频信号关闭时的噪声能量值，W。

5.3.7 天线柱面近场相位中心测量

柱面近场相位中心的测量需要先进行场地校准，将待测天线坐标系与测量坐标系三轴分别调整平行，并且标出两个坐标系的原点关系。进行柱面近场方向图测量得到远场方向图，利用前面平面近场章节中的相位中心计算方法求出测量坐标系下的相位中心，最后根据两个坐标系的关系进行转换，得到待测天线的相位中心位置。

5.4　天线测量新技术在柱面近场的应用

5.4.1　幅相漂移补偿技术

柱面近场测量需要完成整个曲面数据的采集，才能计算获得远场方向图，测试时间较长，信号源、放大器的幅度与相位随温度、时间漂移会对最终测试结果产生较大的影响。为减小对应的测试误差，柱面近场也有类似平面近场“Tie Scan”的补偿技术。

如图 5.4-1 所示，若柱面近场以竖直轴 z 为扫描轴，方位轴 $\hat{\boldsymbol{\varphi}}$ 为步进轴，在整个扫描过程中，假定幅度与相位随温度、时间缓慢漂移，则 z 方向变化会远远小于 $\hat{\boldsymbol{\varphi}}$ 方向的变化，相邻的 $\hat{\boldsymbol{\varphi}}$ 方向的位置点采样时间需要间隔一个甚至两个 z 方向的扫描周期。根据以上分析，需要在测试完毕后，固定一个能量范围较高的 z 向位置，进行 $\hat{\boldsymbol{\varphi}}$ 方向的扫描获得修正扫描线（图中表示为圆周实线）。利用该位置上的幅度相位值对每一根 z 方向的扫描线进行修正。近场采集数据的修正公式如下：

$$V'(z,\varphi_i)=V(z,\varphi_i)-[V(z_0,\varphi_i)-H(z_0,\varphi_i)] \tag{5.4-1}$$

式中：$V'(z,\varphi_i)$——φ_i 位置对应的修正后的近场 z 方向扫描线上的幅度或者相位值；

$V(z,\varphi_i)$——φ_i 位置对应的修正前的近场 z 方向扫描线上的幅度或者相位值；

$V(z_0,\varphi_i)$——与修正位置对应的修正前的近场的幅度或者相位值；

$H(z_0,\varphi_i)$——修正扫描线上与修正位置对应的幅度或者相位值。

若柱面近场测试采取的另外一个步进与扫描形式，如图 5.4-2 所示，以方位轴扫描，z 轴步进，修正方式需要更换，原则不变，在近场能量较大的 φ_i 处，进行 z 向扫描获得修正扫描线。

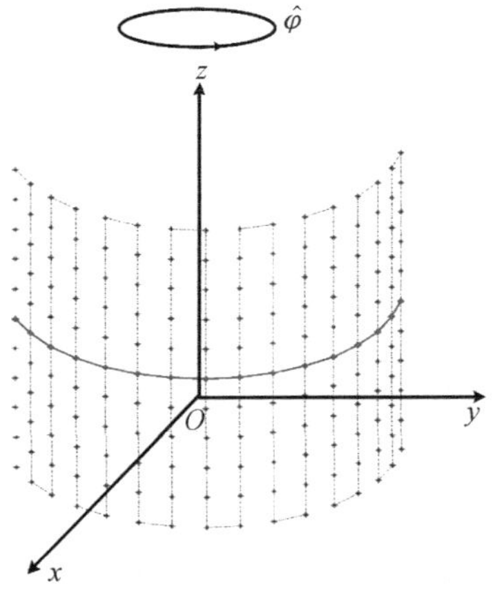

图 5.4-1　柱面 Tie Scan 扫描示意图 1

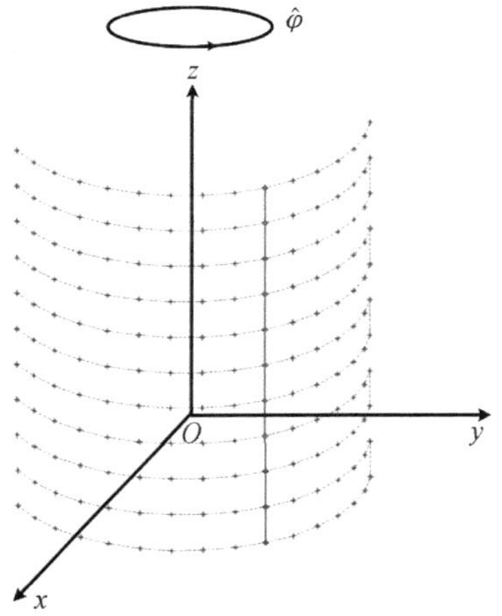

图 5.4-2　柱面 Tie Scan 示意图 2

近场采集数据的修正公式也需要更新为下式：

$$V'(z_i,\varphi)=V(z_i,\varphi)-[V(z_i,\varphi_0)-Z(z_i,\varphi_0)] \tag{5.4-2}$$

式中：$V'(z_i,\varphi)$——z_i 位置对应的修正后的近场 φ 方向扫描线上的幅度或者相位值；

$V(z_i,\varphi)$——z_i 位置对应的修正前的近场 φ 方向扫描线上的幅度或者相位值；

$V(z_i,\varphi_0)$——与修正位置对应的修正前的近场的幅度或者相位值；

$Z(z_i,\varphi_0)$——修正扫描线上与修正位置对应的幅度或者相位值。

5.4.2 柱面滤波技术

近场滤波技术在前面平面近场中做了一些介绍，在此针对柱面近场的测量情况进行进一步说明。在 5.1.1 节中我们得知远场方向图与柱面波展开系数有如下关系：

$$\boldsymbol{E}(r)=\frac{-2k\sin\theta}{r}\mathrm{e}^{-\mathrm{j}kr}\sum_{n=-\infty}^{\infty}\mathrm{j}^n\mathrm{e}^{\mathrm{j}n\varphi}[\hat{\boldsymbol{\varphi}}a_n(k\cos\theta)+\hat{\boldsymbol{\theta}}\,\mathrm{j}b_n(k\cos\theta)] \tag{5.4-3}$$

可以看出，远场方向图可以由柱面波系数表示。柱面波系数在推导过程中假设了所有辐射源均来自于待测天线，所以框定了一个以包含最小待测天线的圆柱。可以认为，在该圆柱内的能量为待测天线一次发射而出的，其余能量均由环境散射、探头多次反射等干扰因素造成。因此，根据该圆柱的半径与竖直长度对柱面波系数的最高阶数进行约束可以起到一定的抑制干扰的作用，即：根据所框定的空间范围确定柱面波系数 a_n 和 b_n 的个数和范围，把范围外的能量全部滤除，这就是柱面近场滤波技术。

通常情况下，圆周方向的采样间隔已经是最小间隔，所以仅对圆柱的竖直方向做一些限制。工程上，可以将远场方向图的输出坐标系（测量坐标系）的原点转换到天线的几何中心，使得包含待测天线的圆柱体更小，这样就可以进一步将有用能量压缩在更加集中的柱面波系数中，选取更少的柱面波系数，从而达到更好滤波的目的。

上述过程可以用下式表示：

$$\left.\begin{aligned}
&\boldsymbol{E}'_\theta=\boldsymbol{E}_\theta\mathrm{e}^{kx\cos\theta\cos\varphi+ky\cos\theta\sin\varphi+z\sin\theta}\\
&\boldsymbol{E}'_\varphi=\boldsymbol{E}_\varphi\mathrm{e}^{kx\cos\theta\cos\varphi+ky\cos\theta\sin\varphi+z\sin\theta}\\
&a_n=\sum_{\theta=0}^{\pi}\sum_{\varphi=0}^{2\pi}\frac{-2k\sin\theta}{r}\boldsymbol{E}'_\theta\mathrm{e}^{\mathrm{j}kr}\mathrm{j}^{-n}\mathrm{e}^{-\mathrm{j}n\varphi}\\
&b_n=\sum_{\theta=0}^{\pi}\sum_{\varphi=0}^{2\pi}\frac{-2k\sin\theta}{r}\boldsymbol{E}'_\varphi\mathrm{e}^{\mathrm{j}kr}\mathrm{j}^{-n}\mathrm{e}^{-\mathrm{j}n\varphi}
\end{aligned}\right\} \tag{5.4-4}$$

式中：$\boldsymbol{E}'_\theta$——坐标原点转移后的 θ 分量方向图；

$\boldsymbol{E}_\theta$——坐标原点转移前的 θ 分量方向图；

$\boldsymbol{E}'_\varphi$——坐标原点转移后的 φ 分量方向图；

$\boldsymbol{E}_\varphi$——坐标原点转移前的 φ 分量方向图；

x——坐标原点转移前后的 x 方向位移量；

y——坐标原点转移前后的 y 方向位移量；

z——坐标原点转移前后的 z 方向位移量；

k——波数；

r——圆柱的半径。

图 5.4-3 为原始测试结果，图 5.4-4 为采用柱面波滤波后的结果，可以看出处理后对

于环境杂散的抑制有明显的效果，方向图光滑。图 5.4－5 所示为添加的人为干扰的方向图，图 5.4－6 所示为利用柱面滤波技术所滤除的已知干扰后的方向图，可以更加清楚地表现出柱面滤波对于干扰的滤除效果。

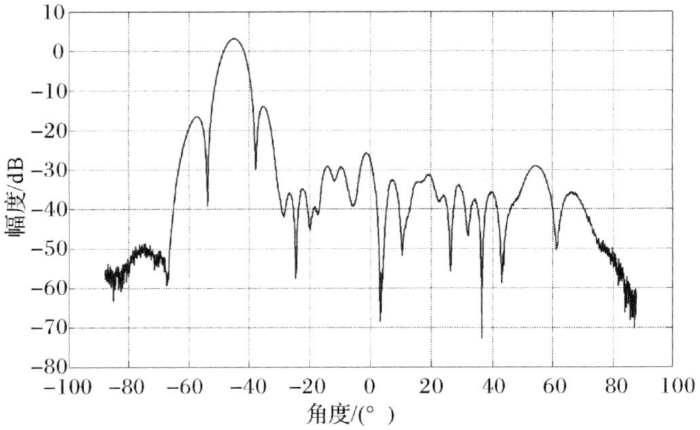

图 5.4－3　**原始方向图** 1

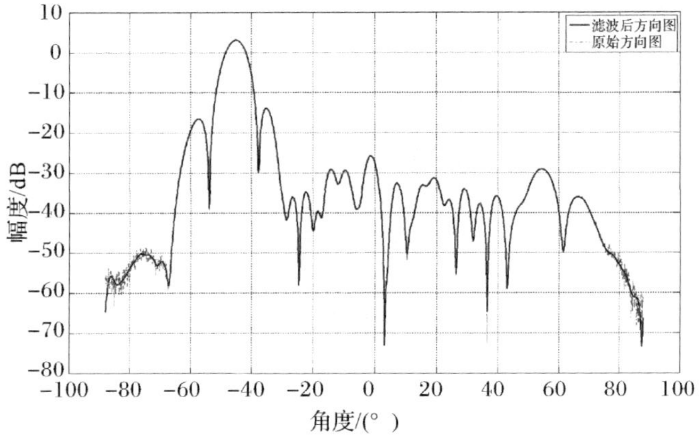

图 5.4－4　**柱面滤波效果对比** 1

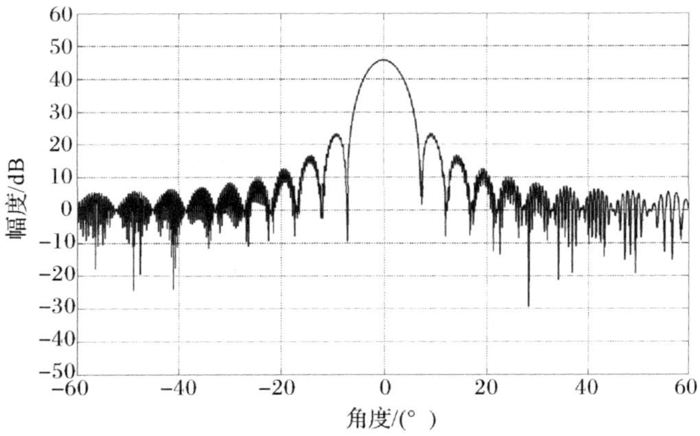

图 5.4－5　**原始方向图** 2

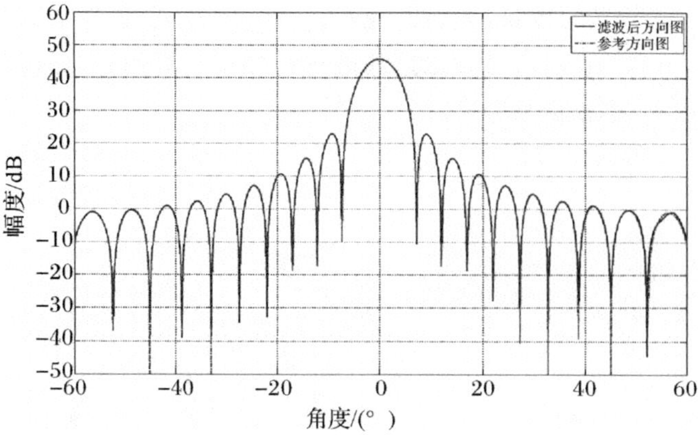

图 5.4－6　**柱面滤波效果对比** 2

5.4.3　柱面口径场诊断

将柱面近场的测试数据转换成远场方向图，然后利用平面近场口径场诊断功能进行口径场回推，得到天线口径场的能量分布，从而判断相控阵天线各阵元的健康状态以及天线的泄漏、反射等情况，具体过程不再赘述。

5.4.4　一种新型的相位获取方法

通常，天线测量的相位信息通过测试通道与参考通道的比值来获得，如图 5.4－7 所示。测试系统发射的射频信号经待测天线和空间传输回到接收机，该通道称为测试通道；射频信号通过耦合器耦合口进入接收机的通道称为参考通道。两个通道的信号可表示如下。

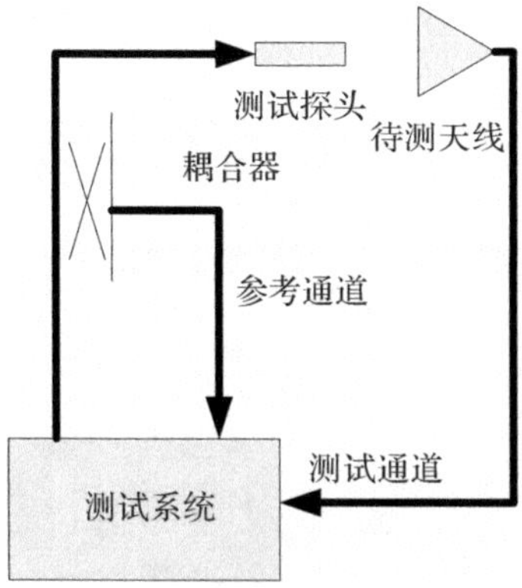

图 5.4－7　**传统测试相位获取方法**

测试系统发射信号：

$$A\cos(\omega t+\varphi)=\mathrm{Re}(Ae^{j\omega t+\varphi}) \tag{5.4-5}$$

测试通道：

$$B(x,y)\cos[\omega t+\varphi_1(x,y)]=\mathrm{Re}[B(x,y)e^{j\omega t+\varphi_1(x,y)}] \tag{5.4-6}$$

参考通道：

$$C\cos(\omega t+\varphi_2)=\mathrm{Re}[Ce^{j\omega t+\varphi_2}] \tag{5.4-7}$$

经过比幅比相得到与位置相关的待测天线幅度 a_m 和相位 p_h：

$$a_m = B(x,y)/C \tag{5.4-8}$$

$$p_h = [\omega t + \varphi_1(x,y)] - (\omega t + \varphi_2) = \varphi_1(x,y) - \varphi_2 \tag{5.4-9}$$

上述过程中，测试系统发射信号的相位为时间的函数，经过比幅比相处理后，变成与时间无关、仅与位置相关的函数。实际工作中，存在无法提供参考通道的情况，比如发射信号由产品给出，而产品高度集成，没有耦合通道可以为天线测试系统提供参考信号。针对该问题，这里介绍一种无须参考通道即可得到不随时间变化的相位信息的方法。

系统测试信号可表示为 $A\sin(\omega t+\varphi)$，其中 φ 代表信号的相位。系统接收机通过数字 D/A 产生共时基且同频的两路信号，信号幅度均为 1，相位分别为 0°和 90°，记作 ddc1 和 ddc2，如图 5.4－8 和图 5.4－9 所示。

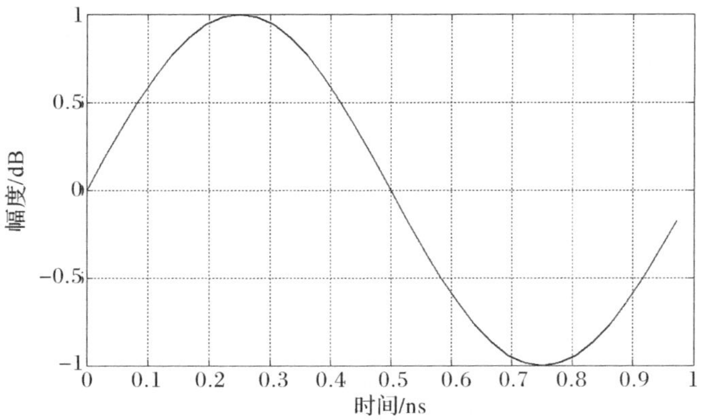

图 5.4－8　ddc1 信号图

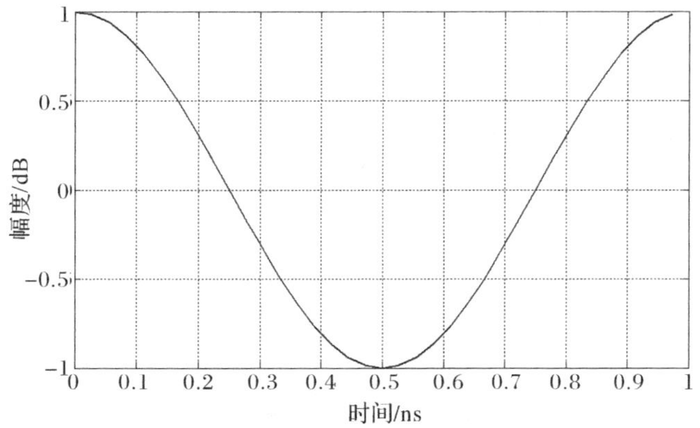

图 5.4－9　ddc2 信号图

测试信号分别与信号 ddc1 和 ddc2 相乘，得到如图 5.4－10 和图 5.4－11 所示的两路正交信号 I 和 Q：

$$\left.\begin{aligned} I &= A\sin(\omega t+\varphi)\times\sin(\omega t) \\ Q &= A\sin(\omega t+\varphi)\times\cos(\omega t) \end{aligned}\right\} \tag{5.4-10}$$

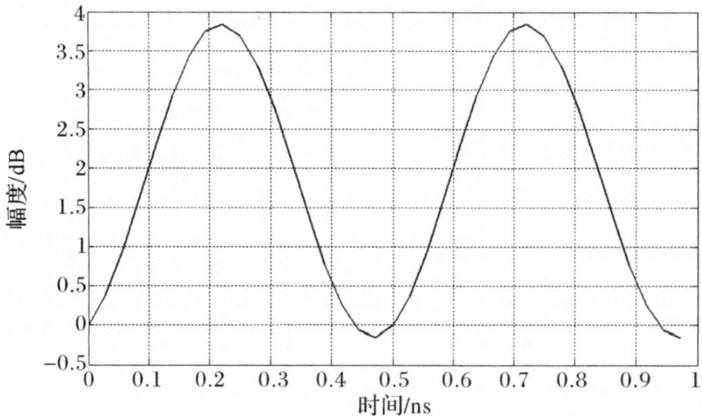

图 5.4-10　*I* 路信号图

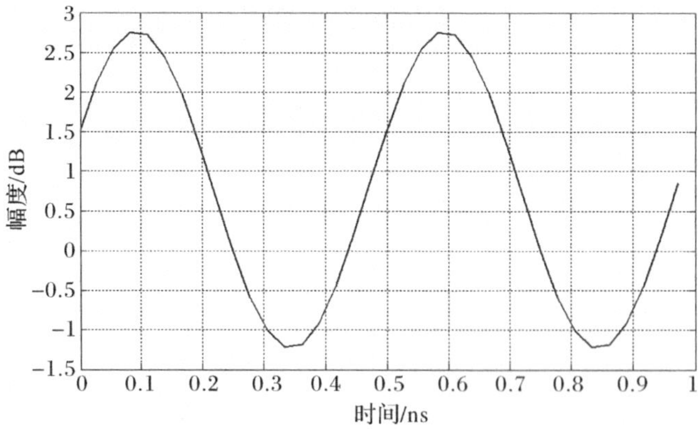

图 5.4-11　*Q* 路信号图

对两路正交信号进行低通滤波：

$$\left.\begin{aligned}\mathrm{LF}[I]=\mathrm{LF}[A\sin(\omega t+\varphi)\times\sin(\omega t)]=\mathrm{LF}\left[\frac{A}{2}\sin\varphi+\sin(2\omega t+\varphi)\right]=\frac{A}{2}\sin\varphi\\ \mathrm{LF}[Q]=\mathrm{LF}[A\sin(\omega t+\varphi)\times\cos(\omega t)]=\mathrm{LF}\left[\frac{A}{2}\cos\varphi+\sin(2\omega t+\varphi)\right]=\frac{A}{2}\cos\varphi\end{aligned}\right\}\qquad(5.4-11)$$

$$\left.\begin{aligned}a_m=\sqrt{\mathrm{LF}\,[I]^2+\mathrm{LF}\,[Q]^2}=A/2\\ p_h=\mathrm{artcot}\left(\frac{I}{Q}\right)=\varphi\end{aligned}\right\}\qquad(5.4-12)$$

可以看出，通过式(5.4-10)～式(5.4-12)的过程，完好地恢复了系统测试相位信息。

5.5　柱面近场测量误差评价

近场测量技术通过测量天线的幅度和相位，再经过严格的近远场变换，得到天线的远场方向图。经过半个多世纪的发展，近场测量理论已非常成熟。国际国内众多学者对近场作过大量的误差理论分析及实验验证。1988 年，美国 NIST(National Institute of Standards and Technology)的 ALLEN C. NEWELL 在 *IEEE Tansactions on Antenna and Propagation* 上提出了平面近场的 18 项误差理论，通过数学计算、仿真分析、实际测量等手段评估平面近场的 18 项测量误差。随后，ALLEN C. NEWELL，Patrick Pelland 和 Greg Hindman 等人进一步给出柱面及球面近场的误差理论。这里我们以西安空间技术研究所某垂直柱面近场为例，给出增益、副瓣电平的不确定度评定结果。

5.5.1　柱面近场误差源

柱面近场测量中误差源和影响的电参数与平面近场基本相同，评价方法也大体类似，具体见表 5.5－1。

表 5.5－1　平面近场测量中误差源和影响的电参数

序号	误差源	影响的电参数		误差源确定方法
1	探头方向图	方向图电平		第三方传递
2	探头极化	方向图电平		第三方传递
3	探头安装对准	方向图电平		机械测量与仿真
4	探头/标准增益天线增益			第三方传递
5	归一化常数			实测与评定
6	阻抗失配		增益	实测与评定
7	待测天线安装对准			校准误差传递
8	采样间隔	方向图电平	增益	仿真计算
9	扫描截断	方向图电平	增益	仿真计算
10	探头 φ,z 向位置误差	方向图电平	增益	机械误差传递
11	探头 r 向位置误差	方向图电平	增益	机械误差传递
12	多次反射	方向图电平	增益	实测与评定
13	接收机幅度非线性	方向图电平	增益	实测与评定
14	系统相位误差	方向图电平	增益	实测与评定
15	系统动态范围	方向图电平	增益	实测与评定
16	暗室散射	方向图电平	增益	实测与评定
17	泄漏和串扰	方向图电平	增益	实测与评定
18	幅度和相位随机误差	方向图电平	增益	实测与评定

1. 探头方向图

探头方向图误差带来的待测天线方向图测量不确定度记作 δP_{ap}。

与平面近场类似，探头方向图会代入近远场变换过程中；不同的是平面近场代入的为平面波谱或者为远场方向图，而柱面近场需要将探头方向图计算为柱面波展开系数。该不确定度来自探头第三方校准的证书的不确定度传递。

2. 探头极化

探头极化误差带来待测天线方向图测量不确定度记作 δP_{pol}。

由探头的非零交叉极化引起。该不确定度来自探头第三方校准的证书的不确定度传递。

3. 探头安装误差

探头安装误差带来的待测天线方向图测量不确定度记作 δP_{al}。

探头与扫描柱面的轴线对准偏差或者是与柱面水平面的偏差以及自身极化轴的旋转偏差，导致实际探头采样时的姿态与探头修正时的姿态有偏差。通过机械测量确定该偏差的大小，然后代入数学模型计算，比较测量结果的差异，作为不确定度。

4. 探头/标准增益天线增益

标准增益天线的增益误差带来的待测天线增益测量不确定度记作 δG_{std}。该不确定度来自第三方校准证书。

5. 阻抗失配

阻抗失配会给天线增益测量带来误差。标准增益天线和待测天线的阻抗失配带来的待测天线增益不确定度分别记作 $\delta G_{std\text{-}M}$，$\delta G_{aut\text{-}M}$。会对比较法增益测量结果产生影响。

6. 采样间隔

采样间隔会影响方向图和增益的测量精度。标准增益天线和待测天线采样间隔带来的待测天线增益不确定度分别记作 $\delta G_{std\text{-}dps}$，$\delta G_{aut\text{-}dps}$；待测天线采样间隔带来的待测天线方向图副瓣电平不确定度记作 δP_{dps}。

柱面近场理论中，竖直方向与平面近场相同，圆周方向假定天线的辐射口径在半径为 r 的圆周面上，同时考虑工程上一个波长的保护半径，从而求出采样间隔以及最大的柱面波展开系数值。理论上，圆周方向在柱面波谱展开时需要无穷级数形式的叠加，但是工程上会有截断；而竖直方向与平面近场相同，同样存在混叠；两者结合就构成了柱面近场的采样间隔误差。通过理论仿真可以取得更多的系数，与通常采用的系数进行比较得到该分项的误差评估值，避免采用实测值是因为实测值会引入其他误差，如加密采样会使周围散射体的能量进入柱面波系数中，该理论在前面柱面波滤波技术中有详细说明。

7. 扫描截断

标准增益天线和待测天线扫描截断带来的待测天线增益不确定度分别记作 $\delta G_{std\text{-}mat}$，$\delta G_{aut\text{-}mat}$；待测天线扫描截断带来的待测天线方向图不确定度记作 δP_{mat}。

柱面近场在竖直方向与平面近场相同，要求扫描面无穷大，实际无法做到；方位方向需要采集 360°圆周，实际由于天线背瓣受工装等影响也很难测准。工程上，边沿的截断效应和未测量区域内的能量非零分布，导致增益与方向图的测量不确定度，该分项误差可以在动态范围非常好的情况下采用实测大范围与小范围比较的方式进行评估，或者采用仿真方法进行评估。

8. 探头 φ，z 向位置误差

标准增益天线和待测天线扫描时探头 φ，z 位置误差带来的待测天线增益不确定度分别记作 $\delta G_{std\text{-}\varphi zp}$，$\delta G_{aut\text{-}\varphi zp}$；待测天线扫描时探头 φ，z 位置误差带来的待测天线方向图副瓣不确定度记作 $\delta P_{\varphi zp}$。

柱面近场测量要求所有采样点位于指定圆柱面网格上，实际中由于扫描架和转台定位精度、同轴度等原因，实际采样点与理论采样点位置有偏差，会导致增益与方向图测量的不确定度。通常采用高精度的光学位置测量工具，对实际采样点坐标进行标定，得到位置偏差值，然后构造误差矩阵，并代入数学模型计算，比较实际位置和理想位置结果的差值，将最大值作为不确定度。

9.探头 r 向位置误差

标准增益天线和待测天线扫描时探头 r 位置误差带来的待测天线增益不确定度分别记作 $\delta G_{\text{std-}rp}$，$\delta G_{\text{aut-}rp}$；待测天线扫描时探头 r 位置误差带来的待测天线方向图副瓣不确定度记作 δP_{rp}。

确定方法同 φ，z 向，该方向同量级的位置误差对测量结果的影响远大于 φ，z 向。

10.多次反射

标准增益天线和待测天线测量时多次反射带来的待测天线增益不确定度分别记作 $\delta G_{\text{std-mr}}$，$\delta G_{\text{aut-mr}}$；待测天线测量多次反射带来的方向图副瓣不确定度记作 δP_{mr}。

11.接收机幅度非线性

标准增益天线和待测天线测量时接收机幅度非线性带来的待测天线增益不确定度分别记作 $\delta G_{\text{std-rl}}$，$\delta G_{\text{aut-rl}}$；待测天线测量时接收机幅度非线性带来的方向图副瓣不确定度记作 δP_{rl}。

12.系统相位误差

标准增益天线和待测天线测量时系统相位误差带来的待测天线增益不确定度分别记作 $\delta G_{\text{std-pha}}$，$\delta G_{\text{aut-pha}}$；待测天线测量时系统相位误差带来的方向图副瓣不确定度记作 δP_{pha}。

13.系统动态范围

标准增益天线和待测天线测量时系统动态范围带来的待测天线增益不确定度分别记作 $\delta G_{\text{std-dr}}$，$\delta G_{\text{aut-dr}}$；待测天线测量时系统动态范围带来的方向图副瓣不确定度记作 $\delta G_{\text{aut-dr}}$。

14.暗室散射

标准增益天线和待测天线测量时暗室散射带来的待测天线增益不确定度分别记作 $\delta G_{\text{std-rs}}$，$\delta G_{\text{aut-rs}}$；待测天线测量时暗室散射带来的方向图副瓣不确定度记作 δP_{rs}。

15.泄漏和串扰

标准增益天线和待测天线测量时泄漏串扰带来的待测天线增益不确定度分别记作 $\delta G_{\text{std-lc}}$，$\delta G_{\text{aut-lc}}$；待测天线测量时泄漏串扰带来的方向图副瓣不确定度记作 δP_{lc}。

16.幅度和相位随机误差

标准增益天线和待测天线测量时幅度相位随机误差带来的待测天线增益不确定度分别记作 $\delta G_{\text{std-rad}}$，$\delta G_{\text{aut-rad}}$；待测天线测量时幅度相位随机误差带来的方向图副瓣不确定度记作 δP_{rad}。

5.5.2 典型指标评价结果

根据上述分项评定结果，根据不同电参数类型，其测量不确定度可参照式(5.5-1)、式(5.5-2)进行评定：

$$\begin{aligned}G_{aut}=&G_{std}+P_{aut}-P_{std}+\delta G_{std}+\delta G_{std\text{-}M}+\delta G_{aut\text{-}M}+\delta G_{std\text{-}dps}+\delta G_{aut\text{-}dps}+\\&\delta G_{std\text{-}mat}+\delta G_{aut\text{-}mat}+\delta G_{std\text{-}\varphi z p}+\delta G_{aut\text{-}\varphi z p}+\delta G_{std\text{-}rp}+\delta G_{aut\text{-}rp}+\delta G_{std\text{-}mr}+\\&\delta G_{aut\text{-}mr}+\delta G_{std\text{-}rl}+\delta G_{aut\text{-}rl}+\delta G_{std\text{-}pha}+\delta G_{aut\text{-}pha}+\delta G_{std\text{-}dr}+\delta G_{aut\text{-}dr}+\\&\delta G_{std\text{-}rs}+\delta G_{aut\text{-}rs}+\delta G_{std\text{-}lc}+\delta G_{aut\text{-}lc}+\delta G_{std\text{-}rad}+\delta G_{aut\text{-}rad}\end{aligned}\tag{5.5-1}$$

式中：G_{aut}——待测天线的增益，dBi；

G_{std}——标准增益天线的增益，dBi；

P_{aut}——待测天线电平值，dBm；

P_{std}——标准增益天线电平值，dBm；

δG_{std}——对标准增益天线的增益修正量，dB；

$\delta G_{std\text{-}M}$——对标准增益天线的阻抗修正量，dB；

$\delta G_{aut\text{-}M}$——对待测天线的阻抗修正量，dB；

$\delta G_{std\text{-}dps}$——对标准增益天线的采样间隔修正量，dB；

$\delta G_{aut\text{-}dps}$——对待测天线的采样间隔修正量，dB；

$\delta G_{std\text{-}mat}$——对标准增益天线的截断修正量，dB；

$\delta G_{aut\text{-}mat}$——对待测天线的截断修正量，dB；

$\delta G_{std\text{-}\varphi z p}$——对标准增益天线的 φz 位置修正量，dB；

$\delta G_{aut\text{-}\varphi z p}$——对待测天线的 φz 位置修正量，dB；

$\delta G_{std\text{-}rp}$——对标准增益天线的 r 位置修正量，dB；

$\delta G_{aut\text{-}rp}$——对待测天线的 r 位置修正量，dB；

$\delta G_{std\text{-}mr}$——对标准增益天线的反射修正量，dB；

$\delta G_{aut\text{-}mr}$——对待测天线的反射修正量，dB；

$\delta G_{std\text{-}rl}$——对标准增益天线的线性度修正量，dB；

$\delta G_{aut\text{-}rl}$——对待测天线的线性度修正量，dB；

$\delta G_{std\text{-}pha}$——对标准增益天线的相位修正量，dB；

$\delta G_{aut\text{-}pha}$——对待测天线的相位修正量，dB；

$\delta G_{std\text{-}dr}$——对标准增益天线的动态范围修正量，dB；

$\delta G_{aut\text{-}dr}$——对待测天线的动态范围修正量，dB；

$\delta G_{std\text{-}rs}$——对标准增益天线的散射修正量，dB；

$\delta G_{aut\text{-}rs}$——对待测天线的散射修正量，dB；

$\delta G_{std\text{-}lc}$——对标准增益天线的泄漏串扰修正量，dB；

$\delta G_{aut\text{-}lc}$——对待测天线的泄漏串扰修正量，dB；

$\delta G_{std\text{-}rad}$——对标准增益天线的随机误差修正量，dB；

$\delta G_{aut\text{-}rad}$——对待测天线的随机误差修正量，dB。

$$P_{aut}=P_{re}+\delta P_{ap}+\delta P_{pol}+\delta P_{pa}+\delta P_{dps}+\delta P_{mat}+\delta P_{\varphi zp}+\delta P_{rp}+\delta P_{mr}+\delta P_{rl}+\delta P_{pha}+\delta P_{dr}+\delta P_{rs}+\delta P_{lc}+\delta P_{rad} \quad (5.5-2)$$

式中：P_{aut}——待测天线方向图电平值，dBm；

P_{re}——接收到的电平值，dBm；

δP_{ap}——探头方向图影响量，dB；

δP_{pol}——探头极化影响量，dB；

δP_{pa}——探头安装影响量，dB；

δP_{dps}——待测天线采样间隔影响量，dB；

δP_{mat}——待测天线截断影响量，dB；

$\delta P_{\varphi zp}$——待测天线 xy 向位置影响量，dB；

δP_{rp}——待测天线 z 向位置影响量，dB；

δP_{mr}——待测天线反射影响量，dB；

δP_{rl}——待测天线线性度影响量，dB；

δP_{pha}——待测天线相位影响量，dB；

δP_{dr}——待测天线动态范围影响量，dB；

δP_{rs}——待测天线散射影响量，dB；

δP_{lc}——待测天线泄漏串扰影响量，dB；

δP_{rad}——待测天线随机误差影响量，dB。

表 5.5-2 给出了某天线在平面近场采用比较法测量增益的不确定度评定的结果，表 5.5-3 给出了该天线在平面近场测量－20 dB 旁瓣电平不确定度评定的结果。

表 5.5-2　某天线增益不确定度综合评定结果(比较法，Ku 波段，G=25 dBi)

序 号	输入量 x_i	误差界/dB	标准不确定度 $u(x_i)$/dB
1	δG_{std}	0.060	0.030
2	δG_{std-M}	0.011	0.008
3	δG_{aut-M}	0.011	0.008
4	$\delta G_{std-dps}$	0.028	0.016
5	$\delta G_{aut-dps}$	0.028	0.016
6	$\delta G_{std-mat}$	0.110	0.064
7	$\delta G_{aut-mat}$	0.110	0.064
8	$\delta G_{std-\varphi zp}$	0.011	0.006
9	$\delta G_{aut-\varphi zp}$	0.011	0.006
10	δG_{std-rp}	0.028	0.016
11	δG_{aut-rp}	0.028	0.016
12	δG_{std-mr}	0.028	0.016
13	δG_{aut-mr}	0.028	0.016

续 表

序 号	输入量 x_i	误差界/dB	标准不确定度 $u(x_i)$/dB
14	$\delta G_{\mathrm{std-rl}}$	0.005	0.003
15	$\delta G_{\mathrm{aut-rl}}$	0.005	0.003
16	$\delta G_{\mathrm{std-pha}}$	0.031	0.018
17	$\delta G_{\mathrm{aut-pha}}$	0.031	0.018
18	$\delta G_{\mathrm{std-dr}}$	0.003	0.001
19	$\delta G_{\mathrm{aut-dr}}$	0.003	0.001
20	$\delta G_{\mathrm{std-rs}}$	0.003	0.002
21	$\delta G_{\mathrm{aut-rs}}$	0.003	0.002
22	$\delta G_{\mathrm{std-lc}}$	0.003	0.001
23	$\delta G_{\mathrm{aut-lc}}$	0.003	0.001
24	$\delta G_{\mathrm{std-rad}}$	0.011	0.004
25	$\delta G_{\mathrm{aut-rad}}$	0.011	0.004
合成标准不确定度($k=1$)			0.107
扩展不确定度($k=2$)			0.214

表 5.5-3　方向图副瓣(−20 dB 电平)不确定度综合评定结果(Ku 波段,$G=25$ dBi)

序 号	输入量 x_i	误差界/dB	标准不确定度 $u(x_i)$/dB
1	δP_{ap}	0.160	0.053
2	δP_{pol}	0.080	0.027
3	δP_{pa}	0.049	0.028
4	δP_{dps}	0.279	0.161
5	δP_{mat}	1.169	0.675
6	$\delta P_{\varphi\varepsilon\mathrm{p}}$	0.11	0.064
7	δP_{rp}	0.279	0.161
8	δP_{mr}	0.279	0.161
9	δP_{rl}	0.049	0.028
10	δP_{pha}	0.314	0.181
11	δP_{dr}	0.028	0.009
12	δP_{rs}	0.032	0.023
13	δP_{lc}	0.028	0.009
14	δP_{rad}	0.110	0.037
合成标准不确定度($k=1$)			0.760
扩展不确定度($k=2$)			1.520

5.6　柱面近场测量典型案例

传统的柱面近场方向图测试与平面近场过程类似，如进行天线架设、测试系统搭建，设置测试频率、测量范围、采样间隔，等等。这里给出采用无参考通道相位获取方法技术的柱面近场测量案例。

测量对象为某标准天线，工作频率为 8 GHz，按照 5.3.3 节柱面近场测量要求，测试距离设置为 200 mm，直线方向采样间隔为 17 mm，水平方位角度间隔 3°，采用 5.4.4 节的相位获取新技术和传统由参考通道获取相位两种方式进行柱面近场测试，两种方法获取的近场相位比较见图 5.6-1。

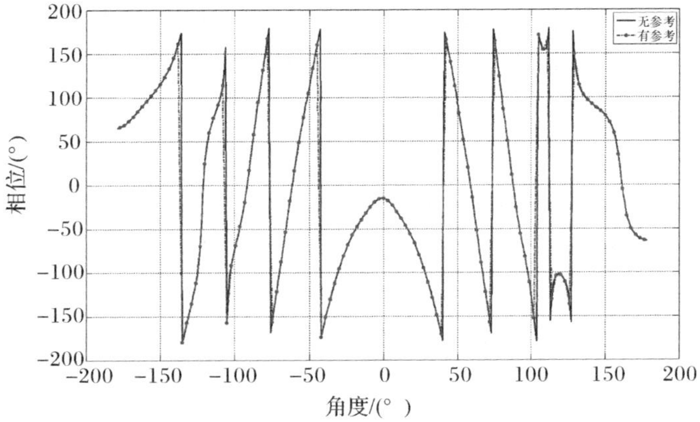

图 5.6-1　柱面近场相位分布

对不同方法获得近场相位分布的两组近场数据经过近远场变换，得到远场方向图，并做对比，如图 5.6-2 所示。结果基本重合，证明了柱面近场测量中，新的相位获取方法的有效性。

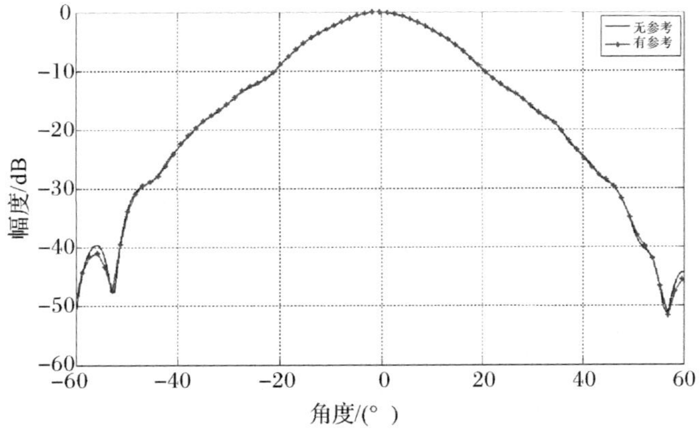

图 5.6-2　无参考测试结果比对

参 考 文 献

[1] PARIS D, LEACH W, JOY E. Basic theory of probe-compensated near-field measurements [J]. IEEE Transactions on Antennas & Propagation, 1978, 26(3): 373-379.

[2] LEACH W, PARIS D. Probe compensated near-field measurements on a cylinder[J]. IEEE Transactions Antennas & Propagation, 1972, 21(4): 435-445.

[3] JOY E, LEACH W, RODRIGUE G. Applications of probe-compensated near-field measurements[J]. IEEE Transactions on Antennas & Propagation, 2003, 26(3): 379-389.

[4] GRIMM K R. Optimum probe design for near field scanning of Ultra-Low sidelobe antennas[J]. Allerton Antenna Application, 1984(1): 346-351.

[5] GREGSON S F, HINDMAN G E. Conical near-field antenna measurements [J]. IEEE Antennas & Propagation Magazine, 2009, 51(1): 193-201.

[6] NEWELL A C, LEE D. Application of the NIST 18 term error model to cylindrical near-field antenna measurements[J]. Proceedings of AMTA 22nd Annual Meeting and Symposium. Philadelphia, 2000(1): 1-6.

[7] MARTLNEA S B, CASTANER M S JIMENEZ F M, et al. Uncertainty evaluation through simulations of virtual acquisitions modified with mechanical and electrical errors in a cylindrical near-field antenna measurement system [EB/OL]. Antenna Measurement Techniques Association, 2008. https://www.researchgate.net/publication/44387612, 2016-5-20.

第 6 章　球面近场测量

球面近场是天线测量领域的一种重要方法，最早是由英国哥伦比亚大学 E. V. Jull 完成基础理论概念推导的。20 世纪 60 年代后期由 F. Jensen 整理归纳了较为完整的球面近场测量基本理论体系。美国帕萨迪纳喷气推进实验室的 A. C. Ludwig 在 1972—1979 年间，利用 F. Jensen 提出的传输方程实现了球面近远场算法推导。1975 年，F. H. Larsen 在美国 Boulder 的国家标准局花了很短的时间学习了 P. Wacker 从 Jensen 传输方程推导出的变换算法，并且以 R. L. Lewis 无探头补偿工况，开发了自己的计算机代码。Larsen 在 1977 年第一次完成了基于自己算法且包含探头补偿的球面近场到远场的变换。1976 年，欧洲航天局(ESA)和丹麦工业大学之间签订了关于发展球面近场测量技术的框架协议，为后续丹麦工业大学球面近场系统的成功研制奠定了应用基础。丹麦工业大学的很多成员都参与了系统的构建，其中 H. Bach，E. Lintz Christensen 和 F. Conrad 贡献卓越，此设备被科学研究、空间应用天线测量和标准增益喇叭校准大量使用，自此球面测量技术成为值得信赖的技术，并在天线测量中大量使用。

6.1　球面近场测量基本理论

6.1.1　球面波谱展开理论

依然从麦克斯韦方程组出发，首先建立天线无源区域的电场和磁场表达式：

$$\left.\begin{aligned}\nabla^2 \boldsymbol{E}+k^2\boldsymbol{E}=0\\ \nabla^2 \boldsymbol{H}+k^2\boldsymbol{H}=0\end{aligned}\right\}\tag{6.1-1}$$

在球坐标系下可以证明，如果 $\Psi(r,\theta,\varphi)$ 是标量汉姆霍茨方程的解，即

$$\nabla^2\Psi(r,\theta,\varphi)+k^2\Psi(r,\theta,\varphi)=0\tag{6.1-2}$$

在 $r\geqslant a$ 的区域，其基本解为

$$\Psi(r,\theta,\varphi)=\frac{1}{\sqrt{2\pi n(n+1)}}\left(-\frac{m}{|m|}\right)^m \mathrm{H}_n^2(kr)\overline{\mathrm{P}}_n^{|m|}(\cos\theta)\mathrm{e}^{\mathrm{j}m\varphi}\tag{6.1-3}$$

式中：　n——$n=1,2,3,\cdots$；

m——$m=0,\pm1,\pm2,\pm3,\cdots,\pm n$；

$\overline{\mathrm{P}}_n^{|m|}(\cos\theta)$——归一化连带勒让德函数；

$H_n^2(kr)$——第二类球汉克尔函数；

a——包含天线的最小球体的半径。

定义两个矢量函数，可以很容易证明该矢量满足无源区场方程：

$$\boldsymbol{M}=\nabla\times[\psi(r,\theta,\varphi)\boldsymbol{r}] \tag{6.1-4}$$

$$\boldsymbol{N}=\frac{1}{k}\nabla\times\boldsymbol{M} \tag{6.1-5}$$

将基本解代入这两个矢量解之中，得

$$\boldsymbol{M}_{mn}(r,\theta,\varphi)=C_{mn}\mathrm{H}_n^2(kr)\left[\frac{\mathrm{j}m\mathrm{P}_n^{|m|}(\cos\theta)}{\sin\theta}\hat{\boldsymbol{\theta}}-\frac{\mathrm{dP}_n^{|m|}(\cos\theta)}{\mathrm{d}\theta}\hat{\boldsymbol{\varphi}}\right]\mathrm{e}^{\mathrm{j}m\varphi} \tag{6.1-6}$$

$$\boldsymbol{N}_{mn}(r,\theta,\varphi)=C_{mn}\left\{\left[\frac{\mathrm{dP}_n^{|m|}(\cos\theta)}{d\theta}\hat{\boldsymbol{\theta}}+\frac{\mathrm{j}m\mathrm{P}_n^{|m|}(\cos\theta)}{\sin\theta}\hat{\boldsymbol{\varphi}}\right]\frac{1}{kr}\frac{\mathrm{d}}{\mathrm{d}r}[r\mathrm{H}_n^2(kr)]+\frac{n(n+1)}{kr}\mathrm{H}_n^2(kr)\mathrm{P}_n^{|m|}(\cos\theta)\hat{r}\right\}\mathrm{e}^{\mathrm{j}m\varphi} \tag{6.1-7}$$

式中：

$$C_{mn}=\sqrt{\frac{(2n+1)(n-|m|)!}{4\pi n(n+1)(n+|m|)!}}\left(-\frac{m}{|m|}\right)^m$$

将式(6.1-7)作为函数基底，进行线性组合，得到 $r\geqslant a$ 区域的场的表达式为

$$\boldsymbol{E}(r,\theta,\varphi)=\sum_{n=0}^{N}\sum_{m=-n}^{n}a_{mn}\boldsymbol{M}_{mn}(r,\theta,\varphi)+b_{mn}\boldsymbol{N}_{mn}(r,\theta,\varphi) \tag{6.1-8}$$

式中：权系数 a_{mn} 和 b_{mn}——$\boldsymbol{M}_{mn}$ 和 $\boldsymbol{N}_{mn}$ 的复振幅；

N——天线场展开式中最高阶模的阶数，一般由下式确定：

$$N=\frac{2\pi}{\lambda}a+(5\sim10)$$

将式(6.1-6)和式(6.1-7)代入式(6.1-8)中，并只考虑天线的切向电场矢量，因为在远场区只有切向分量，得

$$\begin{aligned}\boldsymbol{E}(r,\theta,\varphi)=&\sum_{n=0}^{N}\sum_{m=-n}^{n}a_{mn}C_{mn}\mathrm{H}_n^2(kr)\left[\frac{\mathrm{j}m\mathrm{P}_n^{|m|}(\cos\theta)}{\sin\theta}\hat{\boldsymbol{\theta}}-\frac{\mathrm{dP}_n^{|m|}(\cos\theta)}{\mathrm{d}\theta}\hat{\boldsymbol{\varphi}}\right]\mathrm{e}^{\mathrm{j}m\varphi}+\\&b_{mn}C_{mn}\frac{1}{kr}\frac{\mathrm{d}}{\mathrm{d}r}[r\mathrm{H}_n^2(kr)]\left[\frac{\mathrm{dP}_n^{|m|}(\cos\theta)}{\mathrm{d}\theta}\hat{\boldsymbol{\theta}}-\frac{\mathrm{j}m\mathrm{P}_n^{|m|}(\cos\theta)}{\sin\theta}\hat{\boldsymbol{\varphi}}\right]\mathrm{e}^{\mathrm{j}m\varphi}\end{aligned} \tag{6.1-9}$$

其中切向矢量重新定义为

$$\begin{cases}\boldsymbol{M}_{mn}(r,\theta,\varphi)=C_{mn}\left[\dfrac{\mathrm{j}m\mathrm{P}_n^{|m|}(\cos\theta)}{\sin\theta}\hat{\boldsymbol{\theta}}-\dfrac{\mathrm{dP}_n^{|m|}(\cos\theta)}{\mathrm{d}\theta}\hat{\boldsymbol{\varphi}}\right]\mathrm{e}^{\mathrm{j}m\varphi}\\ \boldsymbol{N}_{mn}(r,\theta,\varphi)=C_{mn}\left[\dfrac{\mathrm{dP}_n^{|m|}(\cos\theta)}{\mathrm{d}\theta}\hat{\boldsymbol{\theta}}+\dfrac{\mathrm{j}m\mathrm{P}_n^{|m|}(\cos\theta)}{\sin\theta}\hat{\boldsymbol{\varphi}}\right]\mathrm{e}^{\mathrm{j}m\varphi}\\ f_n(kr)=\mathrm{H}_n^2(kr)\\ g_n(kr)=\dfrac{1}{kr}\dfrac{\mathrm{d}}{\mathrm{d}r}[r\mathrm{H}_n^2(kr)]\end{cases}$$

则切向电场表达式可以表示为

$$\boldsymbol{E}_t(\theta,\varphi)=\sum_{n=0}^{N}\sum_{m=-n}^{n}a_{mn}f_n(kr)\boldsymbol{M}_{mn}(\theta,\varphi)+b_{mn}g_n(kr)\boldsymbol{N}_{mn}(\theta,\varphi) \tag{6.1-10}$$

当观察点远离天线时，即 kr 区域无穷时，球汉克尔函数可以求极限，可以表示成下面的

形式：

$$f_n(kr)=\mathrm{H}_n^2(kr)\approx \mathrm{j}^{n+1}\mathrm{e}^{-\mathrm{j}kr} \tag{6.1-11}$$

$$g_n(kr)=\frac{1}{kr}\frac{\mathrm{d}}{\mathrm{d}r}[r\mathrm{H}_n^2(kr)]\approx \mathrm{j}^n\frac{1}{kr}\mathrm{e}^{-\mathrm{j}kr} \tag{6.1-12}$$

将式(6.1-11)和式(6.1-12)代入电场表达式中，可得

$$\boldsymbol{E}(r,\theta,\varphi)=\sum_{n=0}^{N}\sum_{m=-n}^{n}\left\{a_{mn}\left[\frac{-m\mathrm{P}_n^{|m|}(\cos\theta)}{\sin\theta}\hat{\boldsymbol{\theta}}-\mathrm{j}\frac{\mathrm{dP}_n^{|m|}(\cos\theta)}{\mathrm{d}\theta}\hat{\boldsymbol{\varphi}}\right]+b_{mn}\left[\frac{\mathrm{dP}_n^{|m|}(\cos\theta)}{\mathrm{d}\theta}\hat{\boldsymbol{\theta}}+\mathrm{j}\frac{m\mathrm{P}_n^{|m|}(\cos\theta)}{\sin\theta}\hat{\boldsymbol{\varphi}}\right]\right\}\mathrm{e}^{\mathrm{j}m\varphi}C_{mn}\mathrm{j}^n\frac{1}{kr}\mathrm{e}^{-\mathrm{j}kr} \tag{6.1-13}$$

忽略掉与 θ,φ 无关的因子 $\frac{1}{kr}\mathrm{e}^{-\mathrm{j}kr}$，得到天线的远场天线方向图：

$$\boldsymbol{F}(\theta,\varphi)=E_\theta(\theta,\varphi)\hat{\boldsymbol{\theta}}+E_\varphi(\theta,\varphi)\hat{\boldsymbol{\varphi}} \tag{6.1-14}$$

$$E_\theta(\theta,\varphi)=\sum_{n=0}^{N}\sum_{m=-n}^{n}\mathrm{j}^n\mathrm{e}^{\mathrm{j}m\varphi}\left[-a_{mn}\frac{m\mathrm{P}_n^{|m|}(\cos\theta)}{\sin\theta}+b_{mn}\frac{\mathrm{dP}_n^{|m|}(\cos\theta)}{\mathrm{d}\theta}\right] \tag{6.1-15}$$

$$E_\varphi(\theta,\varphi)=\sum_{n=0}^{N}\sum_{m=-n}^{n}\mathrm{j}^{n+1}\mathrm{e}^{\mathrm{j}m\varphi}\left[-a_{mn}\frac{\mathrm{dP}_n^{|m|}(\cos\theta)}{\mathrm{d}\theta}+b_{mn}\frac{m\mathrm{P}_n^{|m|}(\cos\theta)}{\sin\theta}\right] \tag{6.1-16}$$

设探头的输出电压矢量为

$$\boldsymbol{b}(R,\theta,\varphi)=V_\theta(R,\theta,\varphi)\hat{\boldsymbol{\theta}}+V_\varphi(R,\theta,\varphi)\hat{\boldsymbol{\varphi}} \tag{6.1-17}$$

则

$$V_\theta(R,\theta,\varphi)\hat{\boldsymbol{\theta}}+V_\varphi(R,\theta,\varphi)\hat{\boldsymbol{\varphi}}=\sum_{n=0}^{N}\sum_{m=-n}^{n}a_{mn}f_n(kr)\boldsymbol{M}_{mn}(\theta,\varphi)+b_{mn}g_n(kr)\boldsymbol{N}_{mn}(\theta,\varphi) \tag{6.1-18}$$

利用 $\boldsymbol{M}_{mn}$ 和 $\boldsymbol{N}_{mn}$ 的正交性可以求解出系数 a_{mn} 和 b_{mn}，在此正交性的证明不再赘述，直接给出最终的结论性公式：

$$a_{mn}=-\frac{\Delta_{mn}}{f_n(kr)}\left\{\int_0^\pi\left[\int_0^{2\pi}V_\theta(\theta,\varphi)\mathrm{e}^{-\mathrm{j}m\varphi}\mathrm{d}\varphi\right]\frac{\mathrm{j}mC_{mn}\mathrm{P}_n^{|m|}(\cos\theta)}{\sin\theta}\sin\theta\mathrm{d}\theta+\int_0^\pi\left[\int_0^{2\pi}V_\varphi(\theta,\varphi)\mathrm{e}^{-\mathrm{j}m\varphi}\mathrm{d}\varphi\right]\frac{C_{mn}\mathrm{dP}_n^{|m|}(\cos\theta)}{\mathrm{d}\theta}\sin\theta\mathrm{d}\theta\right\} \tag{6.1-19}$$

$$b_{mn}=\frac{\Delta_{mn}}{g_n(kr)}\left\{\int_0^\pi\left[\int_0^{2\pi}V_\theta(\theta,\varphi)\mathrm{e}^{-\mathrm{j}m\varphi}\mathrm{d}\varphi\right]\frac{C_{mn}\mathrm{dP}_n^{|m|}(\cos\theta)}{\mathrm{d}\theta}\sin\theta\mathrm{d}\theta-\int_0^\pi\left[\int_0^{2\pi}V_\varphi(\theta,\varphi)\mathrm{e}^{-\mathrm{j}m\varphi}\mathrm{d}\varphi\right]\frac{\mathrm{j}mC_{mn}\mathrm{P}_n^{|m|}(\cos\theta)}{\sin\theta}\sin\theta\mathrm{d}\theta\right\} \tag{6.1-20}$$

式中：

$$\Delta_{mn}=\frac{(2n+1)(n-|m|)!}{4\pi C_{mn}^2 n(n+1)(n+|m|)!}$$

式(6.1-19)和式(6.1-20)为球面近远场变换的核心公式，探头一般采用线极化天线，故以此采集取得一个分量的信息，然后极化转动 90°进行另外一个极化的采集，采集完毕后，代入公式进行计算。计算中 r 为采集球面的半径值，求出两个系数后，代入远场公式求得远场方向图。因为球面近场测量时，在任何采集点位，探头总是正对待测天线。也就是说，任一采样位置探头的影响几乎是一样的，故在软件实现中，有无进行探头补偿计算获得的远场方向图几乎完全一致。鉴于此，为了降低软件复杂度，工程上不少球面近场近远场变换软件中不考虑探头的影响。

虽然没有探头补偿的球面近远场变换满足工程的需要，但为了理论的完备性与严密性，这里对带有探头补偿的球面近场近远场变换技术做简要描述。

6.1.2 球面近场探头补偿理论

包含探头补偿的理论利用了微分算子，首先忽略探头与待测天线的多次反射，借助微分算子 L_E 和 L_H，探头接收到的场的矢量形式可以表示为

$$\frac{\boldsymbol{b}_t(R,\theta,\varphi)}{2\pi F}=L_{\mathrm{E}}[\boldsymbol{E}_{\mathrm{t}}\times\hat{\boldsymbol{r}}]+Z_0L_{\mathrm{H}}[\boldsymbol{H}_t] \tag{6.1-21}$$

式中：　F——不匹配因子，$F=(1-\Gamma_0\Gamma_L)^{-1}$；

Γ_0 和 Γ_{L}——探头和待测天线的反射系数；

L_{E} 和 L_{H}——当选择直角坐标系的 z 方向和辐射方向平行时，只与 r 有关的微分算子，与探头特性无关。

将电场与磁场表达式代入式(6.1－21)中，得

$$\frac{\bar{b}_t(R,\theta,\varphi)}{2\pi F}=\sum_{n=0}^{N}\sum_{m=-n}^{n}a_{mn}\left[L_{\mathrm{H}}\frac{g_n(kr)}{\mathrm{j}}-L_{\mathrm{E}}f_n(kr)\right]\boldsymbol{N}_{mn}(\theta,\varphi)+ b_{mn}\left[L_{\mathrm{H}}\frac{f_n(kr)}{\mathrm{j}}-L_{\mathrm{E}}g_n(kr)\right]\boldsymbol{M}_{mn}(\theta,\varphi) \tag{6.1-22}$$

仍然利用 $\boldsymbol{M}_{mn}$ 和 $\boldsymbol{N}_{mn}$ 的正交性进行系数的计算：

$$a_{mn}=\frac{1}{2\pi F\left[L_H\frac{g_n(kr)}{j}-L_Ef_n(kr)\right]}\cdot \left[\int_0^{\pi}\left(\int_0^{2\pi}V_\theta(\theta,\varphi=0)\mathrm{e}^{-\mathrm{j}m\varphi}\mathrm{d}\varphi\right)\frac{C_{mn}\mathrm{dP}_n^{|m|}(\cos\theta)}{\mathrm{d}\theta}\sin\theta\mathrm{d}\theta-\int_0^{\pi}\left(\int_0^{2\pi}V_\varphi(\theta,\varphi=90)\mathrm{e}^{-\mathrm{j}m\varphi}\mathrm{d}\varphi\right)\frac{\mathrm{j}mC_{mn}\mathrm{P}_n^{|m|}(\cos\theta)}{\sin\theta}\sin\theta\mathrm{d}\theta\right] \tag{6.1-23}$$

$$b_{mn}=\frac{1}{2\pi F\left[L_H\frac{f_n(kr)}{j}-L_Eg_n(kr)\right]}\cdot \left[\int_0^{\pi}\left(\int_0^{2\pi}V_\theta(\theta,\varphi=0)\mathrm{e}^{-\mathrm{j}m\varphi}\mathrm{d}\varphi\right)\frac{\mathrm{j}mC_{mn}\mathrm{P}_n^{|m|}(\cos\theta)}{\sin\theta}\sin\theta\mathrm{d}\theta+\int_0^{\pi}\left(\int_0^{2\pi}V_\varphi(\theta,\varphi=90)\mathrm{e}^{-\mathrm{j}m\varphi}\mathrm{d}\varphi\right)\frac{C_{mn}\mathrm{dP}_n^{|m|}(\cos\theta)}{\mathrm{d}\theta}\sin\theta\mathrm{d}\theta\right] \tag{6.1-24}$$

探头的 L_{E} 和 L_{H} 通过以下式子确定：

$$\frac{\bar{b}_p(R,\theta,\varphi)}{2\pi F}=[L_x^{\mathrm{E}}E_x(\boldsymbol{r})+L_y^{\mathrm{E}}E_y(\boldsymbol{r})+L_z^{\mathrm{E}}E_z(\boldsymbol{r})]+ Z_0[L_x^{\mathrm{H}}H_x(\boldsymbol{r})+L_y^{\mathrm{H}}H_y(\boldsymbol{r})+L_z^{\mathrm{H}}H_z(\boldsymbol{r})] \tag{6.1-25}$$

具体求解过程请参看相关资料，在此不再赘述。

6.2 球面近场的分类

球面近场根据扫描轴的不同构成可以分为极化/方位式球面近场、摇臂式球面近场、弧形架球面场，还有新兴的机械臂球面近场等。同时球面近场与多探头、多通道技术相结合，

出现了时下很受欢迎的多探头球面近场。

6.2.1　极化/方位式球面近场

极化/方位式球面近场最为常见，其形式与普通远场非常相似。如图 6.2-1 所示，左侧为方位/极化转台，安装待测天线，方位轴绕转台做一维旋转运动，顶部的极化转台可以绕待测天线极化轴方向进行一维旋转运动。右侧为测试探头，安装在一个高度固定的极化转台上，做极化旋转运动。测量时待测天线方位轴旋转，进行 $\hat{\boldsymbol{\theta}}$ 方向的扫描，采集数据可以表示为 $\boldsymbol{E}(\theta,\varphi_1)$。$\hat{\boldsymbol{\theta}}$ 扫描完成后，待测天线极化轴转动到下一个位置，重复 $\hat{\boldsymbol{\theta}}$ 方向的扫描，采集数据可以表示为 $\boldsymbol{E}(\theta,\varphi_2)$。依次循环，两轴配合完成球面所有位置坐标$(\theta,\varphi)$的数据采集工作。探头极化轴旋转 90°，重复上述二维扫描过程，完成正交极化的数据采集。工程上，通常待测天线极化转台下方还设计有一维滑轨，便于调整待测天线的前后位置，使相位中心与方位转轴中心基本重合。

该类型近场适合测试增益较低，波束宽度较宽的天线，是球面近场最经济实惠的一种实现形式。

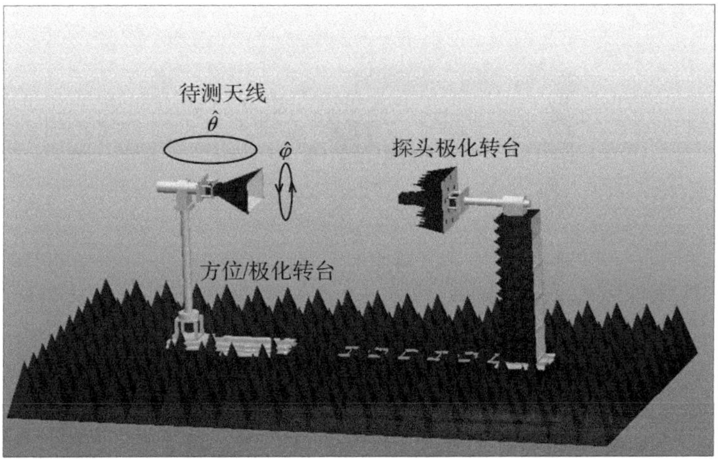

图 6.2-1　极化/方位式球面近场示意图

6.2.2　摇臂式球面近场

摇臂式球面近场是利用摇臂结构使探头运动代替待测天线在极化方向的旋转，如图 6.2-2所示。

待测天线安装于方位转台上，进行 $\hat{\boldsymbol{\varphi}}$ 方向旋转；摇臂上方安装测试探头，绕待测天线进行 $\hat{\boldsymbol{\theta}}$ 方向运动；二轴配合完成球面扫描。该类型结构的特点是待测天线无须极化运动，仅需要进行水平面的旋转。测试探头一般在系统设计时确定形式和重量，摇臂的设计不需要考虑待测天线的形式。若需要调整测试距离，则需要摇臂拥有伸缩功能。待测天线的最大口径在摇臂设计时确定。

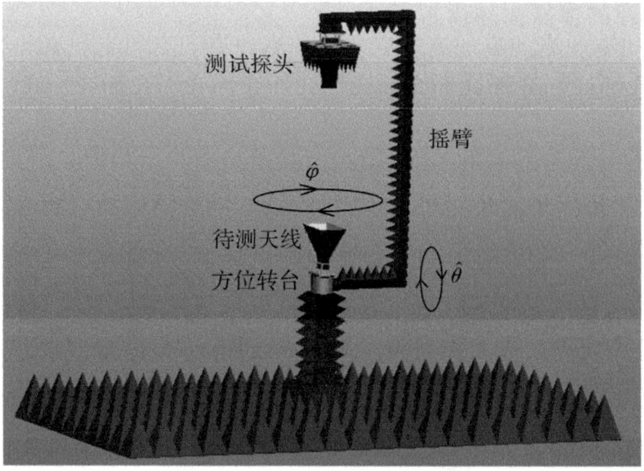

图 6.2-2 **摇臂式球面近场**

上述摇臂式球面近场的改进型,如图 6.2-3 所示,摇臂与承载待测天线的方位转台分体设计,安装时需要保证摇臂和转台旋转轴垂直且相交。改进型摇臂式球面近场的好处是方便为待测天线配备升降轴,调整待测天线与扫描球的球心位置关系,尽量将待测天线相位中心靠近扫描球的球心。

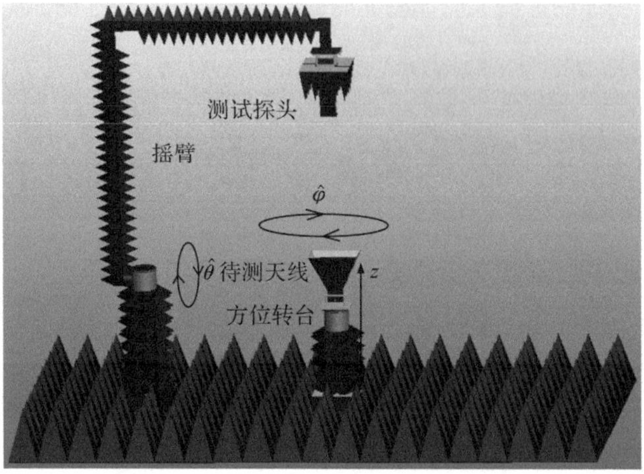

图 6.2-3 **改进型摇臂式球面近场**

摇臂式球面近场的组合形式,便于待测天线的安装。但是,其缺点也是显而易见的,摇臂距离待测天线比较近,在测试中容易形成反射干扰点。

该类近场适合测试增益较低,波束宽度较宽且不方便在垂直状态运动的天线。

6.2.3 弧形架式球面近场

如图 6.2-4 所示,利用弧形架代替摇臂,测试探头在固定轨道上运行,形成 $\hat{\boldsymbol{\theta}}$ 方向扫描。待测天线安装在可升降方位转台上进行 $\hat{\boldsymbol{\varphi}}$ 方向转动,升降方向可以调整天线位置,使其尽量位于扫描球体的中心位置。

与摇臂式球场相比，弧形架式球场的定位精度更高，可测试天线的工作频率更高。另外，探头在导轨上运动，其运行速度也比摇臂更加高效。在一些较大口径天线测量时，天线的转动变得十分困难，需要方位轴做步进轴来使用，弧形架导轨的速度优势就能够得到最大限度发挥；而摇臂式球场由于摇臂体积、重量等因素的限制，在此方面就表现的不如弧形架球场。

弧形架式球面近场适合低增益，波束宽度较宽，便于水平安装的天线。最大测试半径由弧形架半径确定，故能够测量天线的最大尺寸在场地建设之初就已确定。

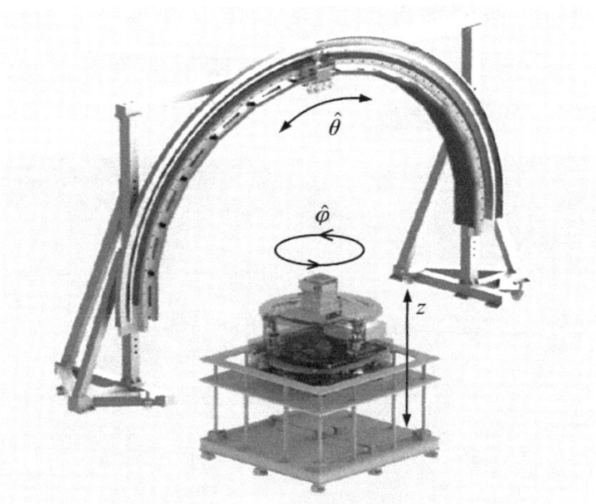

图 6.2-4　弧形架单探头球场

随着多探头技术的发展，一种集合了各类球场优点的高效测试场地被研发，图 6.2-5 为西安空间无线电技术研究所的 128 探头球面近场。该测量场地将多个测试探头按照一定间隔安装在弧形架上，利用探头通道的开关切换，代替探头物理位置的运动，同时安装可升降方位转台，通过升降轴调节待测天线高度，使其位于球面扫描中心附近。通过方位转台完成 $\hat{\boldsymbol{\varphi}}$ 方向旋转，由不同位置上的探头完成 $\hat{\boldsymbol{\theta}}$ 方向的数据采集。因为探头的位置固定，所以在采样间隔需要加密时，需要使用摇摆轴，摇摆轴绕圆心在下方做旋转摆动，如钟摆运动一样，可以实现 $\hat{\boldsymbol{\theta}}$ 方向的数据加密采样。

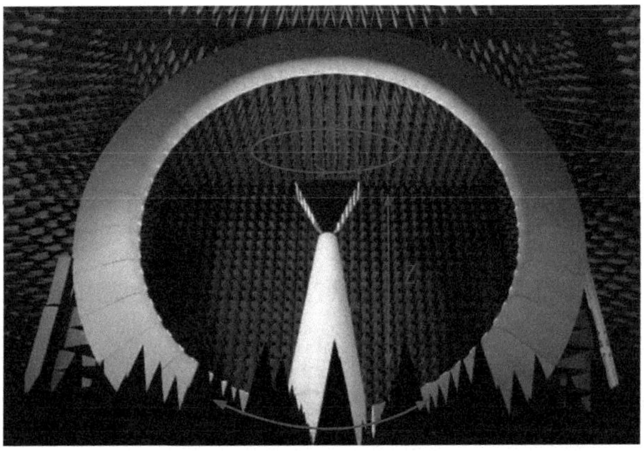

图 6.2-5　多探头球面近场

多探头球面近场测试速度极快，单次测试时间一般小于 30 min，是非常高效的方向图测试场地。为了方便判定位置，多探头球面近场通常还会在探头环相对的墙体上安装十字激光器，方便安装人员进行位置确定。在民用基站通信测试通常使用该方法，充分发挥了该系统的测试效率。

6.2.4 机械臂式球面近场

智能机械臂在汽车制造、医疗健康、危险场景作业等多个方面均有大范围的应用，在天线测量领域近几年也有了一定的发展。图 6.2-6 所示为西安空间无线电技术研究所自主研制的多功能智能机械臂天线测量系统。

图 6.2-6 智能机械臂球面近场

系统基于智能机械臂研制，利用其六个独立的旋转轴，通过软件编程实现机械臂头部安装探头的姿态(R_x,R_y,R_z)及位移(x,y,z)的调整，实现球面近场扫描。该系统与传统天线测量系统的设计理念有较大不同，采用通用化的机械设备结合天线测量需求，发挥了智能机械臂通用性强、成本低的特点，可测待测天线最大尺寸与测量距离受到智能机械臂运动范围的限制，系统调整扫描圆心十分方便。该系统的优势明显，可以根据天线波束情况自由选择平面扫描、柱面扫描和球面扫描，甚至是远场扫描，灵活度大大提升。另外，测试过程中待测天线保持在静止状态，尤其适合结构复杂的待测天线。

6.3 天线球面近场测量方法

6.3.1 天线球面近场系统基本组成

与平面近场类似，球面近场测试系统也可以分为机械支撑子系统、控制与软件子系统和射频子系统三部分。

以多探头球面近场为例，如图6.3－1所示。机械支撑子系统实现待测天线与探头之间的相对运动，多探头球场仪需要方位旋转轴以及沿探头环方向的摇摆轴即可。控制与软件子系统实现系统的自动测量功能，与其他类型的天线测量系统基本相同，唯一不同的是多探头系统的探头需要多级开关进行探头切换。射频系统不再赘述，与其他测试系统功能类似。

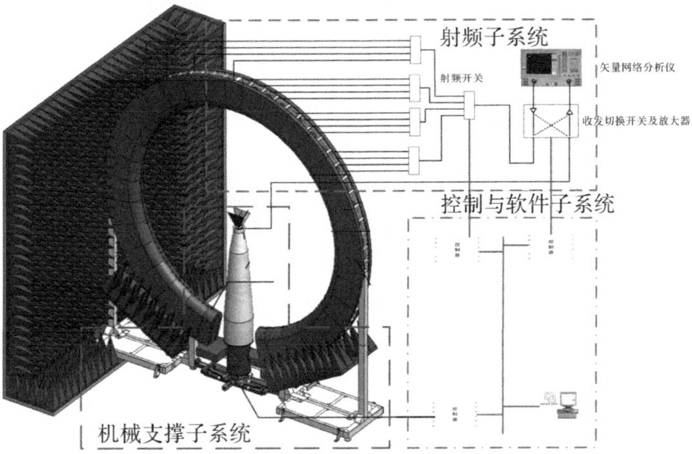

图6.3－1　球面多探头近场系统组成

机械支撑子系统由方位轴、摇摆轴以及升降轴组成。方位轴负责控制待测天线方位旋转，旋转过程中可以使探头采集到各个不同位置的数据。摇摆轴用于控制待测天线在探头环平面内做小角度俯仰运动，在探头间隔不满足球面采样需求，需要进行加密测试时，使用该功能。升降轴用于不同高度的待测天线，位于圆环的中心位置附近。采样点定位精度优于最小工作波长的1/50。

多探头球面近场的射频系统在探头后端增加多级开关，实现不同探头的切换，其余与平面近场的矢量网络分析仪直连方式没有太大区别。

控制与软件子系统主要包含转台控制器、开关控制器、控制计算机等，测试时需要进行多个探头的通道切换，通过控制开关时序，控制不同的探头依次采样。采样电子切换的方式代替了单探头物理位置的移动，从而大幅增加了测量效率。

6.3.2　球面近场坐标系的定义

球面近场坐标系的定义如图6.3－2所示，以多探头球面近场为例，给出测量坐标系与待测天线坐标系的定义。测量坐标系是测试场地的坐标系，与待测天线无关，是测量数据输出的坐标系，表征了系统测量结果输出的原点、方向以及坐标系类型。测量坐标系一般以多探头组成的环为基础平面，多探头组成的圆的圆心为坐标原点。在平面内，平行于地面的轴为 x 轴，垂直于地面向上的轴为 z 轴，由右手螺旋定则确定 y 轴。观察点与 z 轴的夹角一般定义为 θ，该点投影到 xOy 面内，与 x 轴的夹角定义为 φ。测试时一般将待测天线坐标系与场地坐标系重合或各轴平行。

对于不需要考察波束指向及相位方向图的天线，为了便捷，通常将天线口面向上平放至球面支撑工装上，然后利用升降轴将待测天线大致放置在坐标原点处即可。

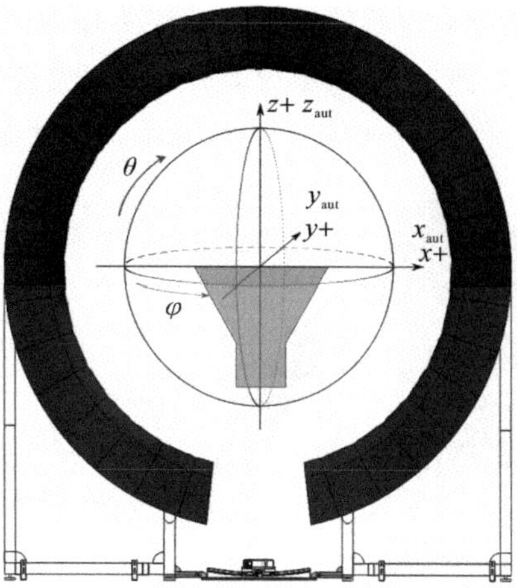

图 6.3-2　球面多探头近场系统坐标系

6.3.3　天线球面近场方向图的测量

在进行方向图测量时，需要确定几个参数，如扫描范围和扫描间隔等。扫描范围在 φ 方向需要闭环，即需要 0°～360°全覆盖。在 θ 方向与柱面近场类似见图 6.3-3，测量角度与远场方向图角度如下式所示：

$$\theta=\alpha+N \tag{6.3-1}$$

式中：θ——球面俯仰面需要测量的角度范围，(°)；

α——所关心方位方向远场最大角度范围，(°)；

N——工程中为了降低截断效应的保护角度，一般取 5°～10°。

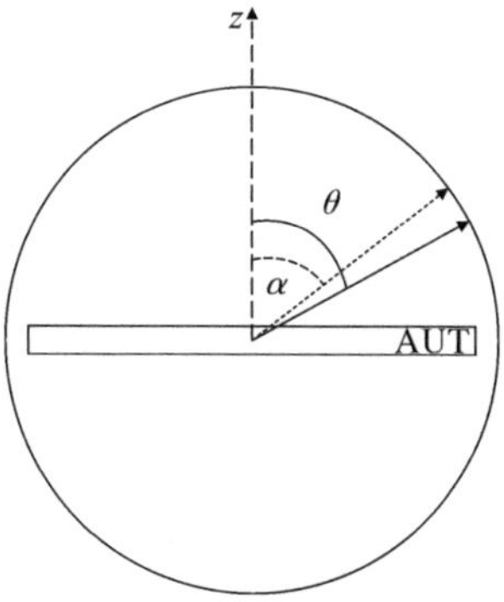

图 6.3-3　球面近场测量扫描范围示意图

采样间隔与柱面圆周方向相同，利用下式确定：

$$\left.\begin{aligned}\Delta\varphi&=\frac{\lambda}{2(r+\lambda)}\cdot\frac{180}{\pi}\\ \Delta\theta&=\frac{\lambda}{2(r+\lambda)}\cdot\frac{180}{\pi}\end{aligned}\right\} \tag{6.3-2}$$

式中：$\Delta\varphi$——球面 φ 方向的采样间隔要求，(°)；

$\Delta\theta$——球面 θ 方向的采样间隔要求，(°)；

λ——测量频点对应的波长；

r——测试坐标系下，能够包含待测天线的最大圆球的半径。

6.3.4 天线球面近场增益、EIRP、G/T 值测量

该参数的测量与平面、柱面近场原理相同，在此不再赘述，可参看前面的章节进行详细了解。

6.4 天线测量新技术在球面近场的应用

6.4.1 幅相漂移补偿技术

与柱面近场类似，这里直接给出修正方式。如图 6.4-1 所示，若球面近场以 $\hat{\boldsymbol{\theta}}$ 为扫描轴，$\hat{\boldsymbol{\varphi}}$ 为步进轴，在整个扫描过程中，假定幅度与相位随温度、时间缓慢漂移，则 $\hat{\boldsymbol{\theta}}$ 方向变化会远远小于 $\hat{\boldsymbol{\varphi}}$ 方向的变化，相邻的 $\hat{\boldsymbol{\varphi}}$ 方向的位置点采样时间需要间隔一个甚至两个 $\hat{\boldsymbol{\theta}}$ 方向的扫描周期。根据以上分析，需要在测试完毕后，固定一个能量范围较高 $\hat{\boldsymbol{\theta}}$ 角位置，进行 $\hat{\boldsymbol{\varphi}}$ 方向的扫描（图中表示为圆周实线），获得修正扫描线的幅相分布。利用修正扫描线上的幅度相位值对所有 $\hat{\boldsymbol{\theta}}$ 角度的扫描线进行修正，如下式所示：

$$V'(\theta,\varphi_i)=V(\theta,\varphi_i)-[V(\theta_0,\varphi_i)-P(\theta_0,\varphi_i)] \tag{6.4-1}$$

式中：$V'(\theta,\varphi_i)$——近场 $\hat{\boldsymbol{\theta}}$ 方向扫描线上 φ_i 位置修正后的幅度或相位值；

$V(\theta,\varphi_i)$——近场 $\hat{\boldsymbol{\theta}}$ 方向扫描线上 φ_i 位置修正前的幅度或相位值；

$V(\theta_0,\varphi_i)$——(θ_0,φ_i)位置修正前的近场的幅度或者相位值；

$P(\theta_0,\varphi_i)$——修正扫描线上(θ_0,φ_i)位置的幅度或者相位值。

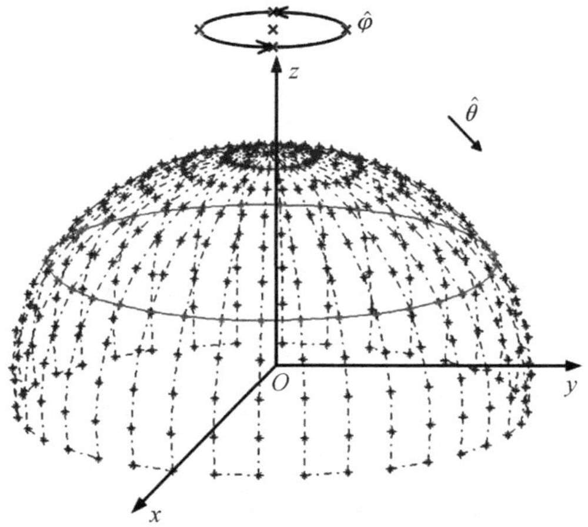

图 6.4-1　球面 Tie Scan 示意图

球面近场测试采取的另外一个步进与扫描形式，即以 $\hat{\boldsymbol{\varphi}}$ 作为扫描轴，$\hat{\boldsymbol{\theta}}$ 为步进轴。修正方式需要更换，原则不变，在近场能量较大处，进行以 $\hat{\boldsymbol{\theta}}$ 轴为扫描轴的修正数据的采集。

6.4.2 通道平衡技术

针对通信卫星星载频率复用天线超高交叉极化参数的测量要求，球面近场测量系统中旋转关节的性能对结果造成了不可规避的影响，星载天线通常要求交叉极化在−30 dB 以下，如图 6.4-2 所示为某星载圆极化天线交叉极化实测值为−33 dB。旋转关节旋转一圈相位起伏约 2°，幅度起伏 0.2 dB，旋转关节的幅相起伏对−33 dB 的交叉极化有±2 dB 的影响。

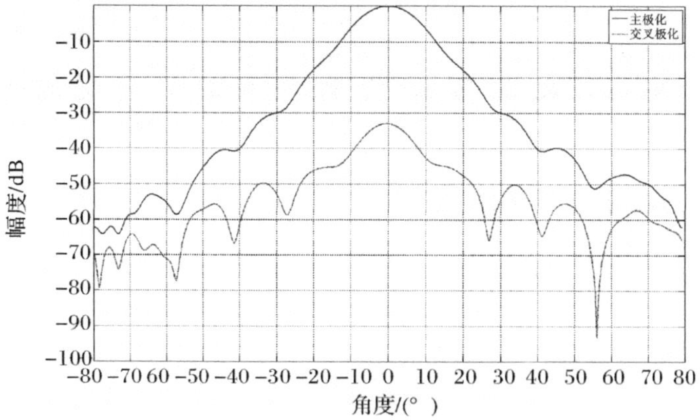

图 6.4-2 某星载天线实测交叉极化

系统无法避开旋转关节，为解决旋转关节引入的幅度与相位测量误差，采用如下的通道平衡技术。假设旋转关节的幅度相位是旋转角度的函数，如图 6.4-3 所示，射频信号通过旋转关节进入射频开关，并分时经过 H 和 V 两个探头端口。射频开关两个通道必然存在物理差异，最终双极化测试时会引入不同通道的幅度相位差，需要做通道平衡测量。

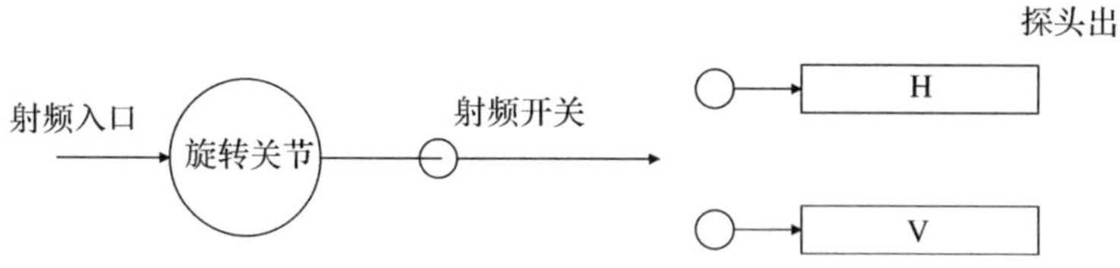

图 6.4-3 系统需要配平的链路框图

传统通道平衡方式非常简单，即利用旋转关节（或电缆）和极化轴，H 和 V 两个通道分别测量同一个极化的电场信息，通过测得的电场幅度相位差计算通道平衡结果。如图 6.4-4 所示，先使用 V 通道测量此时的幅度和相位，然后收/发天线同时旋转 90°，使用 H 通道测量幅度相位，计算两次测量的幅度和相位差，并在后续的天线正式测量中进行补偿。该方法有一定的缺陷，忽略了旋转关节或者电缆在不同角度的幅相响应不同。

这里介绍一种针对双极化探头的高精度通道平衡方法，可以消除旋转关节或者电缆扭动所带来的影响。如图 6.4-5 所示，以初始极化角度 1 为起始点对应角度 φ，采集 H 和 V 两个通道的幅度和相位信息，顺时针旋转 90°，采集极化角度 2 的 H 和 V 两个通道的幅度和相位信息。重复上述过程，依次完成 4 个极化角度 H 和 V 的幅度相位信息采集，最后回到极化角度 1。

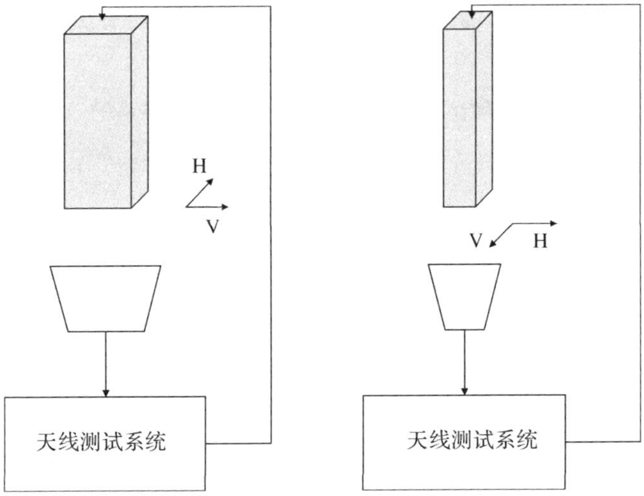

图 6.4－4　传统的通道平衡技术

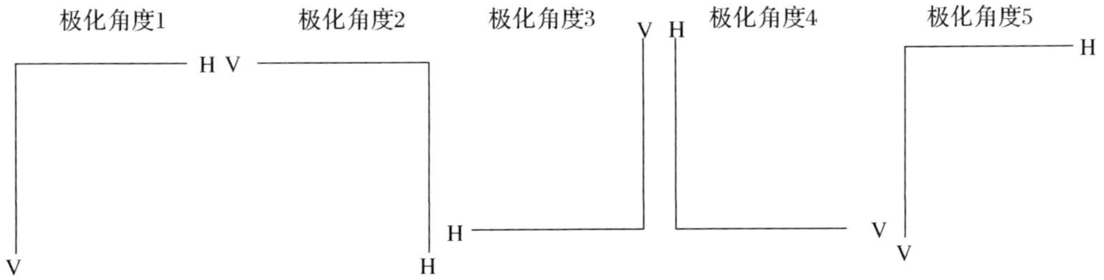

图 6.4－5　高精度通道平衡原理示意图

通道平衡的目的是为了计算出 H 和 V 两个通道自身的幅度和相位不一致性，记做 Δam 和 Δph。旋转关节受到自身转动角度的影响，其幅度和相位响应记做与幅度相位相关的函数 $Jam(\varphi)$ 和 $Jph(\varphi)$，双极化开关 H 通道和 V 通道在不同极化角度位置的幅度相位响应分别记做 (EH_i_am, EH_i_ph) 和 (EV_i_am, EV_i_ph)，$i=1\sim5$，则 H 通道极化角度位置 1 到极化角度 5 采集的幅度和相位可分别表示为

$$EH_i\_am + Jam(\varphi + (i-1)\times 90) \quad (i=1\sim5) \tag{6.4-2}$$

$$EH_i\_ph + Jph(\varphi + (i-1)\times 90) \quad (i=1\sim5) \tag{6.4-3}$$

如图 6.4－6 所示，5 个极化角度采集 5 组幅度相位数据，任一极化角度 V 通道的响应值与相邻极化角度 H 通道的响应值相减：

$$\Delta am_{i,j} = \{EV_i\_am + Jam[\varphi + (i-1)\times 90)] - (EH_j\_am + Jam[\varphi + (j-1)\times 90]\} \quad (i=1\sim5, j=i\pm1) \tag{6.4-4}$$

通过式(6.4－4)计算得到 8 组幅度差值，取其平均数，即可消除旋转关节和电缆旋转引入的幅度误差函数 $Jam(\varphi)$ 的影响：

$$\Delta am = (\Delta am_{4,5} + \Delta am_{3,4} + \Delta am_{2,3} + \Delta am_{1,2} + \Delta am_{5,4} + \Delta am_{4,3} + \Delta am_{3,2} + \Delta am_{2,1})/8 =$$

$$[(EV_4\_am - EH_5\_am) + (EV_3\_am - EH_4\_am) + (EV_2\_am - EH_3\_am) +$$

$$(EV_1\_am-EH_2\_am)+(EV_2\_am-EH_1\_am)+(EV_3\_am-EH_2\_am)+$$
$$(EV_4\_am-EH_3\_am)+(EV_5\_am-EH_4\_am)]/8 \tag{6.4-5}$$

相位处理方法与幅度相似，需要注意的是相位与矢量方向有关如式，矢量方向相反，故需要减去 180°相移：

$$\Delta ph=(\Delta ph_{4,5}+\Delta ph_{3,4}+\Delta ph_{2,3}+\Delta ph_{1,2}+\Delta ph_{5,4}+\Delta ph_{4,3}+\Delta ph_{3,2}+\Delta ph_{2,1})/8=$$
$$[(EV_4\_ph-EH_5\_ph)+(EV_3\_ph-EH_4\_ph)+(EV_2\_ph-EH_3\_ph)+$$
$$(EV_1\_ph-EH_2\_ph)+(EV_2\_ph-EH_1\_ph-180)+$$
$$(EV_3\_ph-EH_2\_ph-180)+(EV_4\_ph-EH_3\_ph-180)+$$
$$(EV_5\_ph-EH_4\_ph-180)]/8 \tag{6.4-6}$$

上面为待测天线为圆极化天线时的高精度通道平衡技术。对于线极化天线，通道平衡原理与圆极化一样，但是需要注意的是，由于交叉极化量级很低，会受到系统底噪的影响，测量值会有很大抖动，故极化角度位置应避开交叉极化方向。如图 6.4－6 所示，选择与主极化夹角 45°作为通道平衡的角度起点，同样在 5 个位置对幅度和相位进行采集。

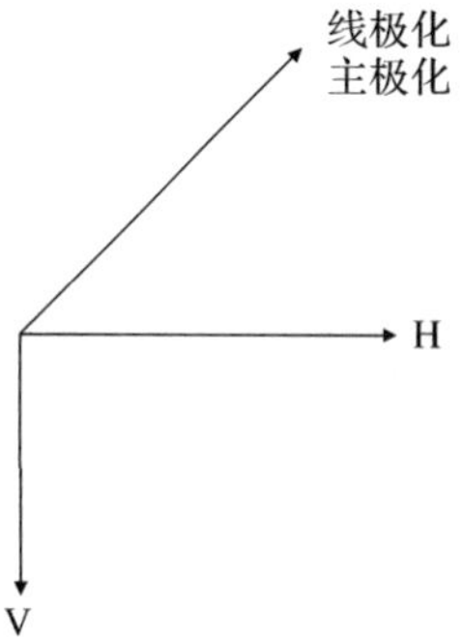

图 6.4－6　线极化通道校准选择起始极化示意图

6.4.3　球面近场滤波技术

根据上文所述，天线远场方向图可以表示为球面波展开的形式，与柱面波类似，根据一定规则选择球面波的项数可以起到一定的滤波效果。NSI 公司于 2007 年公开发表论文，对其开发的 MARS(Mathematical Absorber Reflection Suppression)软件进行介绍。MARS 能够在天线测量中对环境引起的反射进行抑止，进一步提高系统测量精度，增加天线测量结果的可信度，甚至在某种精度要求不是非常高的情况下可以直接取代吸波暗室。天线远场方向图可以表示为

$$\boldsymbol{F}(\theta,\varphi)=E_\theta(\theta,\varphi)\hat{\boldsymbol{\theta}}+E_\varphi(\theta,\varphi)\hat{\boldsymbol{\varphi}} \tag{6.4-7}$$

$$E_\theta(\theta,\varphi)=\sum_{n=0}^{N}\sum_{m=-n}^{n}\mathrm{j}^n\mathrm{e}^{\mathrm{j}m\varphi}\left[-a_{mn}\frac{m\mathrm{P}_n^{|m|}(\cos\theta)}{\sin\theta}+b_{mn}\frac{\mathrm{dP}_n^{|m|}(\cos\theta)}{\mathrm{d}\theta}\right] \tag{6.4-8}$$

$$E_\varphi(\theta,\varphi)=\sum_{n=0}^{N}\sum_{m=-n}^{n}j^{n+1}\mathrm{e}^{\mathrm{j}m\varphi}\left[-a_{mn}\frac{\mathrm{dP}_n^{|m|}(\cos\theta)}{\mathrm{d}\theta}+b_{mn}\frac{m\mathrm{P}_n^{|m|}(\cos\theta)}{\sin\theta}\right] \tag{6.4-9}$$

首先需要将远场方向图的输出坐标原点转移至天线几何中心，使用最小半径的假想球包裹待测天线，然后将远场方向图表示为球面波系数 a_{mn} 与 b_{mn} 叠加的形式。根据包裹天线

尺寸的假想球半径 r 选择 m 与 n 的项数：$n=[kr]+2$。其中，k 为波数，r 为假想球的半径，[ ]为向上取整运算。

这里直接给出滤波前后对比图，测试结果如图 6.4－7 所示。由对比方向图可以看到，有无吸波材料两种环境下所得结果最大电平差异接近－22 dB，使用 MARS 技术后的差异约为－33 dB。由此可见，MARS 技术对球面近场测量系统中的环境散射误差有良好的抑止和修正作用。

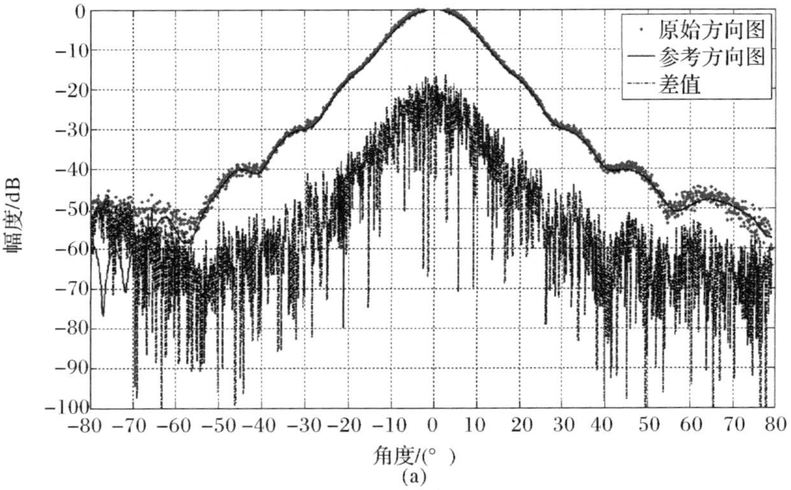

(a)

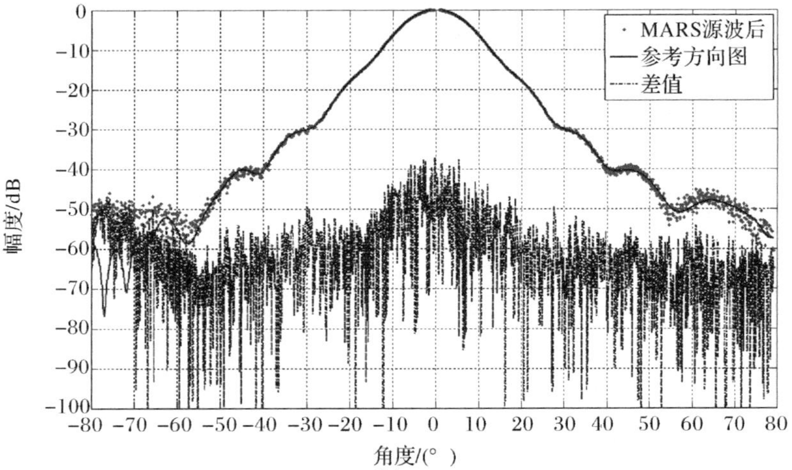

(b)

图 6.4－7　不同环境下测量 MARS 软件效果对比

(a)不应用 MARS 软件结果；(b)应用 MARS 软件结果

6.4.4　球面近场多探头技术

一般的天线测量系统均采用单探头的形式，测量效率较低。1999 年 10 月法国的 Satimo 公司成功研制了一种多探头球面近场测量系统，系统采用数字调制技术区分各探头通道接收的信号，测量效率得以几十倍的提升，这是近场测量技术的一次重大革新。近年来，调制技术有被多通道开关取代的趋势，西安空间无线电技术研究所的 128 多探头球面近场测量系统如图 6.2-5 所示，绝大部分的星载宽波束测控天线均在该系统内完成测量，测量时带部分卫星壳体，模拟实际的复杂环境。

多探头测量时，各通道的幅相不一致性必须要做补偿。利用一个交叉极化非常好的线极化天线逐一对准各探头，并作极化对准，对每个探头两个极化的幅度和相位进行归一化处理，消除由于链路以及探头的不一致性造成的误差。校准原理图如图 6.4-8 所示，计算公式如下：

$$\left.\begin{aligned} am1' &= am1(\theta_i,\varphi)-(am_0-am1_i)\\ ph1' &= ph1(\theta_i,\varphi)-(ph_0-ph1_i)\\ am2' &= am2(\theta_i,\varphi)-(am_0-am2_i)\\ ph2' &= ph2(\theta_i,\varphi)-(ph_0-ph2_i) \end{aligned}\right\} \tag{6.4-10}$$

式中：$am1'$——天线测量时第一极化校准后的幅度值；

$am1(\theta_i,\varphi)$——天线测量时校准前第一极化第 i 个探头采集的幅度；

am_0——校准时顶部探头第一极化采集的幅度；

$am1_i$——校准时第 i 个探头第一极化采集的幅度；

$ph1'$——天线测量时第一极化校准后的相位值；

$ph1(\theta_i,\varphi)$——天线测量时校准前第一极化第 i 个探头采集的相位；

ph_0——校准时顶部探头第一极化采集的相位；

$ph1_i$——校准时第 i 个探头第一极化采集的相位；

$am2'$——天线测量时第二极化校准后的幅度值；

$am2(\theta_i,\varphi)$——天线测量时校准前第二极化第 i 个探头采集的幅度；

$ph2'$——天线测量时第二极化校准后的相位值；

$ph2(\theta_i,\varphi)$——天线测量时校准前第二极化第 i 个探头采集的相位。

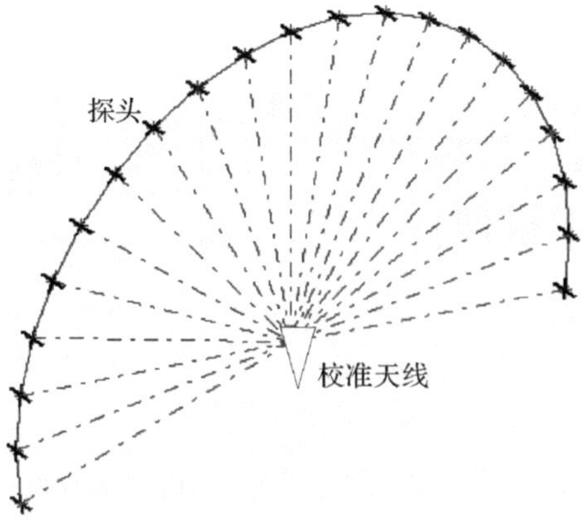

图 6.4-8 校准原理图

6.5 球面近场典型误差评价

6.5.1 球面近场误差源

球面近场测量中误差源和影响的电参数与平面近场基本相同，评价方法也大体类似，具体见表 6.5－1。

表 6.5－1　球面近场测量中误差源和影响的电参数

序 号	误差源	影响的电参数		误差源确定方法
1	探头方向图	方向图电平		第三方传递
2	探头极化	方向图电平		第三方传递
3	探头安装对准	方向图电平		机械测量与仿真
4	探头/标准增益天线增益			第三方传递
5	归一化常数			实测与评定
6	阻抗失配		增益	实测与评定
7	待测天线安装对准			校准误差传递
8	采样间隔	方向图电平	增益	仿真计算
9	扫描截断	方向图电平	增益	仿真计算
10	探头 θ,φ 向位置误差	方向图电平	增益	机械误差传递
11	探头 r 向位置误差	方向图电平	增益	机械误差传递
12	多次反射	方向图电平	增益	实测与评定
13	接收机幅度非线性	方向图电平	增益	实测与评定
14	系统相位误差	方向图电平	增益	实测与评定
15	系统动态范围	方向图电平	增益	实测与评定
16	暗室散射	方向图电平	增益	实测与评定
17	泄漏和串扰	方向图电平	增益	实测与评定
18	幅度和相位随机误差	方向图电平	增益	实测与评定

1.探头方向图

探头方向图误差带来的待测天线方向图测量不确定度记作 δP_{ap}。

与平面近场类似，探头方向图会代入近远场变换过程中；不同的是平面近场代入的为平面波谱或者远场方向图，而球面近场需要将探头方向图计算为球面波展开系数。该不确定度来自探头第三方校准的证书的不确定度传递。

2.探头极化

探头极化误差带来待测天线方向图测量不确定度记作 δP_{pol}。

δP_{pol}是由探头的非零交叉极化带来的误差影响。该不确定度来自探头第三方校准的证书的不确定度传递。

3.探头安装误差

探头安装误差带来的待测天线方向图测量不确定度记作 δP_{al}。

δP_{al}是由于探头安装的横向偏差以及自身极化轴的旋转偏差，导致实际探头采样时的姿态与探头修正时的姿态有偏差。与平面近场相同，通过测量该偏差的大小，然后代入数学模型计算，比较测量结果的最大差异，作为不确定度。

4. 探头/标准增益天线增益

按照比较法增益测试，标准增益天线的增益误差带来的待测天线增益测试不确定度记作 δG_{std}。

该不确定度来自第三方校准证书。

5. 阻抗失配

阻抗失配会给天线增益测量带来误差。标准增益天线和待测天线的阻抗失配带来的待测天线增益不确定度记作 $\delta G_{std\text{-}M}$，$\delta G_{aut\text{-}M}$。

对于比较法增益测量，与平面近场类似，在此不再赘述。

6. 采样间隔

采样间隔会影响方向图和增益的测量精度。标准增益天线和待测天线采样间隔带来的待测天线增益不确定度分别记作 $\delta G_{std\text{-}dps}$，$\delta G_{aut\text{-}dps}$；待测天线采样间隔带来的待测天线方向图副瓣电平不确定度记作 δP_{dps}。

球面近场理论中，球面波谱展开时无穷级数形式才能到达理论效果，但是工程上完全没有必要，也无法做到。通过理论仿真可以取得更多的系数，与本次采用的系数数目进行比较得到该分项的误差评估值。这里不采用实测结果，是因为实测值引入了其他误差，如加密采样会使周围散射体的能量进入球面波系数中，该理论在前面球面波滤波技术中也有详细说明。

7. 扫描截断

标准增益天线和待测天线扫描截断带来的待测天线增益不确定度分别记作 $\delta G_{std\text{-}mat}$，$\delta G_{aut\text{-}mat}$，待测天线扫描截断带来的待测天线方向图不确定度记作 δP_{mat}。

球面近场在 φ 方向需要采集 360°圆周，θ 方向不需要全空间，但是实际由于天线背瓣受工装等影响也很难测准。边沿的截断效应和未测量区域内的能量分布，导致增益与方向图的不确定度，该分项误差可以在动态范围非常好的情况下采用实测大范围与小范围比较的方式进行评估或者采用仿真方法进行评估。

8. 探头 θ，φ 向位置误差

标准增益天线和待测天线扫描时探头 θ，φ 位置误差带来的待测天线增益不确定度分别记作 $\delta G_{std\text{-}\theta\varphi p}$，$\delta G_{aut\text{-}\theta\varphi p}$；待测天线扫描时探头 θ，φ 位置误差带来的待测天线方向图副瓣不确定度记作 $\delta P_{\theta\varphi p}$。

球面近场测量要求所有采样点位于指定球面网格上，实际中由于机械装置定位精度、同轴度等原因，实际采样点与理论采样点位置有偏差，会导致增益与方向图测量的不确定度。通常采用高精度的光学位置测量工具，对实际采样点坐标进行标定，得到位置偏差值，然后构造误差矩阵，并代入数学模型计算，比较实际位置和理想位置结果的差值，将最大值作为不确定度。

9. 探头 r 向位置误差

标准增益天线和待测天线扫描时探头 r 位置误差带来的待测天线增益不确定度分别记作 $\delta G_{std\text{-}rp}$，$\delta G_{aut\text{-}rp}$；待测天线扫描时探头 r 位置误差带来的待测天线方向图副瓣不确定度记

作 δP_{rp}。

确定方法同 θ,φ 向，与平面近场类似，该方向在相同量级对结果影响远大于 θ,φ 向误差。

10. 多次反射

标准增益天线和待测天线测量时多次反射带来的待测天线增益不确定度分别记作 $\delta G_{\text{std-mr}}$，$\delta G_{\text{aut-mr}}$；待测天线测量多次反射带来的方向图副瓣不确定度记作 δP_{mr}。

11. 接收机幅度非线性

标准增益天线和待测天线测量时接收机幅度非线性带来的待测天线增益不确定度分别记作 $\delta G_{\text{std-rl}}$，$\delta G_{\text{aut-rl}}$；待测天线测量时接收机幅度非线性带来的方向图副瓣不确定度记作 δP_{rl}。

12. 系统相位误差

标准增益天线和待测天线测量时系统相位误差带来的待测天线增益不确定度分别记作 $\delta G_{\text{std-pha}}$，$\delta G_{\text{aut-pha}}$；待测天线测量时系统相位误差带来的方向图副瓣不确定度记作 δP_{pha}。

13. 系统动态范围

标准增益天线和待测天线测量时系统动态范围带来的待测天线增益不确定度分别记作 $\delta G_{\text{std-dr}}$，$\delta G_{\text{aut-dr}}$；待测天线测量时系统动态范围带来的方向图副瓣不确定度记作 $\delta G_{\text{aut-dr}}$。

14. 暗室散射

标准增益天线和待测天线测量时暗室散射带来的待测天线增益不确定度分别记作 $\delta G_{\text{std-rs}}$，$\delta G_{\text{aut-rs}}$；待测天线测量时暗室散射带来的方向图副瓣不确定度记作 δP_{rs}。

15. 泄漏和串扰

标准增益天线和待测天线测量时泄漏串扰带来的待测天线增益不确定度分别记作 $\delta G_{\text{std-lc}}$，$\delta G_{\text{aut-lc}}$；待测天线测量时泄漏串扰带来的方向图副瓣不确定度记作 δP_{lc}。

16. 幅度和相位随机误差

标准增益天线和待测天线测量时幅度相位随机误差带来的待测天线增益不确定度分别记作 $\delta G_{\text{std-rad}}$，$\delta G_{\text{aut-rad}}$；待测天线测量时幅度相位随机误差带来的方向图副瓣不确定度记作 δP_{rad}。

6.5.2 典型指标评价结果

根据上述分项评定结果，根据不同电参数类型，其测量不确定度可参照下式进行评定：

$$\begin{aligned}G_{\text{aut}} = {} & G_{\text{std}} + P_{\text{aut}} - P_{\text{std}} + \delta G_{\text{std}} + \delta G_{\text{std-M}} + \delta G_{\text{aut-M}} + \delta G_{\text{std-dps}} + \delta G_{\text{aut-dps}} + \\ & \delta G_{\text{std-mat}} + \delta G_{\text{aut-mat}} + \delta G_{\text{std-}\theta\varphi\text{p}} + \delta G_{\text{aut-}\theta\varphi\text{p}} + \delta G_{\text{std-}r\text{p}} + \delta G_{\text{aut-}r\text{p}} + \delta G_{\text{std-mr}} + \\ & \delta G_{\text{aut-mr}} + \delta G_{\text{std-rl}} + \delta G_{\text{aut-rl}} + \delta G_{\text{std-pha}} + \delta G_{\text{aut-pha}} + \delta G_{\text{std-dr}} + \delta G_{\text{aut-dr}} + \\ & \delta G_{\text{std-rs}} + \delta G_{\text{aut-rs}} + \delta G_{\text{std-lc}} + \delta G_{\text{aut-lc}} + \delta G_{\text{std-rad}} + \delta G_{\text{aut-rad}}\end{aligned} \tag{6.5-1}$$

式中：G_{aut}——待测天线的增益，dBi；

G_{std}——标准增益天线的增益，dBi；

P_{aut}——待测天线电平值，dBm；

P_{std}——标准增益天线电平值，dBm；

δG_{std}——对标准增益天线的增益修正量，dB；

δG_{std-M}——对标准增益天线的阻抗修正量，dB；

δG_{aut-M}——对待测天线的阻抗修正量，dB；

$\delta G_{std-dps}$——对标准增益天线的采样间隔修正量，dB；

$\delta G_{aut-dps}$——对待测天线的采样间隔修正量，dB；

$\delta G_{std-mat}$——对标准增益天线的截断修正量，dB；

$\delta G_{aut-mat}$——对待测天线的截断修正量，dB；

$\delta G_{std-\theta\varphi p}$——对标准增益天线的 $\theta\varphi$ 位置修正量，dB；

$\delta G_{aut-\theta\varphi p}$——对待测天线的 $\theta\varphi$ 位置修正量，dB；

δG_{std-rp}——对标准增益天线的 r 位置修正量，dB；

δG_{aut-rp}——对待测天线的 r 位置修正量，dB；

δG_{std-mr}——对标准增益天线的反射修正量，dB；

δG_{aut-mr}——对待测天线的反射修正量，dB；

δG_{std-rl}——对标准增益天线的线性度修正量，dB；

δG_{aut-rl}——对待测天线的线性度修正量，dB；

$\delta G_{std-pha}$——对标准增益天线的相位修正量，dB；

$\delta G_{aut-pha}$——对待测天线的相位修正量，dB；

δG_{std-dr}——对标准增益天线的动态范围修正量，dB；

δG_{aut-dr}——对待测天线的动态范围修正量，dB；

δG_{std-rs}——对标准增益天线的散射修正量，dB；

δG_{aut-rs}——对待测天线的散射修正量，dB；

δG_{std-lc}——对标准增益天线的泄漏串扰修正量，dB；

δG_{aut-lc}——对待测天线的泄漏串扰修正量，dB；

$\delta G_{std-rad}$——对标准增益天线的随机误差修正量，dB；

$\delta G_{aut-rad}$——对待测天线的随机误差修正量，dB。

$$P_{aut}=P_{re}+\delta P_{ap}+\delta P_{pol}+\delta P_{pa}+\delta P_{dps}+\delta P_{mat}+\delta P_{\theta\varphi p}+\delta P_{rp}+\delta P_{mr}+\delta P_{rl}+\delta P_{pha}+\delta P_{dr}+\delta P_{rs}+\delta P_{lc}+\delta P_{rad} \tag{6.5-2}$$

式中：P_{aut}——待测天线方向图电平值，dBm；

P_{re}——接收到的电平值，dBm；

δP_{ap}——探头方向图影响量，dB；

δP_{pol}——探头极化影响量，dB；

δP_{pa}——探头安装影响量，dB；

δP_{dps}——待测天线采样间隔影响量，dB；

δP_{mat}——待测天线截断影响量，dB；

$\delta P_{\theta\varphi p}$——待测天线 $\theta\varphi$ 向位置影响量，dB；

δP_{rp}——待测天线 r 向位置影响量，dB；

δP_{mr}——待测天线反射影响量，dB；

δP_{rl}——待测天线线性度影响量，dB；

δP_{pha}——待测天线相位影响量，dB；

δP_{dr}——待测天线动态范围影响量，dB；

δP_{rs}——待测天线散射影响量，dB；

δP_{lc}——待测天线泄漏串扰影响量，dB；

δP_{rad}——待测天线随机误差影响量，dB。

表 6.5-2 给出了某天线在平面近场采用比较法测量增益的不确定度评定的结果，表 6.5-3 给出了该天线在平面近场测量－20 dB 旁瓣电平不确定度评定的结果。

表 6.5-2　某天线增益不确定度综合评定结果(比较法，Ku 波段，G=25 dBi)

序 号	输入量 x_i	误差界/dB	标准不确定度 $u(x_i)$/dB
1	δG_{std}	0.320	0.160
2	$\delta G_{\mathrm{std\text{-}M}}$	0.011	0.008
3	$\delta G_{\mathrm{aut\text{-}M}}$	0.011	0.008
4	$\delta G_{\mathrm{std\text{-}dps}}$	0.016	0.011
5	$\delta G_{\mathrm{aut\text{-}dps}}$	0.016	0.011
6	$\delta G_{\mathrm{std\text{-}mat}}$	0.025	0.014
7	$\delta G_{\mathrm{aut\text{-}mat}}$	0.025	0.014
8	$\delta G_{\mathrm{std\text{-}}\theta\varphi \mathrm{p}}$	0.027	0.016
9	$\delta G_{\mathrm{aut\text{-}}\theta\varphi \mathrm{p}}$	0.027	0.016
10	$\delta G_{\mathrm{std\text{-}}r\mathrm{p}}$	0.113	0.065
11	$\delta G_{\mathrm{aut\text{-}}r\mathrm{p}}$	0.113	0.065
12	$\delta G_{\mathrm{std\text{-}mr}}$	0.08	0.046
13	$\delta G_{\mathrm{aut\text{-}mr}}$	0.08	0.046
14	$\delta G_{\mathrm{std\text{-}rl}}$	0.015	0.011
15	$\delta G_{\mathrm{aut\text{-}rl}}$	0.015	0.011
16	$\delta G_{\mathrm{std\text{-}pha}}$	0.173	0.122
17	$\delta G_{\mathrm{aut\text{-}pha}}$	0.173	0.122
18	$\delta G_{\mathrm{std\text{-}dr}}$	0.173	0.100
19	$\delta G_{\mathrm{aut\text{-}dr}}$	0.173	0.100
20	$\delta G_{\mathrm{std\text{-}rs}}$	0.12	0.085
21	$\delta G_{\mathrm{aut\text{-}rs}}$	0.12	0.085
22	$\delta G_{\mathrm{std\text{-}lc}}$	0.008	0.005
23	$\delta G_{\mathrm{aut\text{-}lc}}$	0.008	0.005
24	$\delta G_{\mathrm{std\text{-}rad}}$	0.011	0.004
25	$\delta G_{\mathrm{aut\text{-}rad}}$	0.011	0.004
合成标准不确定度(k=1)			0.323
扩展不确定度(k=2)			0.646

表 6.5-3　方向图副瓣(-20 dB 电平)不确定度综合评定结果(Ku 波段,G=25 dBi)

序 号	输入量 x_i	误差界/dB	标准不确定度 $u(x_i)$/dB
1	δP_{ap}	0.05	0.029
2	δP_{pol}	0.012	0.007
3	δP_{pa}	0.0866	0.050
4	δP_{dps}	0.055	0.032
5	δP_{mat}	0.0693	0.040
6	$\delta P_{\theta\varphi p}$	0.052	0.030
7	δP_{rp}	0.001	0.001
8	δP_{mr}	0.3111	0.220
9	δP_{rl}	0.58	0.410
10	δP_{pha}	0.65	0.375
11	δP_{dr}	0.12	0.040
12	δP_{rs}	0.21	0.149
13	δP_{lc}	0.057	0.019
14	δP_{rad}	0.12	0.040
合成标准不确定度(k=1)			0.625
扩展不确定度(k=2)			1.249

6.6　球面近场测量典型案例

图 6.6-1 为某星载测控天线在西安空间无线电技术研究所球面近场测试实物图。

图 6.6-1　星载天线球面测试图

传统天线近场测量由于采样规则的限制，测试时间较长，为了提升测试效率，采用多探头技术。

6.6.1　确定采样间隔

测试频率为 300 MHz，待测天线半径为 0.6 m。根据频率计算波长，利用式(6.3-2)，可以计算采样间隔应小于 17.9°，多探头球场的探头间隔为 4.68°，满足该要求，直接进行测试即可。

6.6.2　确定球面波滤波项数

根据公式 $N=\frac{2\pi}{\lambda}a+(5\sim10)$确定球面波系数项数公式，求得该天线所需要的最小项数为 14，确定项数计算远场方向图得到测试结果。

6.6.3　测量效率

若采用传统单探头，探头需要与待测天线进行±180°位置转动，以 2°/s 速度为例，单根线测试时长为 180 s，一共需要 12 根线，总共需要 36 min，这是一个低频小型天线测试时长发。对于多探头单根线采集时长 20 s，一共仅需要 5 min 即可完成测试，提升效率 7 倍，对于频率较高的天线该效率对比更加明显。

6.6.4　多探头一致性校准

为了说明多探头系统探头一致性校准的必要性，给出校准前后的对比结果。图 6.6-2 为原始采集数据进行球面近场近远场转换后远场方向图的计算结果与多探头系统校准后的变换结果，相比变化巨大，方向图失真严重，证明了多探头系统探头一致性校准的重要性。

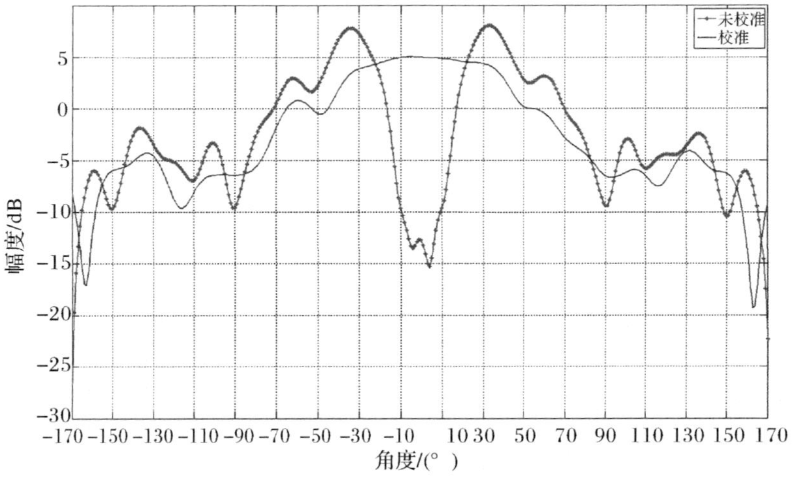

图 6.6-2　球面近场多探头校准与未校准结果对比

参 考 文 献

[1] JOHNSON R C, ECKER H A, HOLLIS J S. Determination of far-field antenna patterns from near-field measurements[J]. Proceedings of the IEEE, 1973, 61(12): 1668-1694.

[2] LUDWIG A. Near-field far-field transformations using spherical-wave expansions[J]. IEEE Transactions Antennas & Propagation, 1971, 19(2): 214-220.

[3] JENSEN F. On the Probe Compensation for Near-field Measurements on a Sphere[J]. Arkiv fur and Ubertragungstechnik, 1975(29): 305-308.

[4] LARSEN F. Probe-corrected spherical near-field antenna measurements[J]. IEEE Transactions on Antennas & Propagation, 1984, 32(9): 1012.

[5] THAL H L, MANGES J B. Theory and practice for a spherical-scan near-field antenna range[J]. IEEE Transactions on Antennas & Propagation, 1988, 36(6): 815-821.

第 7 章　新型天线的测量

随着星载天线技术的发展，出现了一些新型体制的天线，如某通信卫星配置的合成多波束天线(见图 7.0-1)，互联网卫星配置的数字波束形线(DBF)(见图 7.0-2)，还有合成孔径雷达(SAR)天线，微波频段超出常规频率的太赫兹天线(见图 7.0-3)，低于常规频率的低频天线等。本章主要针对新型特殊天线，进行天线测试方法的介绍，目的在于更高效、更准确地得到天线的真实性能。

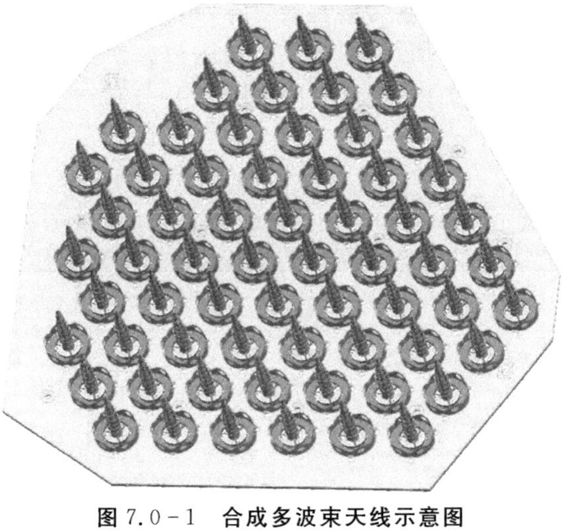

图 7.0-1　合成多波束天线示意图

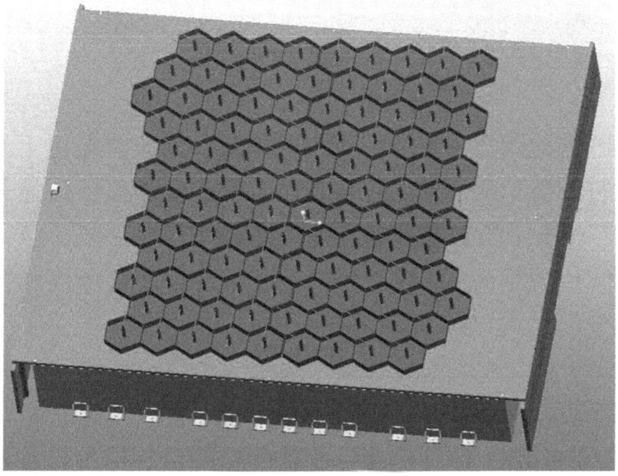

图 7.0-2　DBF 天线示意图

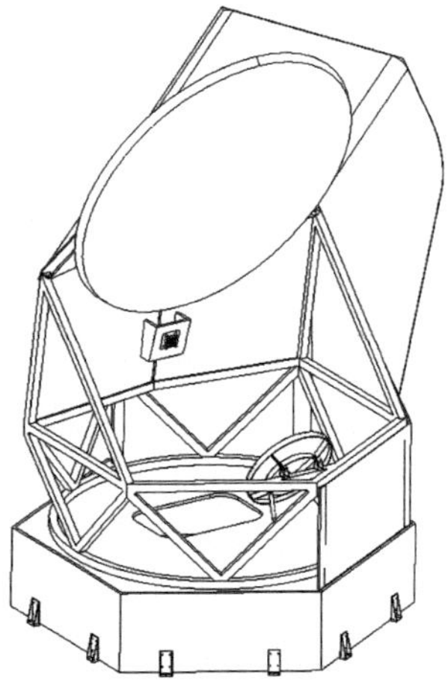

7.0-3　太赫兹天线示意图

7.1 海量波束天线的快速测量

7.1.1 合成波束天线

相对于单元天线，阵列天线具备更多的功能。通过灵活的布阵，控制阵列天线每个单元的相位与幅度分布，实现波束指向的扫描，或者抑制特定方向上的干扰信号。在无线通信领域，阵列天线得到广泛的应用。阵列天线的强大功能是通过波束的多样性实现的，对不同波束进行全面的性能测试和评估，一般是通过对几十个甚至几百个波束的逐一测试实现的，是非常耗时的工作。

这里介绍一种用于接收阵列天线波束性能的快速测试方法，利用多通道接收机，对阵列天线各单元的方向图进行快速测试，然后利用理论或测试获得的各单元的幅度、相位加权信息，合成阵列天线波束方向图。

采用多通道接收机，以平面近场为例直接对阵列天线各阵元的方向图进行测试，结合设计或实测的通道幅度和相位的权值，获得波束方向图信息。多通道接收机可以同时测量多个阵元(十几个或几十个)的方向图(测试框图见图 7.1－1)，结合不同权值可以处理得到无数合成方向图。

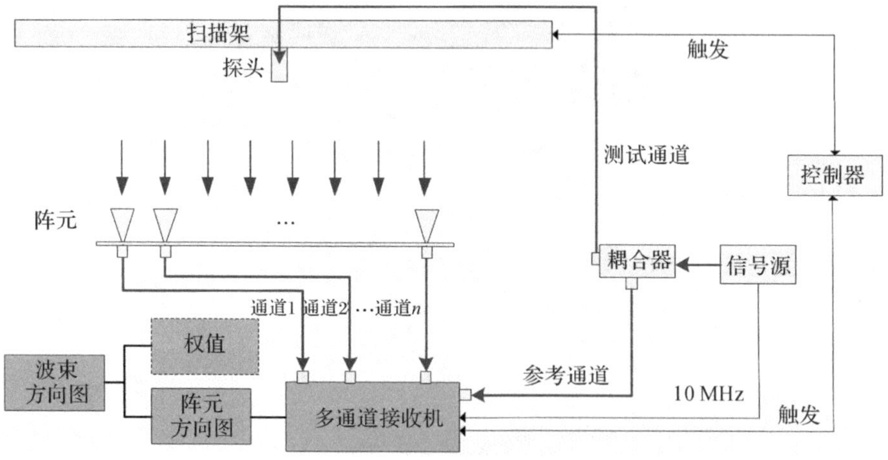

图 7.1－1 快速测试框图

测试前，需要对多通道接收机各通道的幅度和相位一致性做校准，校准数据用于修正不同阵元的近场分布。例如，对于同样的入射信号，接收机第 i 个通道的幅度和相位值分别为 A_i 和 $\Phi_i(i=1.2,\cdots,n)$，近场测试第 i 个阵元的近场幅度和相位分布为 $E_i(p)(i=1,2,\cdots,n)$ 和 $\Phi_i(p)(i=1,2,\cdots,n)$，$p$ 为近场的位置信息，则修正后第 i 个阵元的近场幅度和相位分布 $E_{Ei}(p)$ 和 $\Phi_{Ei}(p)$ 为

$$E_{Ei}(p)=E_i(p)-A_i,\quad i=1,2,\cdots,n \tag{7.1-1}$$

$$\Phi_{Ei}(p)=\Phi_i(p)-\varphi_i,\quad i=1,2,\cdots,n \tag{7.1-2}$$

对修止后的阵元近场幅度和相位分布进行 FFT 计算，可以得到第 i 个阵元的远场方向图 $f_{Ei}(\theta,\varphi)$，该阵列天线的阵因子为 $f(\theta,\varphi)$。

在加权值为 $w_i(i=1,2,\cdots,n)$时，形成波束的方向图为 $F_B(\theta,\varphi)$：

$$F_B(\theta,\varphi)=\sum_{i=1}^{n}\omega_i\cdot f_{Ei}(\theta,\varphi)\cdot f(\theta,\varphi) \tag{7.1-3}$$

根据测试获得的阵元方向图，由式(7.1－3)可以计算波束方向图。

利用平面近场技术，采用传统方法和本章提供的快速测试方法对某 32 元阵列天线进行测试，如图 7.1－2 所示。

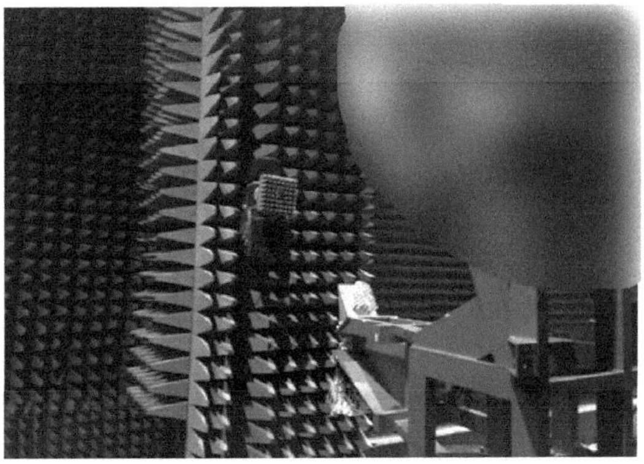

图 7.1－2　实际测试状态图

为了保证单元方向图测量的准确性，接收机不同通道和连接电缆的幅度相位特性需要进行归一化处理，即对每个通道进行幅相一致性校准工作。可以采用有线连接校准，也可以直接利用测试系统进行无线校准，推荐采用无线校准方式。利用测试系统对不同接收通道连接同端口的幅度相位进行采集，根据不同差值，修正各通道的不一致性。同时，为了取得更高精度，利用多个位置采集数据进行平均处理。

图 7.1－3(a)为 32 个阵元方向图测试结果，图 7.1－3(b)为合成方向图测试结果，其中实线为通过实测阵元方向图和理论权值的计算结果，带数字虚线为实际网络合成方向图仿真结果，虚线为实测网络权值与实测单元方向图计算结果。

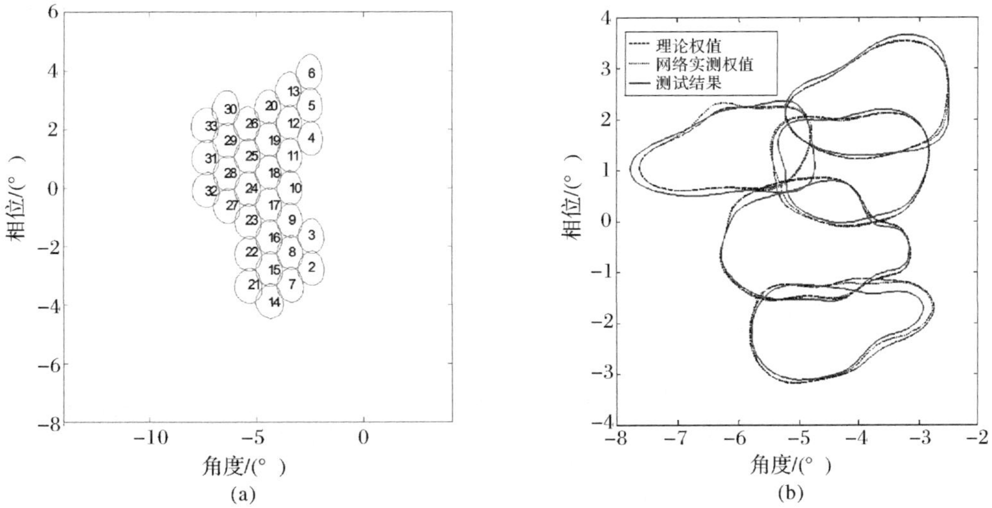

图 7.1－3　方向图测试结果

(a)单元方向图；(b)合成方向图结果对比

虚线结果与带数字虚线结果一致，验证了该方法有效性。网络权值和单元方向图均为实测得到，故考虑了单元方向图的差异性与网络实际加权的幅度和相位值。实线与虚线和带数字虚线的不一致说明了网络的实际权值与理论权值之间的差别，也表征了网络权值的不同对于合成方向图的影响。

表 7.1－1 为传统逐一波束测量方法与本章的快速测量方法花费时间的比较，很明显该方法比传统方法更高效。当波束不断增多时，快速方法的优势更明显。

表 7.1－1　测试效率对比

测试方式	波束个数	天线测试时间/h	网络测试时间/h	总时间/h
传统方法	5	10	0	10
快速方法	5	2	0.5	2.5
传统测试	100	200	0	200
快速方法	100	2	10	12

快速方法有以下优点：①可以得到所有阵元的实际方向图，包含了耦合、加工误差、装配等一系列误差因素，该数据可以用于天线方向图的进一步优化；②该方法可以用于判别网络的移相和衰减的非理想性对于合成波束方向图的影响；③该方法还可用于 DBF 接收天线的测试，用于权值与阵面的检验测试；④相比于常用的多通道开关，采用多通道接收机，有利于提升测量系统的动态范围，获得较好的测量精度，且开关通道数很难达到 100 以上。对应的缺点是造价较高。

7.1.2　模拟相控阵天线

一般测量系统的时序循环主要包含频率和位置。频率主要覆盖天线需要测量的各个频点，位置为天线测量数据采集的物理位置点。对于模拟相控阵测试效率的提升主要在上述维度上增加扫波位功能(见图 7.1－4)，可以实现频率与波位的二维扫描，一次测量完成所有波位信息的采集。系统原理非常简单，主要在测试系统与相控阵软件之间增加硬件触发的交互信号，见图 7.1－5。

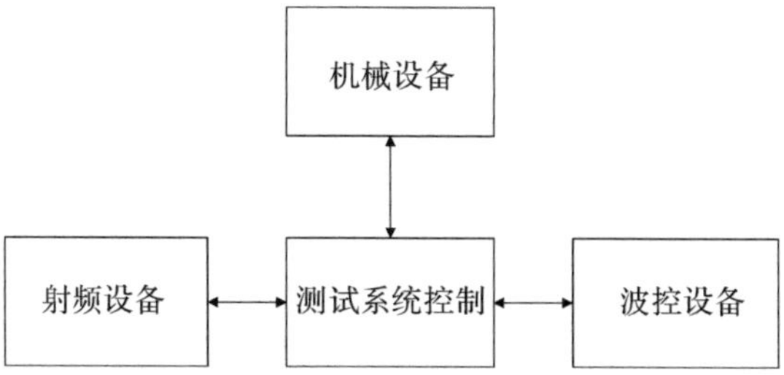

图 7.1－4　测试原理介绍

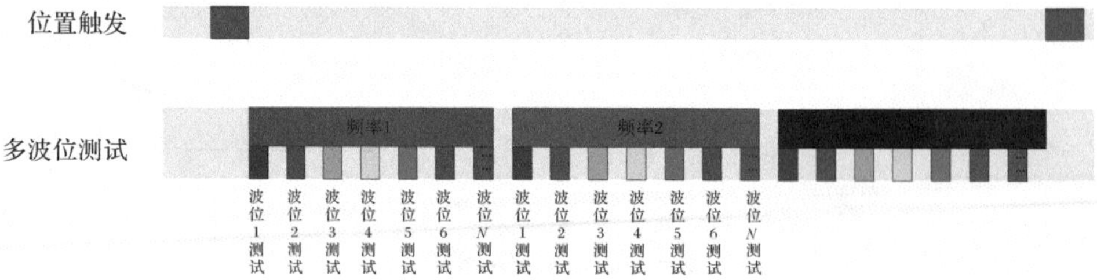

图 7.1－5　多波位测试时序示例

7.1.3 数字相控阵天线

针对数字相控阵天线，由于其特殊性，需要采用特殊测试方法。图 7.1-6 为某相控阵天线采用收发共用体制，采用数字波束形成技术实现收发各 50 多个波束，形成对地无缝覆盖。天线射频通道采用中频多合一技术，有效地减少了 A/D(模拟/数字)和 D/A(数字/模拟)接口数量。

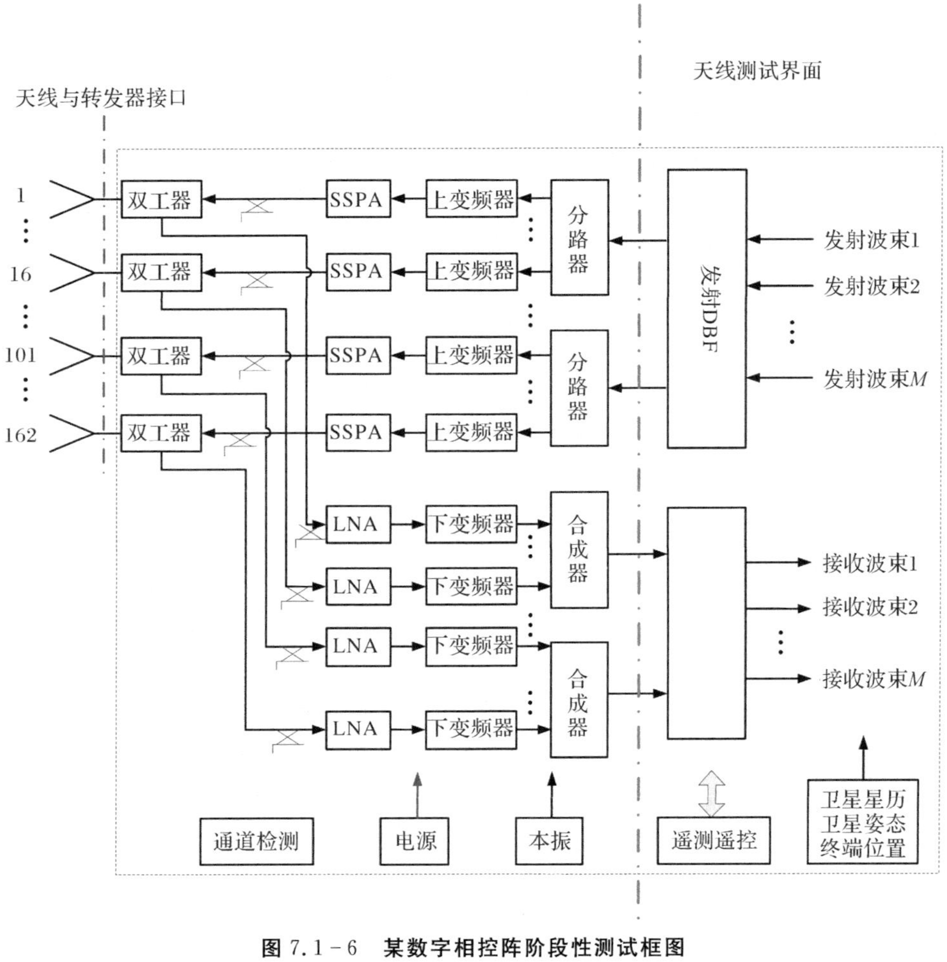

图 7.1-6　某数字相控阵阶段性测试框图

图 7.1-6 中，虽然完整的 DBF 天线系统具备数据自己采集的功能，但是由于实际工程产品研制的流程问题，需要对前一部分进行功能和性能检测。图中竖条点画线部分即为该产品的测试界面，可以理解为产品一端为射频信号，另外一端为包含着多路射频信号信息的中频信号。对于该类产品的测试可以采取如下的方式进行。

以接收模式为例，介绍其测试方法。一个测试端口对应多个射频通道，换而言之，接收通道同时实现下变频和合成器功能，每个端口包含的多组中频 IF1，IF2，IFN 分别对应了射频通道 1～N。因此，可以采取简单的扫频测试方法，便利 1～N 的中频，等价于便利了 1～N的射频路。

天线接收模式测试时系统连接如图 7.1-7 所示。

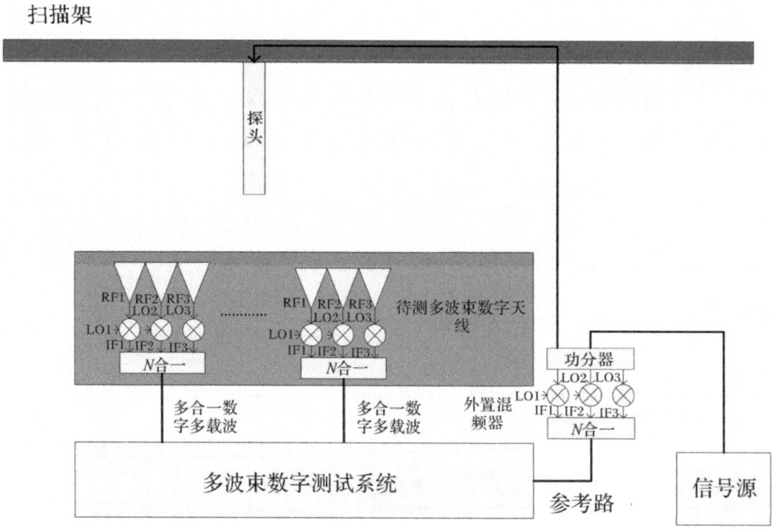

图 7.1-7　测试系统接收模式连接图

通过上文中的方法，以及对应下变频本振的比值，逐一扫频便利完成了天线所有通道的测试，后续的波束合成方法与 7.1.1 节相同，在此不再赘述。

7.2　变频天线的测量

通信卫星天线有一类为不透明转发工作模式，即接收地面的某频段信号，然后对信号进行放大后变换到另外一个频段再发送回地球，从而达到地球上远距离通信的目的，产品示意图如图 7.2-1 所示。当这类天线带着转发设备一起测试时，就会出现接收的测试系统的频率与输出的频率不同的情况。这种情况不进行多频率测试没有任何问题；若进行扫频测试，由于天线内部本振源的参与测试系统中的比值无法将初始相位消除，需要采取特殊的方式进行测试。目前国内少有单位进行过变频多波束天线的近场扫频测试，国内也没有现成的变频天线快速近场测试系统可供参考，国外有变频多波束天线测试的远场方法，不涉及相位信息。

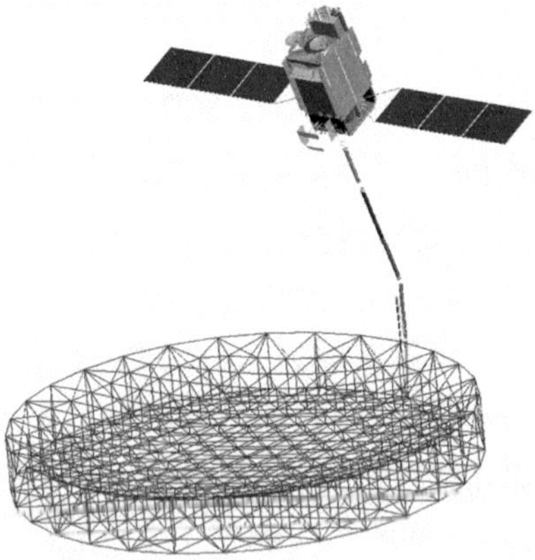

图 7.2-1　某变频天线示意图

变频天线在单频段测量时，与传统天线测量大同小异。主要需要引入额外的混频器和信号源，将天线变频后的信号再变回原来的信号输入测试系统进行测试。但是，在多频点同时测试时，频率切换会导致外部信号源输出信号的初始相位随机变化，致使每次频率切换采集得到的信号相位随机，近场无法正常测试。

这里介绍一种变频天线的近场扫频测量系统。如图 7.2－2 所示，变频天线的近场扫频测试系统包括测试信号源、耦合模块、系统本振源、额外本振源、测试通道、参考通道、接收机和控制计算机。其中：

(1)测试信号源：产生射频测试信号。在接收到接收机发送的触发信号后发送所述射频测试信号到耦合模块，同时将接收到的触发信号转发到测试通道和参考通道。其中，所述射频测试信号的发射频率为 f_{RF}，该频率由待测变频天线确定；其变频输出频率为 f，也由变频天线自身确定。

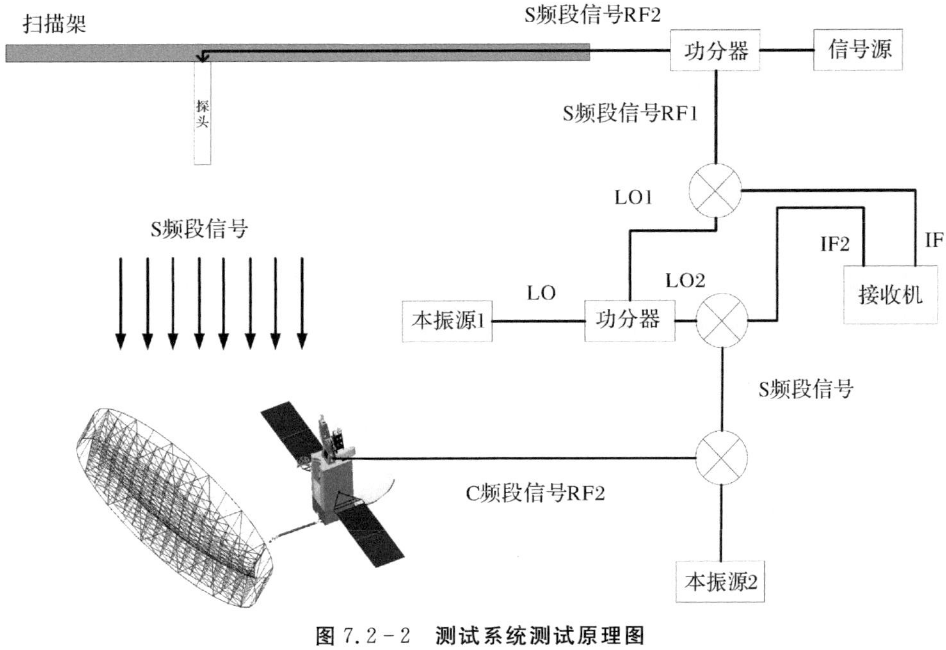

图 7.2－2　**测试系统测试原理图**

(2)耦合模块：接收测试信号源发送的射频测试信号，对所述信号进行功率放大后分成两路，其中一路发送到参考通道，另一路发送到测试通道。

(3)参考通道：包括第一混频模块；所述第一混频模块在接收到测试信号源转发的触发信号后，对接收到的射频测试信号进行下变频，得到中心频率为 f_{IF} 的中频参考信号，并发送所述中频参考信号到接收机。

(4)系统本振源：为第一混频器和第三混频器提供本振信号，本振频率为 f_{LO1}，其值为 $f_{LO1}=f_{RF}+f_{IF}$。其中，f_{IF} 为测试系统中频频率，通常中频为恒定频率，由测试系统确定。

(5)外部本振源：为第二混频器提供本振信号，本振频率为 f_{LO2}，其值为 $f_{LO2}=f-f_{RF}$，

频率列表依据 f 列表以及上述公式计算。该本振源为数字信号源，信号产生采用数字综合产生，保证测试时频率切换初始相位为统一常数。

(6)测试通道：包括发射模块、待测的变频天线、第二混频模块和第三混频模块；所述发射模块接收耦合模块发送的射频测试信号，然后在设定的波束测试位置将所述射频测试信号向外辐射至自由空间；待测的变频天线接收发射模块辐射出的信号，进行变频处理后输出包括 N 个频点的信号到第二混频模块；第二混频模块接收测试信号源转发的触发信号，然后在设定的频率列表中按顺序选取本振信号频率，对接收信号进行变频处理，输出变频后信号到第三变频模块；第三混频模块对接收到信号进行变频处理后，输出中心频率为 f_{IF} 的中频测试信号到接收机。

(8)接收机：发送触发信号到测试信号源，并接收参考通道发送的中频参考信号，以及测试通道发送的中频测试信号；将所述中频参考信号和中频测试信号进行比幅和比相处理，得到待测变频天线在所述波束测试位置上的接收信号的幅度和相位，然后发送所述波束测试位置、接收信号幅度和相位到控制计算机，同时发送下一个触发信号到测试信号源。

(9)控制计算机：接收接收机发送的波束测试位置、接收信号幅度和相位，进行保存和数据处理。

在上述的变频天线的近场扫频测试系统中，若待测的变频天线输出信号的 N 个频点分别为 $f_1, f_2, \cdots, f_N$，则第二混频模块的本振信号频率依次选取为，即设定的频率列表的频率按顺序排列依次为 $f_1-f_{RF}, f_2-f_{RF}, \cdots, f_N-f_{RF}$；并且第二混频模块对混频后信号进行滤波处理，选取差频信号输出，即得到中心频率为 f_{RF} 的混频输出信号。

在上述的变频天线的近场扫频测量系统中，第一混频模块和第三混频模块的本振信号频率为 $f_{RF}-f_{IF}$，两个混频模块对混频后信号进行滤波处理，选取差频信号输出，即得到中心频率为 f_{IF} 的中频信号。

第一混频模块和第三混频模块采用系统本振信号源提供本振信号；第二混频模块具有独立的外置本振信号源，所述外置本振信号源按照设定的频率列表选取本振频率。控制计算机发送控制指令到所述系统本振信号源和外置本振信号源，以及测试信号源，三个所述信号源根据接收到的控制指令设置发射信号的频率和功率。测试通道的发射模块包括扫描架和测试探头，所述测试探头安装在扫描架上；控制计算机通过发送控制指令操控扫描架移动到设定的波束测试位置，扫描架移动到所述位置后，发送反馈信号到接收机，接收机接收到所述反馈信号后，发送触发信号给测试信号源；测试探头接收到耦合模块发送的射频测试信号后，将所述射频测试信号向外辐射至自由空间。

上述变频天线的测量，核心是采用数字信号源保证系统频率切换时外置本振源的初相保持不变。图 7.2-3 给出了多次扫频测量和一次单频点测量的近场分布对比曲线，可以看出，多次扫频测量结果一致性较好，与单频点测量结果吻合，证明技术的有效性。

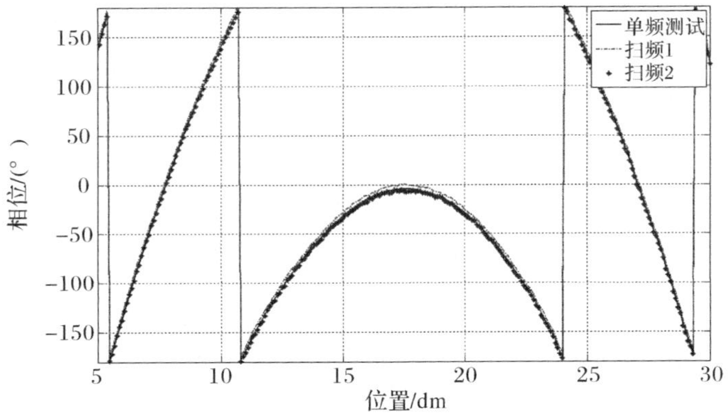

图 7.2-3　扫频测试相位结果

7.3　太赫兹天线的无相位测量

与 Ka 以下波段相比，在太赫兹波段，系统中同样位置精度的机械设备，带来的相位测量误差为原来的十几倍。同时，系统设备对温湿度变化、机械微小振动更敏感，使得相位的测试极其困难，精度更差甚至不可测。解决太赫兹天线精确测试的难题，途径有两个：一是研究提高太赫兹天线相位测试精度的方法；二是研究仅由幅度信息计算天线参数的方法。本节着重介绍后者。

7.3.1　紧缩场测量

一般地，圆极化天线的测量参数可以通过测得的一组正交线极化分量的幅度和相位信息合成获得。当测量无法获得相位信息或者相位信息的测量结果不准确时，可以通过两组正交极化分量的幅度信息计算相位值。

如图 7.3-1 所示，E_1 为水平极化波 E_x 的振幅，E_2 为垂直极化波 E_y 振幅。E_3 和 E_4 为另一组正交极化波（对应于图中的 x' 方向和 y' 方向）的振幅，δ 为 E_y 超前 E_x 的相角，δ_2 为 E_y' 超前 E_x' 的相角。考虑电场在 xOy 平面中任意 φ 方向的投影，φ 是 x 轴到观察方向的夹角：

$$E_{\phi}(t)=E_x\cos\varphi+E_y\sin\varphi \tag{7.3-1}$$

把式(7.3-1)写成

$$E_{\varphi}(t)=E_{\varphi}\sin(\omega t+\gamma) \tag{7.3-2}$$

式中：γ——初始相位。

对式(7.3-1)做处理，可得

$$E_{\varphi}^2=\frac{1}{2}[E_1^2+E_2^2+(E_1^2-E_2^2)\cos\varphi+2E_1E_2\cos\delta\sin2\varphi] \tag{7.3-3}$$

$$\gamma=\cot\frac{E_2\sin\varphi\sin\delta}{E_1\cos\varphi+E_2\sin\varphi\cos\delta} \tag{7.3-4}$$

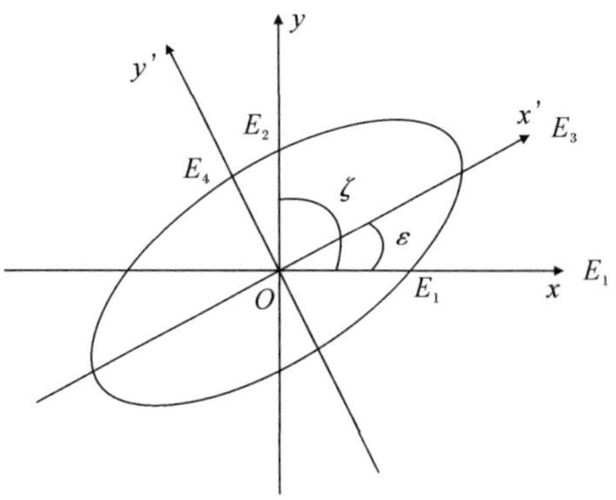

图 7.3-1 椭圆极化波

定义新的坐标系 $x'Oy'$，如图 7.3-1 所示，x 到 x' 的夹角为 ε，φ' 是 x' 轴到观察方向的夹角，则 $\varphi'=\varphi-\varepsilon$，有

$$E_{\varphi'}(t)=E_{\phi'}\sin(\omega t+\gamma') \tag{7.3-5}$$

$$E_{\varphi'}{}^{2}=\frac{1}{2}[E_3^2+E_4^2+(E_3^2-E_4^2)\cos\varphi'+2E_3E_4\cos\delta_2\sin2\varphi'] \tag{7.3-6}$$

因为是同一个椭圆极化波，有 $E_1^2+E_2^2=E_3^2+E_4^2$，所以式(7.3-3)中的 E_φ 应该与式(7.3-6)中的 $E_{\varphi'}$ 相等，即

$$\frac{1}{2}[E_1^2+E_2^2+(E_1^2-E_2^2)\cos2\varphi+2E_1E_2\cos\delta\sin2\varphi]=$$

$$\frac{1}{2}[E_3^2+E_4^2+(E_3^2-E_4^2)\cos2\varphi'+2E_3E_4\cos\delta_2\sin2\varphi'] \tag{7.3-7}$$

令 $A_{12}=E_1^2-E_2^2$，$B_{12}=2E_1E_2\cos\delta$，$A_{34}=E_3^2-E_4^2$，$B_{34}=2E_3E_4\cos\delta_2$，式(7.3-7)可以化简成

$$A_{12}\cos2\varphi+B_{12}\sin2\varphi=(A_{34}\cos2\varepsilon-B_{34}\sin2\varepsilon)\cos2\varphi+$$
$$[A_{34}\sin2\varepsilon+B_{34}\cos2\varepsilon)\sin2\varphi] \tag{7.3-8}$$

可以看出，在某一角度 φ 方向上，δ 和 δ_2 仅由 E_1，E_2，E_3 和 E_4 这些幅度信息及角度 ε 决定。例如，当 $\varepsilon=45°$时，得到如下结论：

$$\cos\delta=\frac{E_3^2-E_4^2}{2E_1E_2} \tag{7.3-9}$$

由式(7.3-9)中分子、分母的“+”号或“−”号最终确定 $\sin\delta$ 的值，则圆极化天线的参数由下式确定：

$$\left.\begin{aligned}E_{\mathrm{L}}&=\frac{E_x+\mathrm{j}E_y}{\sqrt{2}}=\frac{E_1+\mathrm{j}E_2\mathrm{e}^{\mathrm{j}\delta}}{\sqrt{2}}\\E_{\mathrm{R}}&=\frac{E_x-\mathrm{j}E_y}{\sqrt{2}}=\frac{E_1-\mathrm{j}E_2\mathrm{e}^{\mathrm{j}\delta}}{\sqrt{2}}\end{aligned}\right\} \tag{7.3-10}$$

$$\mathrm{AR}=\frac{|E_{\mathrm{L}}|+|E_{\mathrm{R}}|}{||E_{\mathrm{L}}|-|E_{\mathrm{R}}||} \tag{7.3-11}$$

采用传统的测试方法，测试误差源为幅度和相位，采用新的无相测试方法，误差源仅为幅度。现有测试系统典型的幅度测试误差为 0.2 dB，相位测试误差为 2°，以此计算两种方法的交叉极化和轴比测试误差，计算结果见表 7.3-1。可以看出，无相测试方法的测试精度明显提高。

表 7.3-1 无相位测试结果比较

测试误差	传统方法	无相测试方法
交叉极化/dB	(−2.4,2.7)−27.8dB	−0.37−27.8dB
轴比/dB	(−0.31,0.33)@4.05dB	−0.15@4.05dB

注:@表示在…处。

7.3.2 平面近场测量

常规的平面近场测量,是用特性已知的探头,对天线近场区某一平面上场的幅、相分布做采样,通过快速傅里叶变换可以获得天线的远场参数。在太赫兹波段,受扫描架的定位精度、射频微波器件性能和温湿度变化等因素的影响,相位测试误差很大且重复性差。

替代方法是用特性已知的探头,对天线近场区仅做幅度采样,通过数值方法恢复相位信息,再由快速傅里叶变换获得天线的远场参数。幅度测试受扫描架定位精度、射频器件及环境温湿度变化的影响较小,测试精度高。具体方法如下。

两个不同距离平面上的幅相分布记作 $\boldsymbol{X}$,$\boldsymbol{Y}$,$\boldsymbol{T}$ 表示两组近场幅相分布之间的转换矩阵,则 $\boldsymbol{X}$,$\boldsymbol{Y}$ 和 $\boldsymbol{T}$ 间有如下关系:

$$\boldsymbol{Y}=\boldsymbol{TX} \tag{7.3-12}$$

两个平面上的幅度分别记作 X 和 Y,为已知量,相位记作 p 和 y(为待求量),对式(7.3-12)展开:

$$Y_i e^{jy_i}=T_{i1}e^{jt_{i1}}X_1e^{jp_1}+T_{i2}e^{jt_{i2}}X_2e^{jp_2}+\cdots+T_{iI}e^{jt_{iI}}X_Ie^{jp_I} \tag{7.3-13}$$

对式(7.3-13)两边取二次方:

$$Y_i^2=\left[\sum_{j=1}^{I}T_{ij}X_j\cos(t_{ij}+p_j)\right]^2+\left[\sum_{j=1}^{I}T_{ij}X_j\sin(t_{ij}+p_j)\right]^2 \tag{7.3-14}$$

令

$$\left.\begin{aligned} A_i &= Y_i^2-\sum_{j=1}^{I}(T_{ij}X_i)^2 \\ \varphi_{ijk} &= t_{ij}-t_{ik} \\ a_{ijk} &= 2T_{ij}X_jT_{ik}X_k \\ p_{jk} &= p_j-p_k \end{aligned}\right\} \tag{7.3-15}$$

式(7.3-13)和式(7.3-14)反映了相位和幅度间的关系。构造如下目标函数:

$$f(P)=\sum_{i=1}^{I}\left[\sum_{j=1}^{I-1}\sum_{k=j+1}^{I}a_{ijk}\cos(\varphi_{ijk}+p_{jk})-A_i\right]^2,\ P=(p_1,p_2,\cdots,p_i) \tag{7.3-16}$$

式中:A_i,a_{ijk},φ_{ijk} 的值可知,则只需用共轭梯度法或最小二乘法等将 $f(P)$ 最小化,即可得到相位 p_i。

7.4 超大反射面天线的测量

7.4.1 半物理仿真法

随着星载天线的发展,天线的口径越来越大,对于小型馈源阵馈电的大口径反射面天线的测量越来越困难。天线测量依赖的暗室造价昂贵，特别是大型暗室，其尺寸不可能无限制地扩大。

为了解决以上天线的电性能测量难题，采用半实物仿真的方法得到天线的整体性能参数。半实物仿真是一种间接测量方法，将实测得到的馈源（馈源阵）三维方向图、实测得到的反射器型面数据、展开组件三维模型和星体三维模型导入仿真软件（GRASP，CST，FEKO等）进行全波仿真计算，从而得到天线的整体性能。然后进一步通过准确评估在轨重力和热等环境条件下反射器馈源的相对关系变化、反射器型面变形等因素，通过半实物仿真手段可以预估天线在轨性能的变化。具体如图 7.4－1 所示。

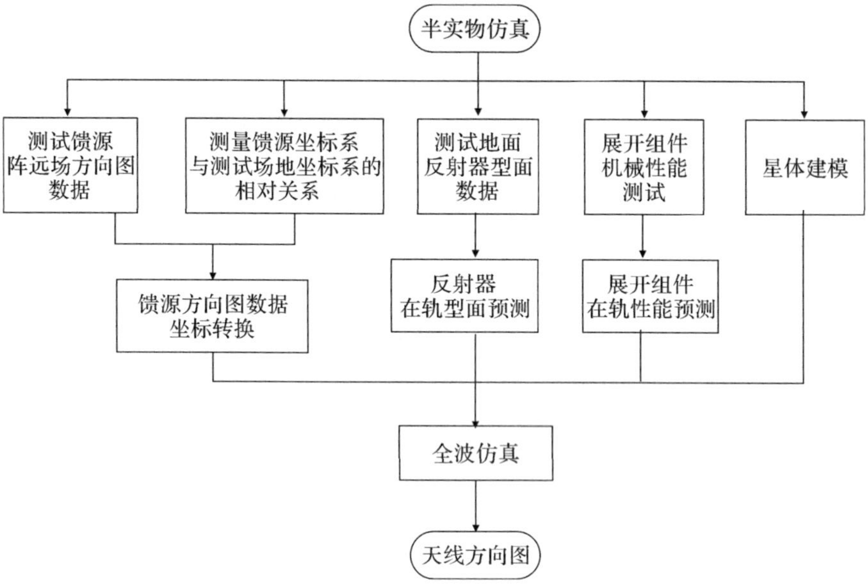

图 7.4－1　半实物仿真原理框图

为了说明该方法的有效，使用一个便于直接测量的天线，采用间接测量与直接测量两种方法获得的结果进行比较，证明间接测量方法的有效性。图 7.4－2 为直接测量现场图片，与间接方法测量的对比结果如图 7.4－3 所示，两者的一致性非常好。

图 7.4－2　直接测试现场测试照片

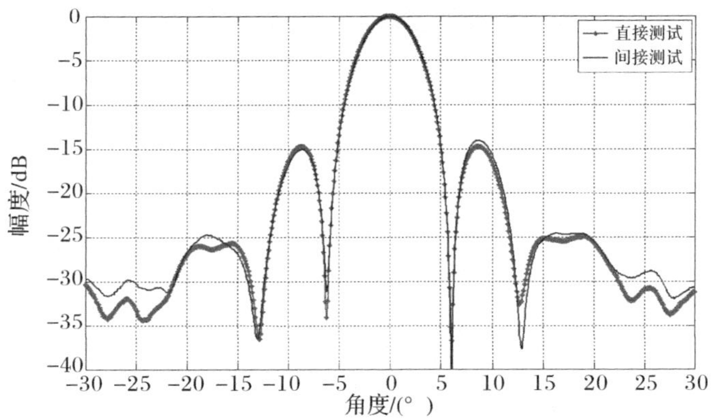

图 7.4-3　次级方向图切面对比图

7.4.2　低成本无人机测试

无人机天线测量系统是天线测量专业的一个发展方向，无人机近场测量技术属于新型测试技术，是利用无人机搭载的天线探头进行模拟空间位置飞行，替代传统的机械系统。飞行过程中利用光学测量系统实时反馈空间坐标，并对空间飞行轨迹进行修正，与射频系统进行同步触发，完成近场数据的采集工作。

无人机系统一般如图 7.4-4 所示，由智能无人机信号发射平台，信号传输链路，飞控信号传输链路，飞控、定位和信号源控制终端，数据处理终端等组成，多设备协调工作完成测试工作，其中核心设备是智能无人机。

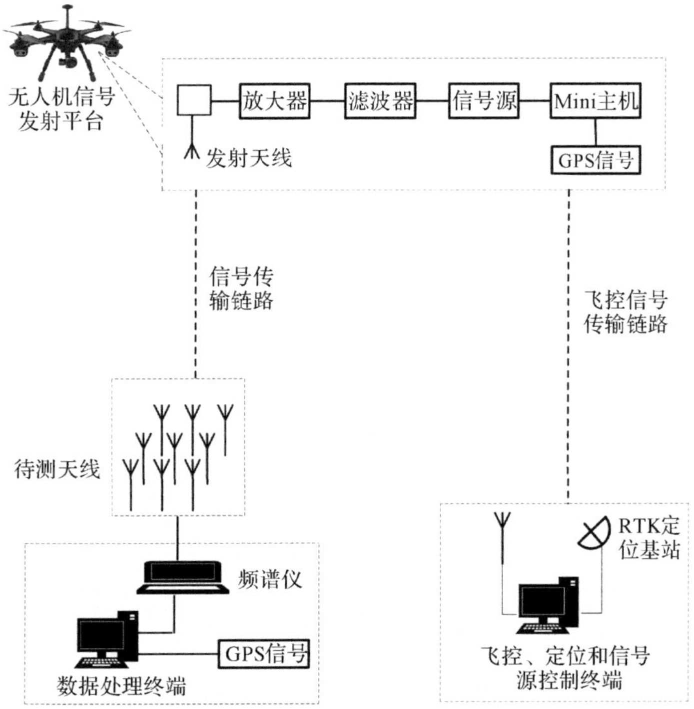

图 7.4-4　测试系统的组成框图

图 7.4-5 和图 7.4-6 为某次外场试验的实测照片与结果照片，该次试验以 GPS(全球定位系统)为无人机定位方式，对于野外大型天线多数均可满足需求。若需要进一步提升定位精度，可采用激光跟踪仪、全站仪等机械测量手段对无人机进行位置监测。

图 7.4-5　外场无人机实测图

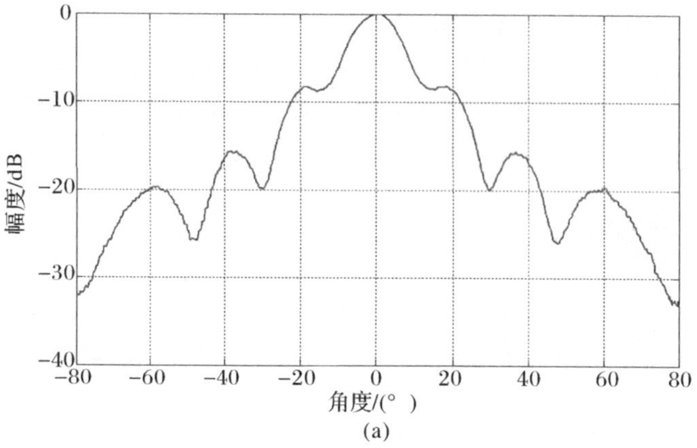

(a)

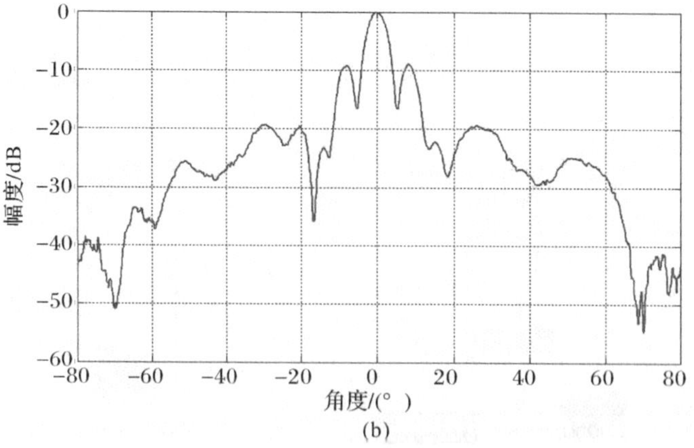

(b)

图 7.4-6　无人机实测结果图

(a)角锥喇叭测试结果；(b)反射面天线测试结果

7.5　低频天线的测量

低频天线测量受环境影响较大，测量时很难达到非常高的精度，目前常规采用的锥形微波暗室是频域测试的一种重要手段。接下来介绍另外一种针对低频的测量手段——时域测量技术。

时域测量技术可以有效解决低频天线高精度的测量问题。在频域测试中，由低频波长引起的多路径反射很难消除；在时域测试中，由时域极窄脉冲的空间路径分辨率在毫米级别，可以滤除大部分的多路径干扰信号。因此，可以不用高昂的吸波环境，在普通房间内即可完成天线测试工作，另外在雷达瞬态测试方面也具有很多优势。

时域测量理论，主要包含时域平均与极窄脉冲采集理论、系统搭建技术、时域滤波与频率分辨率增强技术。

7.5.1　时域平均与极窄脉冲采集理论

时域采样信号还原的核心为时域平均原理，即在周期上提取信号：

$$y(n\Delta t)=\frac{1}{N}\sum_{t=0}^{N-1}[x(n-rM\Delta t)] \tag{7.5-1}$$

式中：N——平均的周期段数目；

M——一个周期中的采样数目；

Δt——采样间隔。

考察该函数的传输特性，令 $y(n\Delta t)$，$x(n\Delta t)$的 z 变换为 $Y(z)$，$X(z)$：

$$Y(z)=\frac{1}{N}\sum_{r=0}^{N-1}X(z)z^{-rm}=\frac{X(z)}{N}\frac{1-z^{-MN}}{1-z^{-M}} \tag{7.5-2}$$

则传输函数为

$$H(z)=\frac{Y(z)}{X(z)}=\frac{1}{N}\frac{1-z^{-MN}}{1-z^{-M}} \tag{7.5-3}$$

令 $z=e^{j\omega\Delta t}$，则

$$|H(\omega)|=\frac{1}{N}\left|\frac{1-e^{jMN\omega\Delta t}}{1-e^{jMN\omega\Delta t}}\right|=\frac{1}{N}\left|\frac{\sin(\pi N\omega/\omega_0)}{\sin(\pi\omega/\omega_0)}\right| \tag{7.5-4}$$

式(7.5-4)表明时域平均方法对于一定带宽的信号具有滤波和信号全保留特性。

在捕获、显示与分析重复信号时，触发能力同样也是针对重复信号而设置。当满足第一次触发条件时，采样示波器将会捕获一组具有时间间隔的非邻近样本。示波器延迟这个触发点并开始下一组捕获，并将已捕获的点与第一组样本共同放在显示屏中。重复这项操作，可以创建一个波形，不必进行连续采集。具体如图 7.5-1 所示，通过上述的多个周期的采样与重构，取得一个完整的时域信号，该技术为高频时域采样的基本原理。

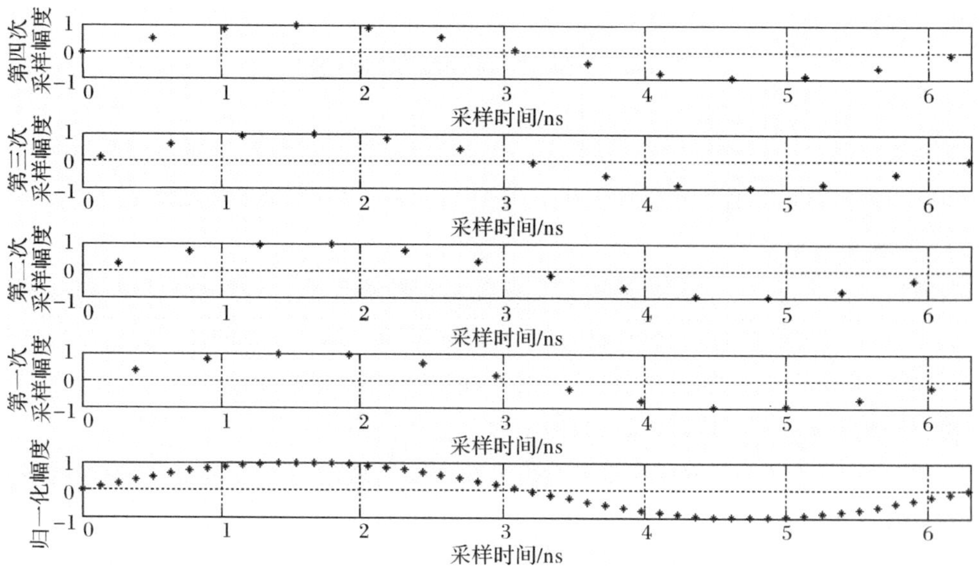

图 7.5-1 时域平均采样的带通滤波效应

7.5.2 时域测试系统

时域测量系统原理框图如图 7.5-2 所示，主要包含脉冲信号发生器、脉冲头、发射天线、待测天线、放大器、采样单元、数字采样转换器、电脑以及测试软件等组成。

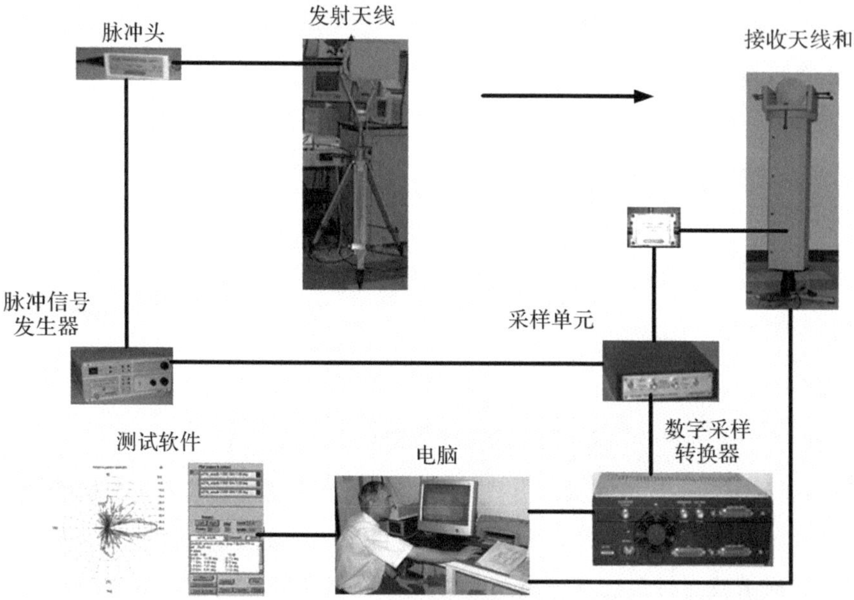

图 7.5-2 时域测试系统框图

信号由脉冲发生器馈入发射天线，通过空间传输进入待测天线，经放大后进入数字采样转换器。配合转台转动即可完成待测天线的方向图测量。脉冲发生器与数字采样单元受数字采样转换器的统一控制，满足上文提到的时序采样要求，将高频信号通过平均采集的方式还原出来。根据上述框图搭建如图 7.5－3 所示的实物测量系统。图 7.5－4 为时域与频域测试结果对比情况，可以看出，时域测量没有对微波信号进行特殊处理，没有构建良好的暗室环境，但是实测结果与在频域暗室的测量结果非常一致。另外，时域中，所有频率的测量是在同一个时刻完成的，并不像频域测试那样需要进行频率切换。

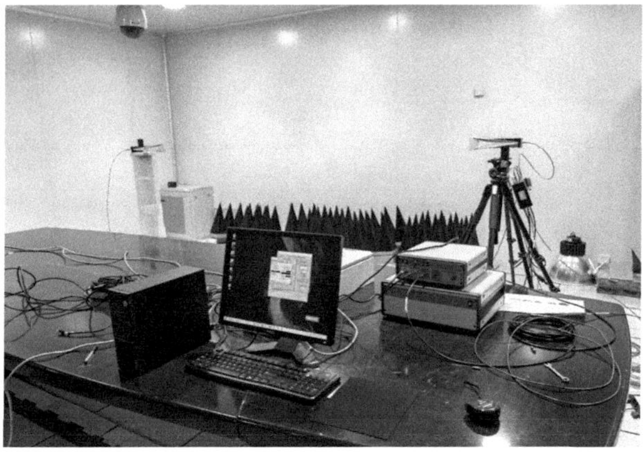

图 7.5－3　时域测量系统

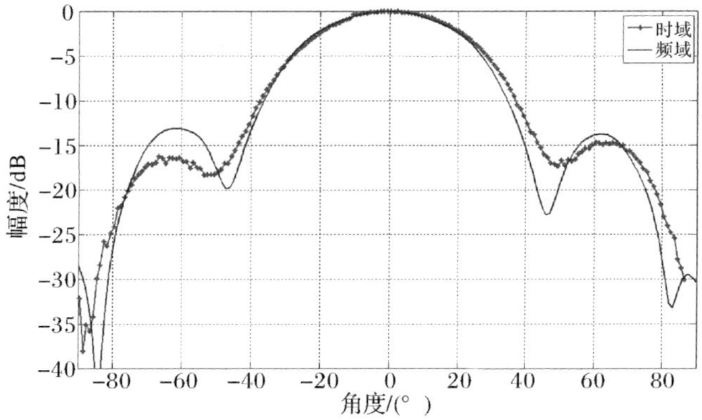

(a)

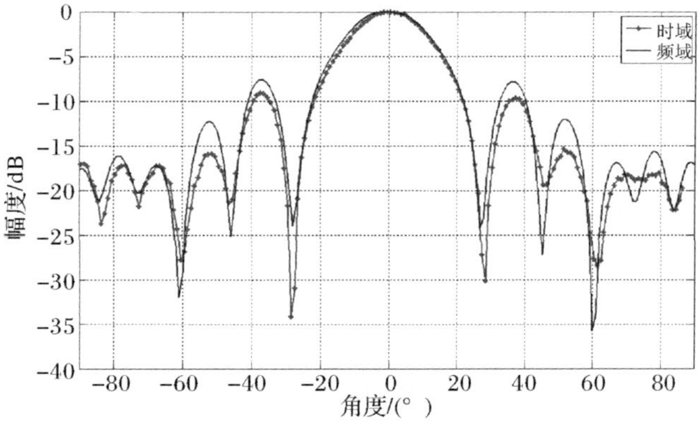

(b)

图 7.5－4　方向图时频域测试结果对比

(a)2 GHz 方向图对比结果；(b)6 GHz 方向图对比结果

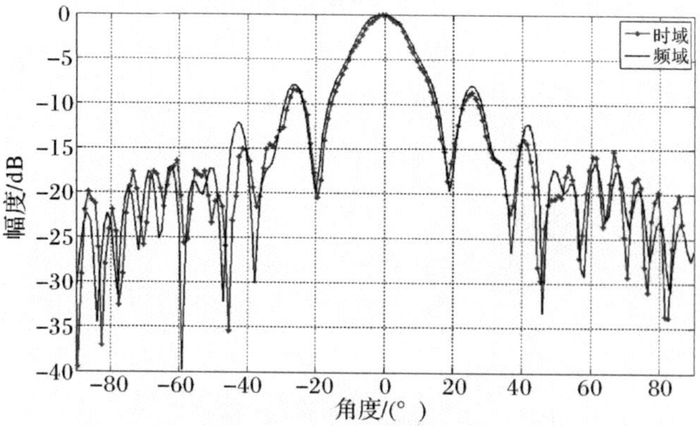

(c)

续图 7.5－4　方向图时频域测试结果对比

(c)10GHz 方向图对比结果

7.5.3　时域滤波与频率分辨率增强技术

引入时域测量的最大的优势是可以在时间空间中分辨有用信号与杂散信号，如图 7.5－5(a)所示为时域信号图。实线部分为原始信号，可以看到左侧可以识别为最短路径且信号波形正确的有用信号，后面的两个波峰为墙体环境绕射信号。可以通过简单的滤波算法，将其去除，得到如图 7.5－5(b)所示的点线方向图数据。

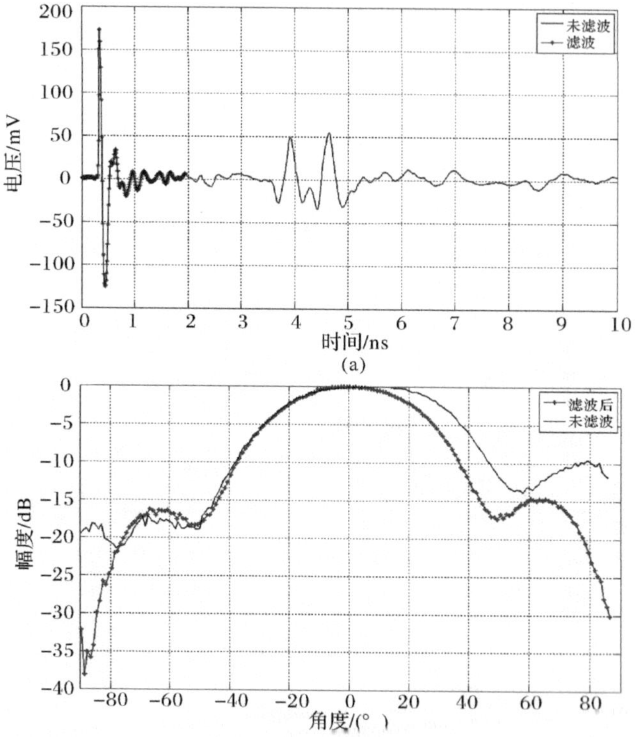

(b)

图 7.5－5　时域滤波图

(a)时域信号图；(b)频域方向图

可以看到，在时域进行简单滤波后，频域方向图变化明显，对称且光滑。时域测量虽然未布置吸波材料，但是仍然能够进行高精度的测量。

由于时间采样的长度决定了频率分辨率的间隔，因此通过在时域频域变换算法中增加计算频率信息的个数，通过牺牲计算机计算资源可以获取高密度频域信息。如图 7.5-6 所示，普通个人计算机的计算能力可以轻松达到 1 MHz 的频率分辨率。

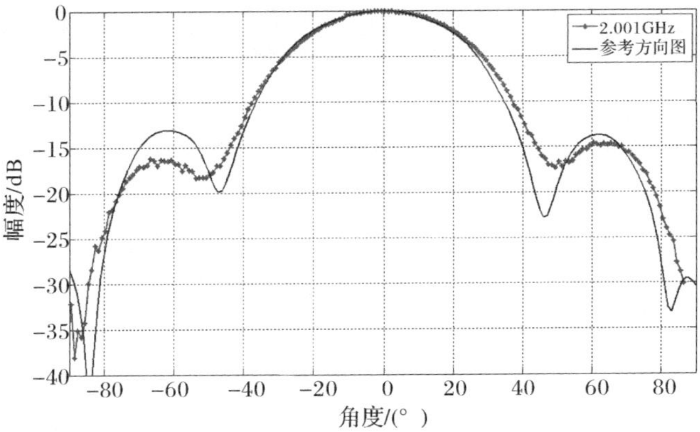

图 7.5-6　频率分辨率图

参考文献

[1] LIU L G, ZHANG Q T, CHEN Y. Fast measurement method for received array antenna[J]. The Journal of Engineering, 2019, 2019(19): 1-4.

[2] 刘灵鸽，马玉丰，焦婧，等. 一种变频天线的近场扫频测试系统及其测试方法：201510843306.8[P]. 2016-04-20.

[3] 刘灵鸽，赵兵，陈波. 太赫兹天线无相测试方法[J]. 空间电子技术，2013，10(4)：17-20.

第 8 章　星载天线在轨测量

星载天线通常包含了传统通信卫星中的赋形区域波束天线、机械可动点波束天线以及高通量卫星中的多波束天线，如图 8.0－1 所示。因此，星载天线在轨测量主要涉及赋形区域波束天线的测量、机械可动点波束天线的测量和多波束天线的测量。由于星地无线测量链路受地面站测量系统、天气、卫星姿态控制、空间链路、路径损耗的不确定性等多重因素的影响，因此其测量精度一般比地面环境下的室内测量精度差。通常，地面增益测量误差为±0.25 dB，而在轨测量误差一般为 1～2 dB，因此在轨测量的目的不是精确地对天线性能进行全面的测量，而是对天线在轨的工作状态是否正常进行确认，特别是对地面试验难以充分模拟的空间环境对天线性能影响程度的确认，属于确认性测量。这些空间环境包括卫星发射过程的力学环境和在轨热真空环境。

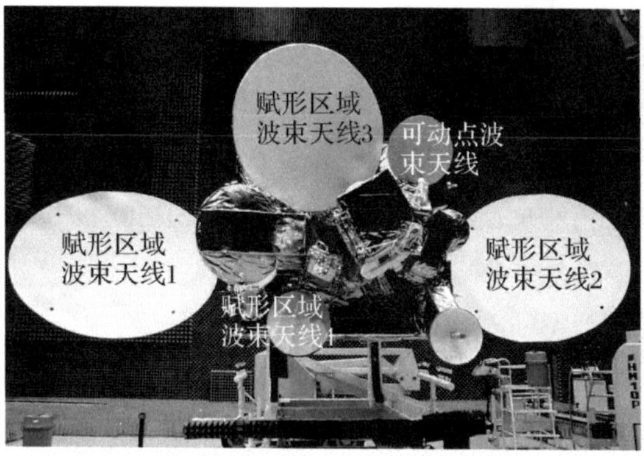

(a)

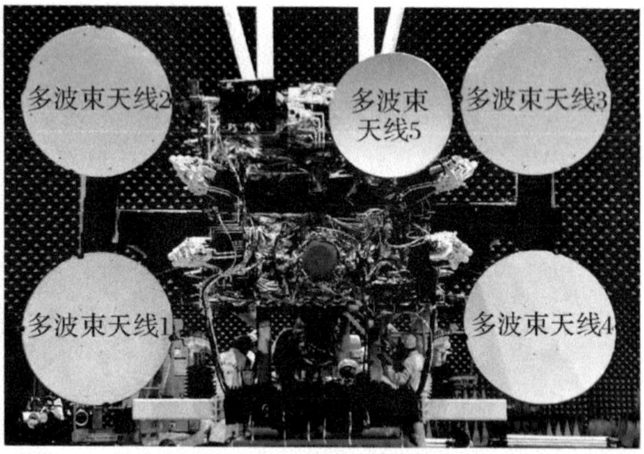

(b)

图 8.0－1　星载天线布局示意图

(a)传统通信卫星的天线布局；(b)高通量卫星的多波束天线布局

星载天线在轨测量主要是对天线性能的再确认，检查卫星入轨后，是否满足卫星整体的技术指标，例如 EIRP、G/T 值、服务区范围、波束指向、方向图特性等。

本章主要针对赋形区域波束天线、机械可动点波束天线和多波束天线的相关技术和在轨测量方法展开论述。

8.1　赋形区域波束天线在轨测量

目前，星载赋形区域波束天线主要采用对反射面表面进行赋形优化使天线产生满足一定区域形状的波束覆盖，如图 8.1－1 所示。这类星载赋形天线通常包含了对地面固定不动赋形区域波束天线和卫星东西舱板一次开展赋形区域波束天线，如图 8.1－2 所示。赋形区域波束天线在轨测量通常包括天线方向图测量、EIRP 和 G/T 值的测量。

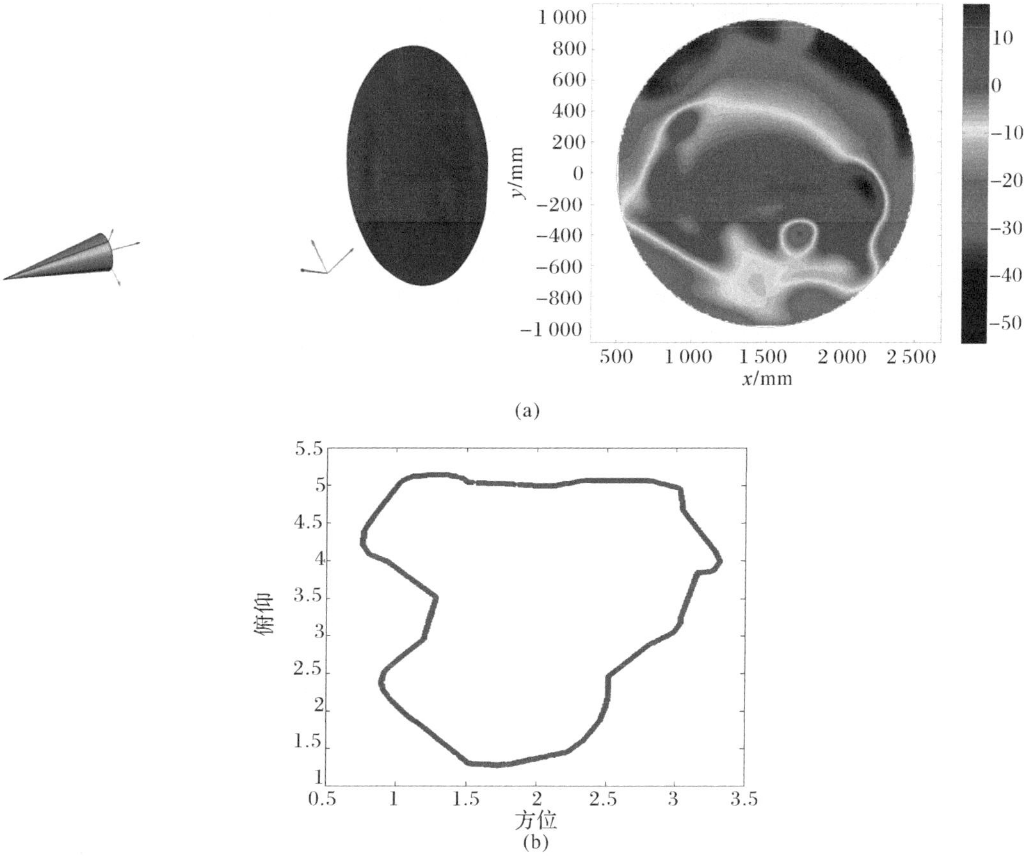

图 8.1－1　赋形区域波束反射器型面及覆盖区域示意图

(a)反射面表面赋形示意图；(b)赋形区域波束覆盖示意图

(a)　　(b)

图 8.1－2　赋形区域波束天线

(a)星载固定不动的赋形区域波束天线；(b)星载可展开赋形区域波束天线

8.1.1 方向图测量

卫星天线方向图的测量是天线最常开展的在轨测试项目，其方法一般可分为以下几种：

(1)卫星维持正常姿态、有效载荷工作正常，地面可通过选取卫星天线覆盖区内的多个区域不同点位进行天线性能测试。

(2)星上带有可调整通信天线或者可控点波束天线，地面通过遥控指令直接控制天线步进转动，使天线波束指向特定测试点。

(3)地面通过控制星上推力器喷气使卫星平台姿态偏置，从而间接地改变卫星天线波束指向，使天线指向地面特征点位置，进行方向图性能测试。

使用方法(1)进行天线方向图测试时，需要选取天线方向图覆盖的多个特征点位，通过布设多个卫星地球站或者利用移动站进行机动测试。测试周期较长，需要消耗大量人力和物力，不常采用此方法。

使用方法(2)进行天线方向图测试时，可通过大范围调整星上天线指向方便地进行测试。所以，对机械可动点波束天线开展方向图测试时，考虑到测试的方便性及测试成本，通常使用方法(2)。此方法可在较短时间内实现天线覆盖区测量，测试也比较全面。

传统通信卫星的赋形波束天线通常不具备转动功能，通常采用方法(3)转动卫星进行不同角度处的性能测量。因此，天线在轨方向图测量与地面远场/紧缩场测量方法基本一致，卫星通过控制与推进分系统对卫星的俯仰角和滚动角进行调整，使期望的方向图测量点对准地面站，从而测得该点的电平值。

如图 8.1-3 所示，卫星偏航轴(z 轴，Yaw)直接指向地球中心，卫星滚动轴(x 轴，Roll)指向地球东，俯仰轴(y 轴，Pitch)指向地球南，三者满足右手定则。对于同步轨道卫星，卫星相对滚动轴的旋转产生滚动角，使天线波束向北或向南偏转，波束偏北为滚动角正向；相对俯仰轴的旋转产生俯仰角，使波束向东或向西偏转，波束偏东为俯仰角正向；相对偏航轴的旋转(偏航)产生偏航角，使波束绕星下点旋转。在进行数据处理时应注意卫星转动方向与方向图坐标系的对应关系。如果测量条件具备，应尽可能通过转动一次卫星实现多个覆盖区的测量。这些覆盖区可以来自同一副天线，也可以来自不同天线。

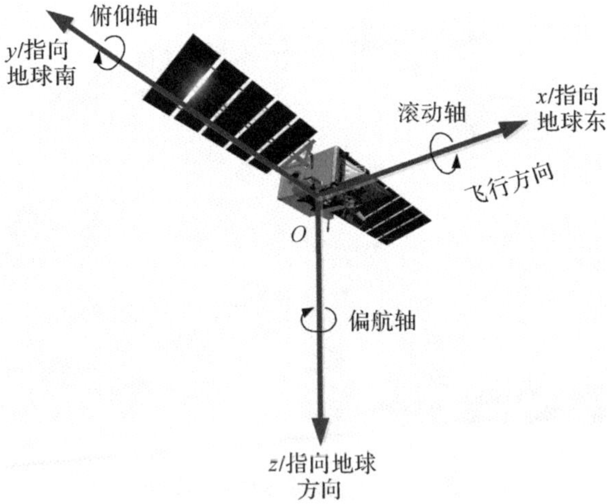

图 8.1-3 卫星各转动轴示意图

根据在轨测量要求，方向图测量前需考虑以下因素。

1. 地面站的选择

尽量选择波束内的地面站进行测量，以避免偏星角度过大，影响卫星姿态的控制精度。

2. 测量范围的确定

考虑到卫星的燃料与寿命，在轨测量时间不可能很长，无法实现对天线的整个方向图进行测量，而是选择进行个别切面上有限点的测量，然后同地面测量结果进行比对，以验证天线工作状态和性能。一般地，俯仰面和方位面各选择一个，兼顾旁瓣、滚降等特性，选择合适的切面范围和测量点数。

如图 8.1－4 所示，给出了中国覆盖区在轨测量位置示意图，测量地面站选择在北京，测量位置覆盖区内相对较稀疏，而覆盖区边缘相对稠密，并在俄罗斯地区设置了测量点，以尽可能反映卫星在轨的滚降特性和波束指向特性。

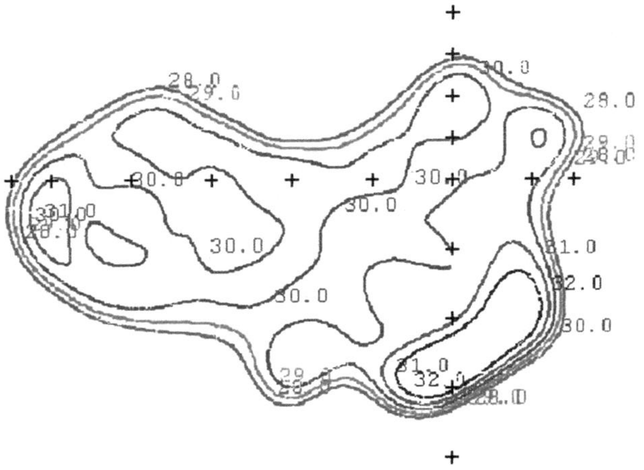

图 8.1－4　中国波束在轨测量点位置示意图（地面站选在北京）

在轨方向图测量过程中，通过调整卫星俯仰角和滚动角，使方向图中的某一位置对准到地面站的位置（如北京），接着地面站对该点的电平值进行测量，然后继续调整偏角进入下一点的测量。依次类推，完成所有点测量后对数据进行处理形成切面方向图，并与地面测量方向图的相应切面进行比对。

8.1.2　EIRP 和 G/T 值测量

关于卫星有效载荷指标测量的原理可参考相关文献。下面重点介绍 EIRP 和 G/T 值的在轨测量方法。

1. EIRP 在轨测量方法

测量卫星有效载荷发射状态的性能，通过地面站功率调节，将星上行波管放大器推至饱和状态。根据卫星在轨测量的 EIRP 切面方向图和地面测量的天线等值线方向图可得到卫星在轨的 EIRP 等值线覆盖图。具体测量方法如下。

卫星在轨有效载荷 EIRP 测量框图如图 8.1－5 所示，地面站发送卫星上行信号，通过空间传输到达卫星接收天线，经星上转发器滤波、低噪声放大、变频、再次放大馈入卫星发射天线，卫星发射的下行信号经空间传输达到地面站。通过调节地面站上行信号电平，使星上、下行放大器工作在饱和工作点（TWTA 工作在输出功率最大点，SSPA 工作在额定工作点）。饱和工作点判断可用功率/增益判断法、放大器遥测参数判断法等。

卫星有效载荷 EIRP 值按下式计算：

$$\left.\begin{aligned} \mathrm{EIRP} &= P_{\mathrm{sta}} + L_{\mathrm{down}} - G_{\mathrm{sta}} \\ L_{\mathrm{down}} &= 20\lg\left(\frac{4\pi R}{\lambda_{\mathrm{down}}}\right) \end{aligned}\right\} \tag{8.1-1}$$

式中：P_{sta}——地面站接收到的卫星下行信号电平，dBW；

G_{sta}——地面站天线接收增益，dBW；

L_{down}——卫星下行链路的自由空间路径损耗，dB；

λ_{down}——卫星下行工作波长，m；

R——卫星到地面站间的空间距离，m。

（1）G/T 值在轨测量方法

G/T 值测量可以在卫星转发器固定增益模式（Fixed Gain Mode，FGM）下进行测量，也可以在卫星转发器自动电平控制模式（Automatic Level Control，ALC）下进行测量，一般卫星在轨 G/T 值测量多在卫星转发器固定增益模式下进行。根据卫星在轨测量的 G/T 值切面方向图和地面测量的天线等值线方向图，可得到卫星在轨的 G/T 值等值线覆盖图。

测量框图如图 8.1－5 所示，地面站发送卫星上行信号，通过空间传输到达卫星接收天线，经转发器馈入卫星发射天线，卫星发射的下行信号经空间传输达到地面站，形成卫星上、下行系统的无线辐射电性能试验状态。通过 Y 因子法计算得到（G/T）值，计算公式如下：

$$G/T = 10\lg\frac{kB(Y_2-1)Y_1}{Y_1-1} + L_{\mathrm{up}} - \mathrm{EIRP}_{\mathrm{sta}} \tag{8.1-2}$$

$$Y_1 = \frac{P_2}{P_1} \tag{8.1-3}$$

$$Y_2 = \frac{P_3}{P_2} \tag{8.1-4}$$

式中：G/T——卫星接收系统品质因素，dB/K；

k——玻耳兹曼常数，J/K；

B——转发器工作带宽，Hz；

L_{up}——卫星上行链路的自由空间路径损耗，$L_{\mathrm{up}} = 20\lg\left(\frac{4\pi R}{\lambda_{\mathrm{up}}}\right)$，dB；

$\mathrm{EIRP}_{\mathrm{sta}}$——地面站发射等效全向辐射功率，dBW；

P_1——地面接收系统端接匹配负载时的噪声功率，为地面试验环境噪声功率，W；

P_2——地面试验环境和卫星通道噪声功率，为地面站不发送上行信号，转发器开通状态的噪声功率，W；

P_3——地面站发送上行信号，转发器开通状态下地面站接收到的卫星信号功率，W。

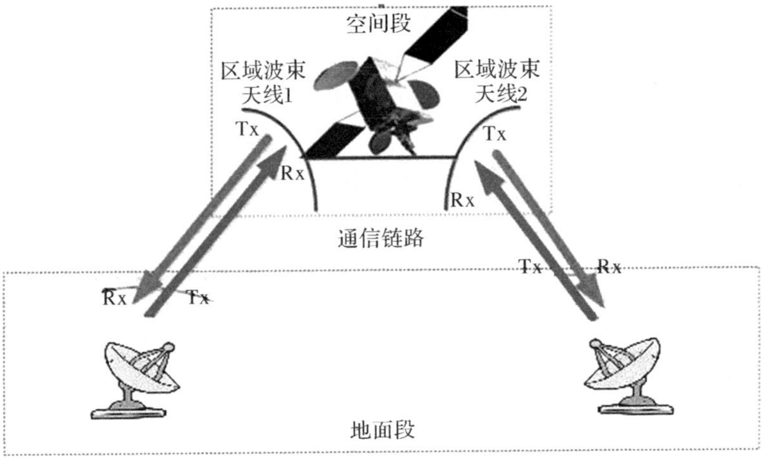

图 8.1-5　卫星在轨 *EIRP* 或 G/T 值测量简图

8.2　机械可动点波束天线在轨测量

星载机械可动点波束天线主要由反射器组件、馈源组件和转动机构等部件组成，转动机构通常由 x 轴和 y 轴两个单元构成，通过星上两轴单元的转动可以实现点波束的移动。目前卫星上常用的机械可动点波束天线主要分如下两大类转动形式，如图 8.2-1 所示。

(1)天线整体转动实现波束移动；

(2)馈源固定不动，反射器转动实现波束移动。

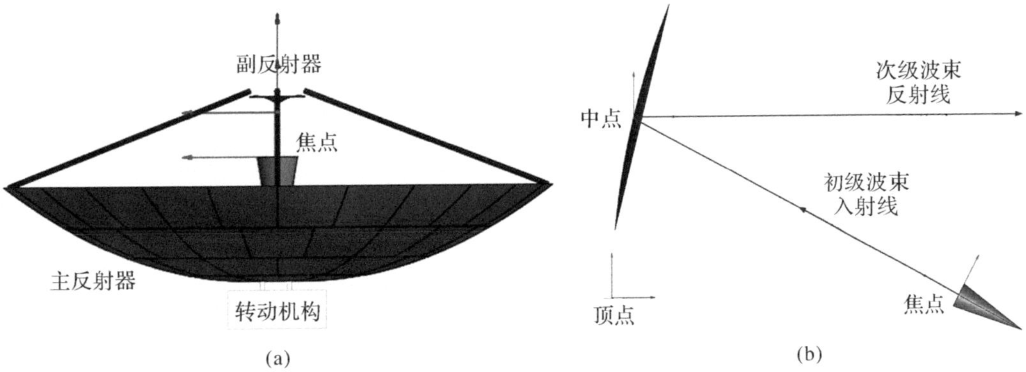

图 8.2-1　可动点波束天线形式

(a)天线整体可动；(b)反射器转动，馈源不动

前者通过转动机构整体转动天线容易实现波束的移动，但需要在转动机构和馈源之间增加旋转关节，使机构在转动过程中反射器和馈源相对位置保持不变，此时天线转动角和波束扫描角是 1∶1的关系。

后者在实际应用中又常有如下三种形式：

1)反射器绕焦点转动，此时反射器转动角与波束扫描角为 1∶1关系，比例因子 $K=1$；

2)反射器绕顶点转动，此时反射器转动角与波束扫描角约为 1∶2关系，比例因子 $K\approx2$；

3)反射器绕反射器中心转动，此时反射器转动角与波束扫描角约为 1∶2关系，比例因子 $K\approx2$。

此类天线波束指向不同位置，天线辐射特性会有所不同，因此在轨测量一般根据实际情况（如地面站所处位置等）选择一个典型位置进行测量。

卫星成功定点后，地面发指令解锁点波束天线，通过转动机构将其转动到设计的初始位置（天线机械零位）。由于受卫星发射过程中的力学影响，在轨的天线机械零位会有一定偏差（即天线在这个位置的波束指向和理论设计不一致），因此：首先需要对天线零位进行标定，零位标定完成后，通过地面软件可以将其偏差进行修正；然后再对波束控制精度进行测试，以上两部分为点波束天线的指向误差；最后可以开展点波束天线方向图的测量。

因此，点波束天线在轨测量项目主要包括波束指向误差测量和方向图测量两个方面。由于整体可动点波束天线方向图性能稳定，因此本章主要以反射器转动、馈源不动的点波束天线进行在轨测量说明。

8.2.1 指向误差测量

如上文所述，点波束天线的波束指向测量可以分解为零位偏差——电轴与机械轴误差，以及控制误差——控制理论角度与实际遥测角度误差，两项分别进行测量，然后通过计算后处理得到。其中，电轴与机械轴误差为固定误差，通过天线零位标定可以得到，然后在地面软件中进行修正消除。实际中，电轴与机械轴误差一般不超过 0.3°，对零位修正后，软限位的角度不应限制覆盖区的转动范围。因此，要求设计时，软限位角度与转动范围之间的角度差设置一般应大于或等于 0.5°。

可动点波束的波束移动可以通过转动天线或转动卫星实现。然而，在反射器转动的过程中，反射器与馈源位置关系发生变化。对应地，波束指向也在发生变化，如图 8.2－2 给出了反射器绕顶点转动后产生波束的示意图。因此，采用转动反射器的方法测量得到的是天线不同指向的组合方向图，而不是天线指向某确定位置处不同角度区域的方向图，存在一定的测量误差。通常，在小角度转动范围内其值差别不大，具体的有效范围可通过软件仿真确定。

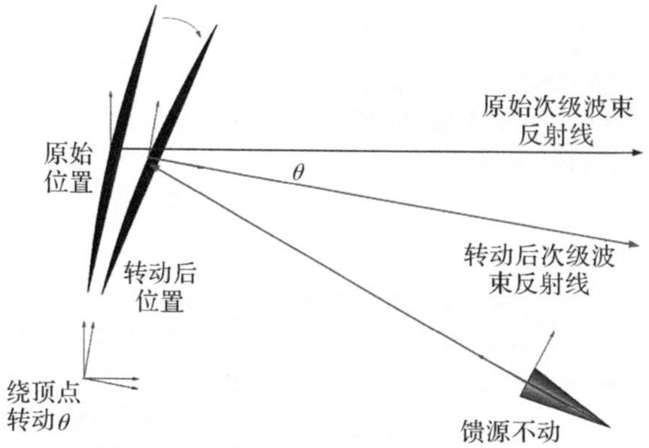

图 8.2－2 转动反射器形成波束示意图

尽管如此，由于通过控制与推进分系统偏置卫星需要消耗燃料，会缩短卫星寿命且测量过程也相对复杂，实际对反射器转动的点波束天线经常采用转动反射器的方式进行测量，同时对该状态进行电性能仿真。若仿真结果与测量结果一致，也可认为天线功能、性能正常，达到在轨测量确认天线状态的目的。而天线指向不同位置的实际性能可参见地面测量结果。

1. 零位标定

天线解锁后展开至初始零位，零位标定测量时，仍采用天线小角度转动的方式进行，流程如下：

(1)天线在初始零位位置 u_0 时地面站接收的电平值记录为 P_0。

(2)将机构往方位的正向转动几个机械角度步长(u_1, u_2, u_3)，地面站记录对应的接收电平值(P_1, P_2, P_3)，如图 8.2-3 所示。

(3)将机构往方位的负方向转动几个机械角度步长(u_{-1}, u_{-2}, u_{-3})，地面站记录对应的接收电平值(P_{-1}, P_{-2}, P_{-3})，如图 8.2-3 所示。

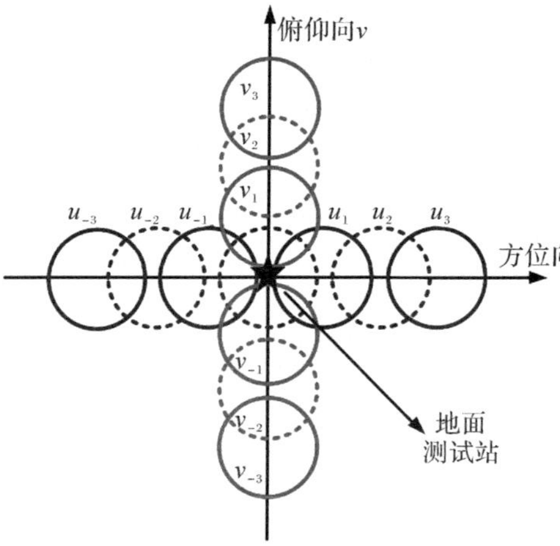

图 8.2-3　点波束天线在轨零位标定测量示意图

(4)将电平值($P_{-3}, P_{-2}, P_{-1}, P_0, P_1, P_2, P_3$)归一化，找到电平最大值对应的机械角度值 u_{pmax}。

(5)将波束角度($u_{-3}*K, u_{-2}*K, u_{-1}*K, u_0*K, u_1*K, u_2*K, u_3*K$)对应的天线理论电平($P_{-3t}, P_{-2t}, P_{-1t}, P_{0t}, P_{1t}, P_{2t}, P_{3t}$)仿真给出并归一化，将(4)中测试结果和(5)中天线仿真理论结果绘制在一张图上，如图 8.2-4 所示。其中，横坐标为波束方位向角度，$K*u_{pmax}$即是电轴和机械轴的偏差。

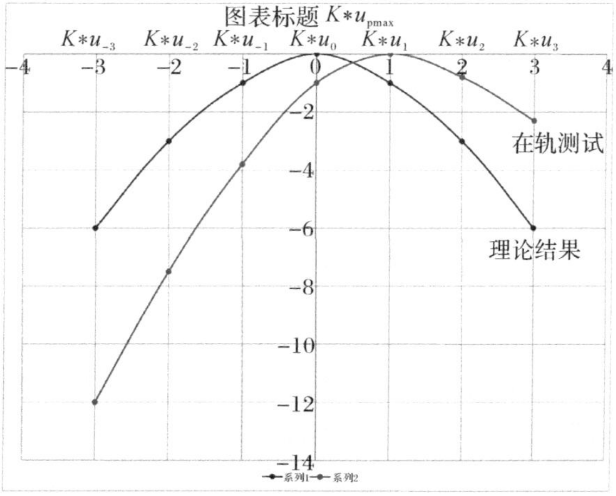

图 8.2-4　点波束天线在轨零位标定时测试结果和理论结果对比

(6)将机构在方位向往反方向转动 u_{pmax} 的机械角度，可使电轴指向初始位置，方位向零位标定完毕。

(7)俯仰方向零位标定可按(1)～(6)同理得到。

(8)为了对测量结果进行进一步验证，可以修正后再进行复测。

2. 波束控制误差测量

天线零位标定后，选择多个典型的较大范围波束位置(星视地球东南西北±8.5°，以及对角线 4 个位置等)，通过地面设置遥控指令上注卫星使天线转动到典型位置，然后地面可以接收到该位置的角度遥测信息。通过比较控制理论角度与实际遥测角度的误差，取均方根(RMS)值即可得到波束控制误差。方位向波束控制误差 ΔAZ_{RMS} 为

$$\Delta AZ_{RMS} = \sqrt{\frac{1}{N}\sum_{i-1}^{N}(AZ_i - AZ_i')^2} * K \tag{8.1-5}$$

式中：AZ_i——方位理论控制角度；

AZ_i'——方位遥测角度(也即实际控制角度)；

N——测量的位置个数；

K——机械角和波束角比例因子。

俯仰向波束控制误差 ΔEL_{RMS} 为

$$\Delta EL_{RMS} = \sqrt{\frac{1}{N}\sum_{i-1}^{N}(EL_i - EL_i')^2} * K \tag{8.1-6}$$

式中：EL_i——方位理论控制角度；

EL_i'——方位遥测角度(也即实际控制角度)；

N——测量的位置个数；

K——机械角和波束角比例因子。

8.2.2 方向图测量

如 8.1 节所述，机械可动点波束天线由于具有二维指向机构在轨可动的能力，通常使用方法(2)通过大范围调整星上天线指向方便地进行天线方向图测试。方法如下：

可动点波束天线零位标定完成后，将电轴和机械轴固有误差通过软件消除，即可以开展天线方向图的测量工作。首先转动反射器将波束指向预定地区，比如北京地面测试站，然后可以根据该地面站测量该位置的天线方向图。根据点波束天线波束宽度大小，转动反射器较大角度进行方向图在方位向和俯仰向不同角度处的电平测量，电平测量值归一化后和仿真结果进行比对，以验证波束形状的正确性，方法与 8.1 节的零位标定类似。

8.3 多波束天线在轨测量

传统通信卫星常采用 C 频段和 Ku 频段，通过一副天线反射面赋形产生一个大区域赋形宽波束覆盖，能满足广播、电视的常规需求。近年来，随着高清电视、宽带互联网、远程医疗教育等业务的高速发展，高通量卫星(HTS)需求迫切，其工作在 Ku 频段、Ka 频段以上频段，其特点如下：

(1)由单波束大面积覆盖变为多个窄波束蜂窝覆盖，可有效提高 EIRP 和 G/T 性能。

图 8.3－1 所示为 50 个 0.8°多波束覆盖，如图中虚线圈所示。

（2）多次频率复用，使有限频谱资源得到充分利用，增大了可用带宽和通信容量。

（3）提供的业务由低速业务及话音业务变为大容量、高速率的多媒体业务。

（4）地面终端小型化、标准化，支持个体终端通信。

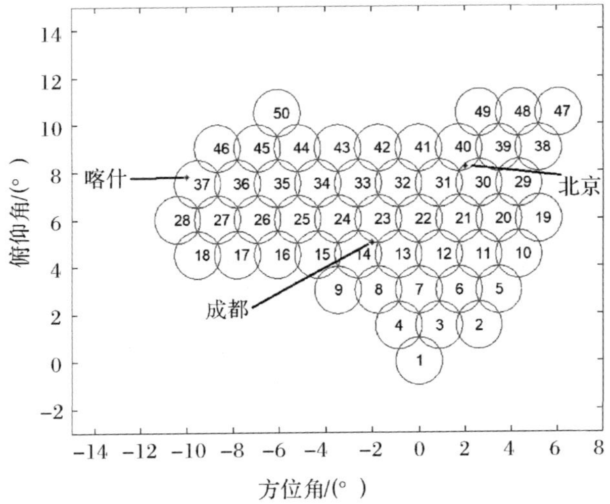

图 8.3－1　多波束覆盖示意图（三个十字为馈电波束：北京、成都、喀什）

高通量卫星通常包含两条通信链路——前向链路和返回链路，又称双跳通信。对应的多波束就包含了馈电链路波束和用户链路波束，通常一个馈电链路波束可以管控多个用户链路波束，覆盖区内的地面用户通过星上用户多点波束上传和接收信息，卫星通过馈电站多点波束与地面馈电站进行数据交换，地面馈电站之间通常使用光缆连接，馈电站与互联网骨干网连接，最终完成地面用户之间的数据交换。图 8.3－2(a)显示了从地面馈电站到地面用户终端通信的前向链路数据示意图，图 8.3－2(b)给出了从地面用户终端到地面馈电站通信的返回链路图示意图。

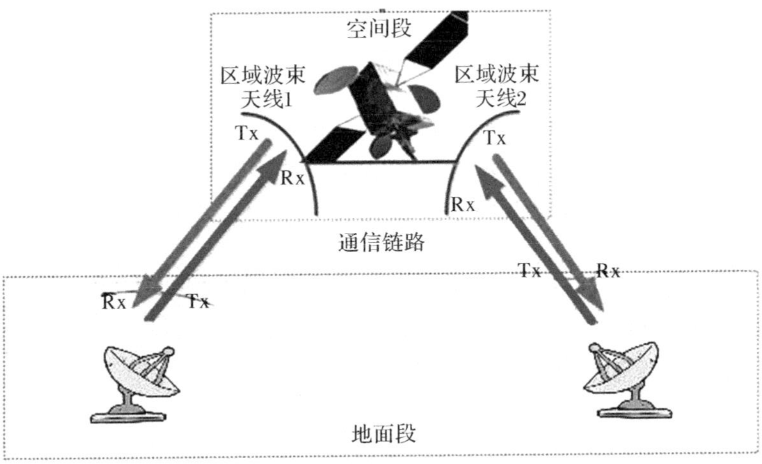

(a)

图 8.3－2　高通量卫星双跳通信示意图

(a)前向链路示意图

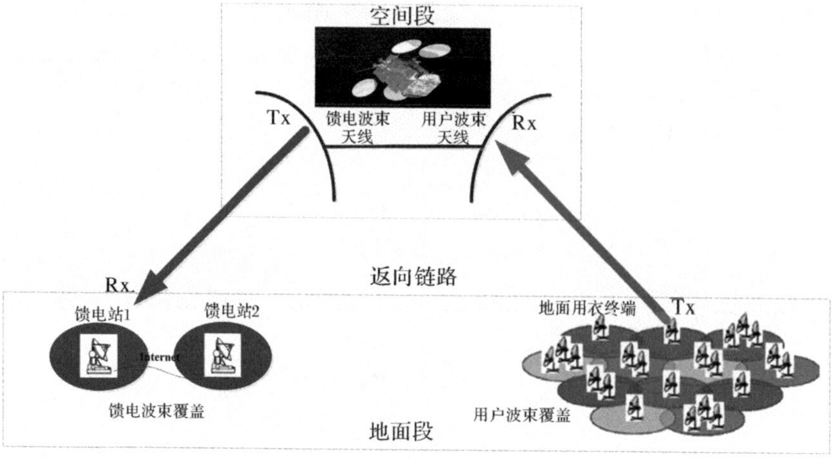

(b)

续图 8.3-2　**高通量卫星双跳通信示意图**

(b)返回链路示意图

多波束天线主要关心的指标是波束方向图特性以及同频多波束干扰的特性，因此下面主要就这两方面在轨测量进行介绍。

8.3.1　方向图测量

1. 多波束天线方向图测试方案

多波束天线在轨测量项目之一是多波束天线方向图特性测量。由于高通量卫星实现双跳通信，且大部分用户多波束与馈电波束不重叠，因此无法完全沿用传统测试方案。虽然馈电波束覆盖范围较小，但考虑到地面馈电站天线功率余量相对较大，可以适当扩大馈电波束的覆盖范围，在卫星偏置使得馈电波束增益下降后仍能满足星上转发器链路通信。由于馈电站通常不在用户波束的中心位置，考虑到用户波束为非赋形波束，天线增益以中心点为中心逐级下降特征明显，因此可以测试用户波束覆盖区两条相互垂直切线来验证方向图的正确性。此外，用户波束天线和馈电天线均为收发共用天线，按测试惯例，仅进行用户波束发射天线方向图的验证测试。加上馈源阵列相对关系固定，因此使用一个馈电站对其周围的几个用户波束方向图进行测试即可。

如果要对距离馈电站位置较远的多个用户波束进行方向图测试，卫星偏置角度较大导致卫星馈电波束增益下降较大，该馈电站无法满足馈电上行链路要求，从而导致不能进行通信测量。目前解决的方法就是在星上设计一个 IOT 物联网全球波束喇叭接入星上馈电链路通道以供在轨方向图测试时使用，由于喇叭在星视地球范围内的增益变化不大(2 dB)，因此卫星偏置测试不同用户波束时，同一馈电站的上行功率能够满足链路使用，这样就能大规模测量几乎所有用户多波束切面方向图。由于受卫星布局、质量等各方面的限制，因此本章仅对没有 IOT 喇叭的多波束测量进行说明。

2. 系统测量框图

系统测量框图如图 8.3-3 所示，地面站上行主要包括信号源、耦合器、功率计和 TWTA(行波管放大器)等，地面站下行主要包括信号源、LNA(低噪声放大器)、耦合器和频谱仪等，还包括收发共用带自跟踪功能的馈电站天线(见图 8.3-4)，若干功率计探头和相关配套电缆。

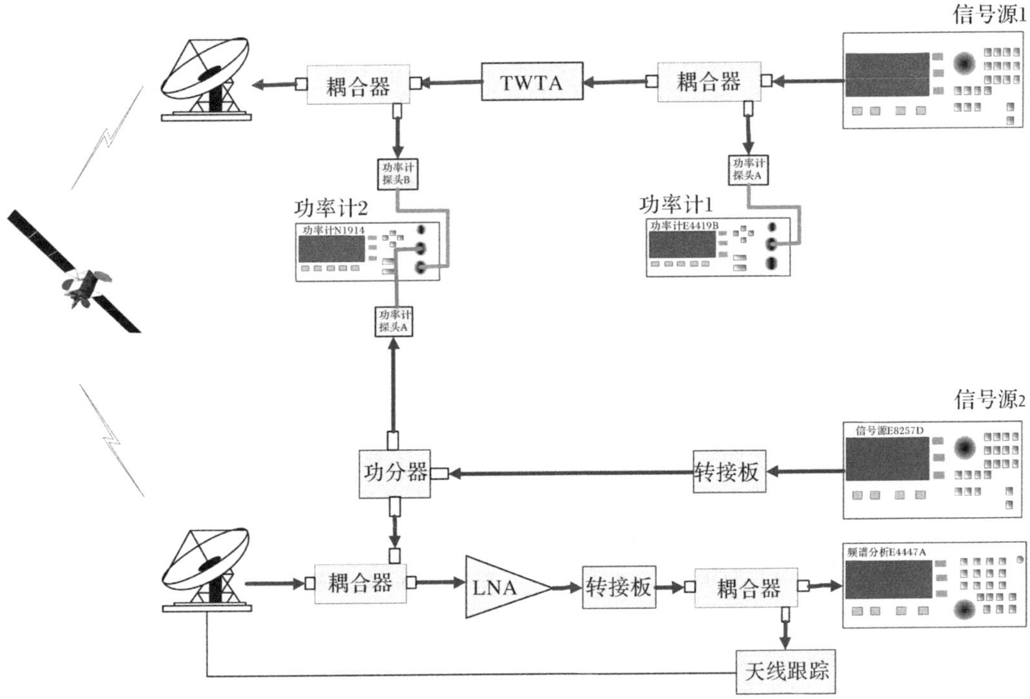

图 8.3-3　**多波束地面测试系统框图**

图 8.3-4　Ka **频段** 13 m **地球站测试天线**

地面测试系统校准如下：

(1)测试原理：由于地面站链路很长，且性能受环境影响很大，不同温度环境下的性能差别对测试结果的影响不可忽略。因此，在轨测试采用准实时校准方法，通过处于天线 HUB(集线器)箱中连接上行耦合口的功率计 2 和连接下行注入口的信号源 2，结合自动测试系统下行功率计和上行信号源，对地面站链路进行精确标校，并将校准量及时注入测试软件中。

(2)测试框图:系统校准测试框图如图 8.3-3 所示。

(3)测试步骤:按图 8.3-3 连接测试用仪器及设备。

上行信号源 1 发射单载波,频率为卫星转发器馈电波束上行频率,读取上行功率计 2 读数,并以一定步长在带内扫频,得到上行链路的路径损耗。

下行信号源 2 发射单载波,频率为卫星转发器用户波束下行频率,读取下行功率计读数,并以一定步长在带内扫频,得到下行链路的路径损耗。

3. 多波束天线方向图测试方法

以下示例是以图 8.3-1 中成都馈电站为测试主站,对其周围的四个用户多波束的下行方向图进行测量,用户多波束编号分别为 13,14,23,24。图 8.3-5~图 8.3-8 中点虚圈为用户波束覆盖,波束宽度为 0.8°,实线为馈电波束增益等值线,"十"字虚线为每个波束测试俯仰角和方位角范围。

测试 24 号波束时,如图 8.3-5 所示,首先通过控制与推进分系统偏置卫星使得 24 号用户波束中心指向成都馈电站,成都站通过地面馈电天线发上行馈电频率信号,卫星馈电波束接收,星上转发器采用自动电平控制模式(ALC),经转发后,由 24 号用户波束下行,成都馈电站使用对应用户频率通道接收。然后通过控制与推进分系统对卫星进行偏置,当卫星偏置某一位置对准到地面站时,地面站记录对该点的功率电平,然后继续调整偏角进入下一点的测量。依次类推,完成所有点测量后对数据进行处理形成切面方向图。偏置的测试范围为±0.8°,图 8.3-5 中左侧边缘和上侧边缘到馈电天线增益 28 dBi 的覆盖范围(满足星上 ALC 动态范围),这样就可以得到 24 号用户波束的方位和俯仰方向切面方向图,和多波束天线在地面测试的结果进行比对,验证了用户多波束天线的功能正确性。

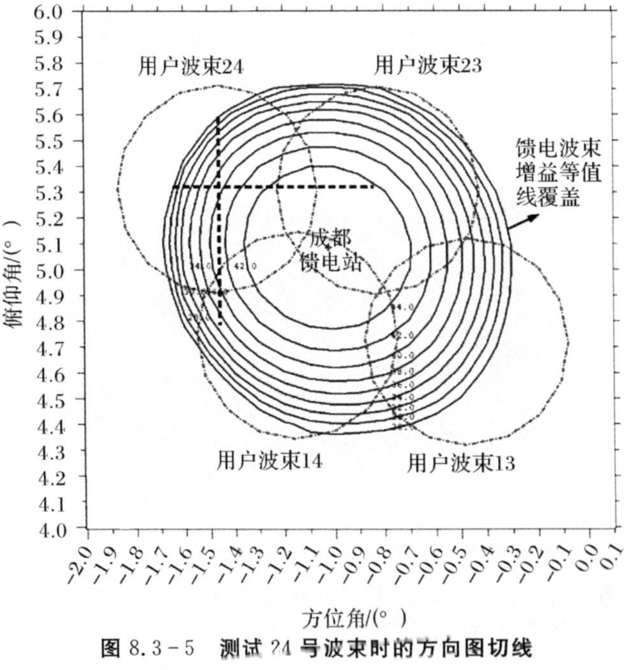

图 8.3-5 测试 24 号波束时的方向图切线

测试 23 号波束时,如图 8.3-6 所示,偏置卫星调整 23 号波束中心,使其波束中心指向成都馈电站。成都站发上行信号,馈电波束接收,星上转发器采用 ALC 模式,经转发后,由

23 号波束下行，成都站接收。测试时沿着过 23 号波束中心方位、俯仰两个方向做切线图，如图 8.3-6 所示。测试范围为±0.8°，上侧边缘到馈电天线增益 28 dBi 的范围（满足星上 ALC 动态范围），左侧、右侧和下侧均大于馈电天线增益 28 dBi。

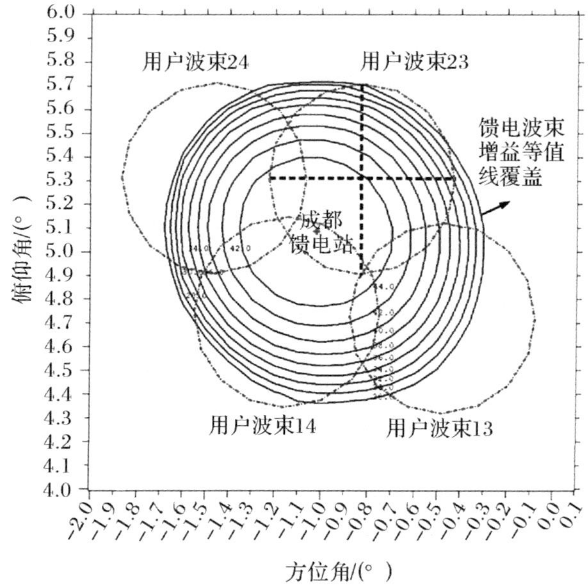

图 8.3-6　测试 23 号波束时的方向图切线

测试 14 号波束时，如图 8.3-7 所示，偏置卫星调整 14 号波束中心，使其波束中心指向成都馈电站。成都站发上行信号，馈电波束接收，星上转发器采用 ALC 模式，经转发后，由 14 号波束下行，成都站接收。测试时沿着过 14 号波束中心方位、俯仰两个方向做切线图，如图 8.3-7 所示。测试范围为±0.8°，左侧边缘和下侧边缘到馈电天线增益 28 dBi 的范围（满足星上 ALC 动态范围）。

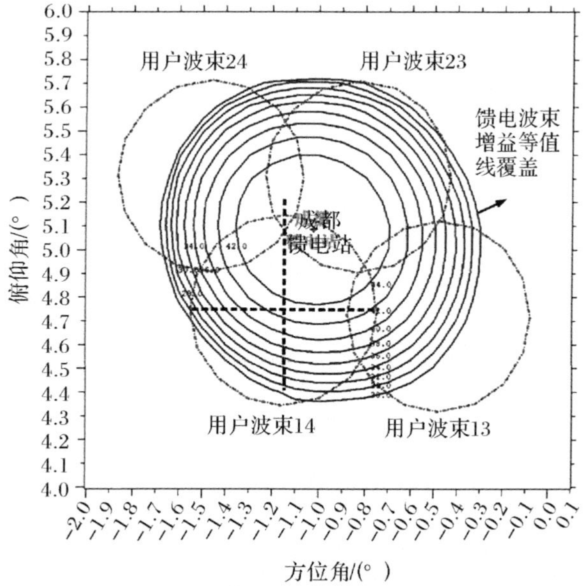

图 8.3-7　测试 14 号波束时的方向图切线

测试 13 号波束时，如图 8.3－8 所示，考虑到 13 号波束中心与星上馈电天线边缘(增益为 28 dBi)较近，为了满足馈电链路通信要求，以 13 号用户波束中心到该波束左侧边缘距离的一半对应的点为基点，偏置卫星调整该点指向成都。成都站发上行信号，馈电波束接收，星上转发器采用 ALC 模式，经星上转发后，由 13 号波束下行，成都站接收。测试时分别沿着过 13 号基点方位方向和俯仰方向做切线图，如图 8.3－8 所示，测试范围为±0.8°，下侧边缘和右侧边缘到馈电天线增益 28 dBi 的范围(满足星上 ALC 动态范围)。

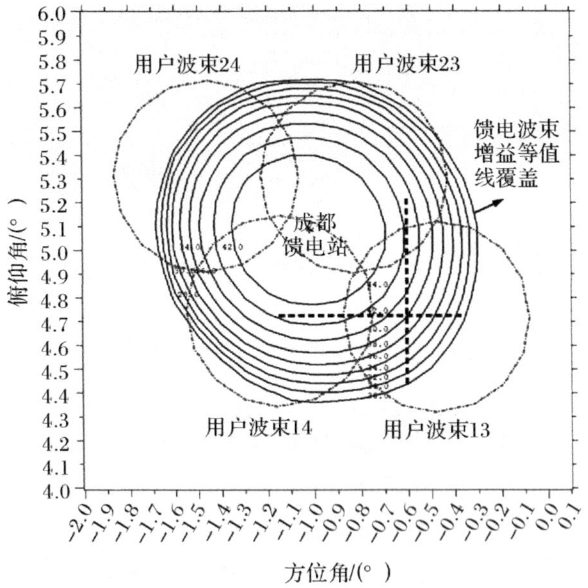

图 8.3－8　测试 13 号波束时的方向图切线

8.3.2　同频波束载干比(C/I)测量

高通量卫星主要特点是采用多点波束和波束频率极化复用，同频波束主要指使用同一频率、极化可以相同也可以不同的那些波束，如图 8.3－9 所示。多波束天线设计上主要通过波束的空间隔离以减少相互干扰实现频率复用，同频波束载干比(C/I)是衡量卫星通信容量的主要指标之一。图 8.3－10 给出了同频波束干扰的示意图，干扰来自于同频同极化主波束干扰以及同频反极化的交叉极化干扰，同时给出了 C/I 的计算公式：

$$\left[\frac{C}{I}(d)\right]_{d\text{-}L_iN_d}(X_k^d) = 10\lg\left\{10\left\{\frac{g_d^{\text{co}}(X_k^d)}{\sum\limits_{i=1}^{N_i}\left[g_i^{\text{co}}(X_k^d) + g_i^{\text{cross}}(X_k^d)\right]}\right\}\right\} \tag{8.3-1}$$

式中：　d——本次计算波束；

i——本次计算波束的干扰波束；

X_k^d——d 波束内的 k 点；

$g_d^{\text{co}}(X_k^d)$——d 波束在 d 波束内 k 点的主极化发射增益；

$g_i^{\text{co}}(X_k^d)$——i 波束在 d 波束内 k 点的主极化发射增益；

$g_i^{cross}(X_k^d)$——i 波束在 d 波束内 k 点的交叉极化发射增益（该 i 波束的主极化是 d 波束的同频反极化）；

N_d——计算 d 波束数量；

N_i——干扰波束数量。

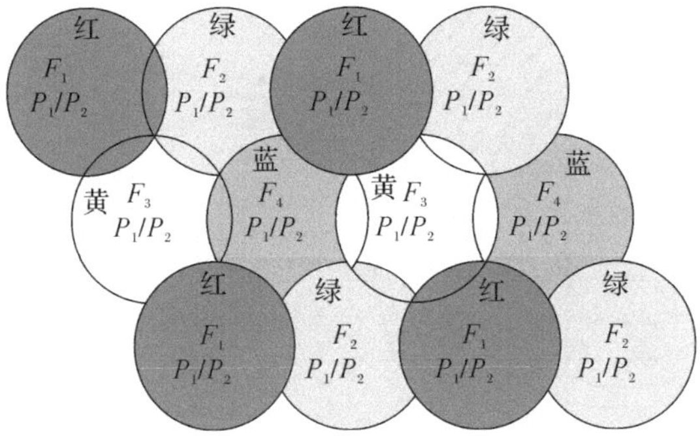

（F—频率；P—极化；/—或）

图 8.3-9　多波束天线四色复用示意图

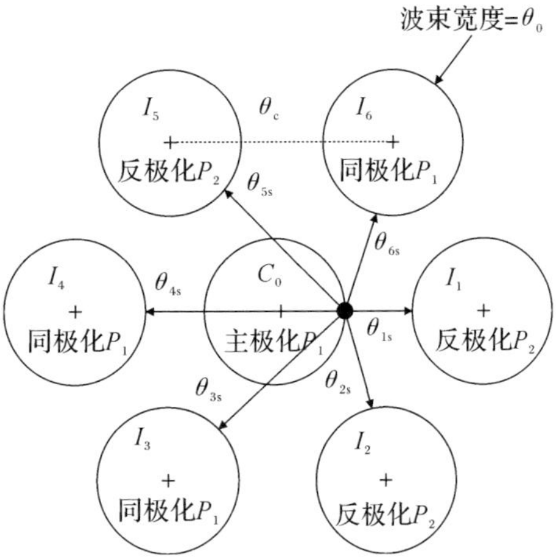

图 8.3-10　同频波束载干比示意图

针对中国国土多波束覆盖，给出了一种四色复用示意图，如图 8.3-11 所示。图中相同颜色代表频率相同，极化可以相同也可以不同。其中，成都馈电站管控用户波束 7，9，21，23，北京馈电站管控用户波束 5，19，39，41，喀什馈电站管控用户波束 25，27，43，45。

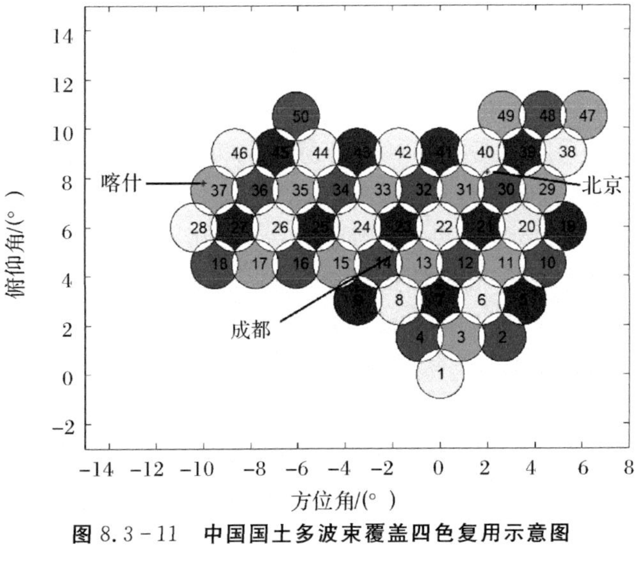

图 8.3-11　中国国土多波束覆盖四色复用示意图

下面以 23 号波束的 C/I 测试来进行在轨测试说明。如图 8.3－12 所示，测试 23 号波束时，沿着过 23 号用户波束中心在方位、俯仰两个方向做切线。方位方向的测试范围为：切线右侧延伸至成都站馈电波束天线增益 28 dBi 的位置，切线左侧延伸至 23 号用户波束增益降到 28 dBi 的位置；俯仰方向的测试范围为：切线上侧延伸至馈电天线增益 28 dBi 的位置，切线下侧延伸至 23 号用户波束增益降到 28 dBi 的位置，测试切线见图中虚线。

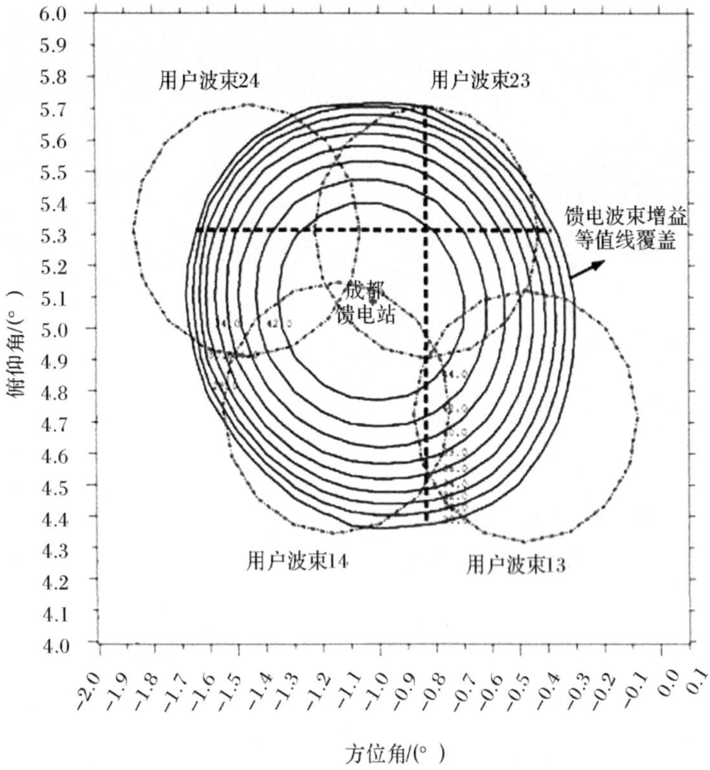

图 8.3－12　23 号波束的 C/I 测试切线图

C/I 在轨测试方法为：

(1)偏置卫星调整 23 号波束中心，使其波束中心指向成都馈电站。成都馈电站发送 23 号波束上行载波信号，馈电波束接收，星上转发器采用 ALC 模式，经转发后，由 23 号波束下行，成都馈电站接收星上 23 号波束的下行载波功率，得到主波束能量 C。然后关闭成都馈电站发送的 23 号波束上行载波信号。

(2)北京、成都、喀什三个馈电站同时发送其他干扰波束同频同极化以及同频反极化的上行信号，星上转发器均采用 ALC 模式，如图 8.3－13～图 8.3－15 所示，即：北京发送 5 号、19 号、39 号和 41 号波束上行信号，成都发送 7 号、9 号和 21 号波束上行信号，喀什发送 25 号、27 号、43 号和 45 号波束上行信号，成都馈电站接收 11 个波束的总的干扰功率，得到 I_t。

(3)计算得到该点 C/I 为载波功率和总干扰功率的比值。

(4)卫星按照图 8.3－12 所示的范围进行偏置，使 23 号波束在方位和俯仰方向扫描切面，重复上述工作，可以测得切线上每个采样点的 C/I，最后可以绘制出 23 号波束的 C/I 曲线，并和地面测量结果进行比对。

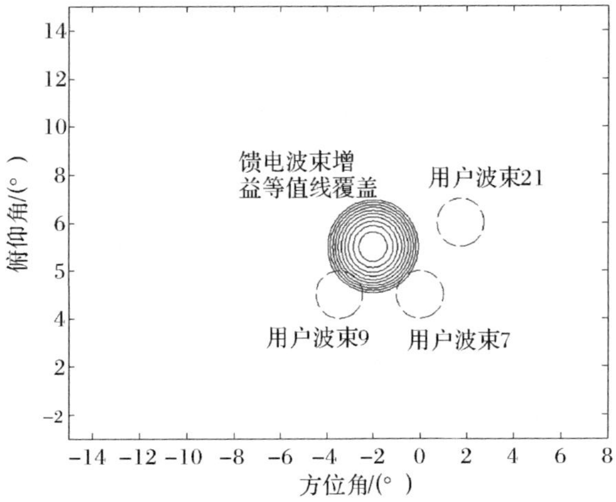

图 8.3-13　测试 19 号波束 C/I 时，成都站所管理波束的仿真图

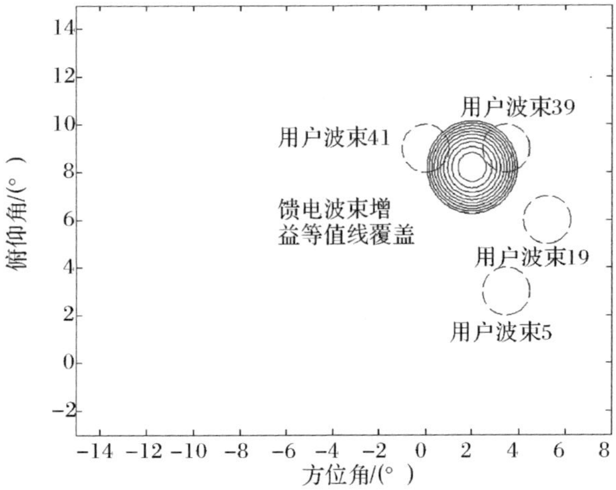

图 8.3-14　测试 19 号波束 C/I 时，北京站所管理波束的仿真图

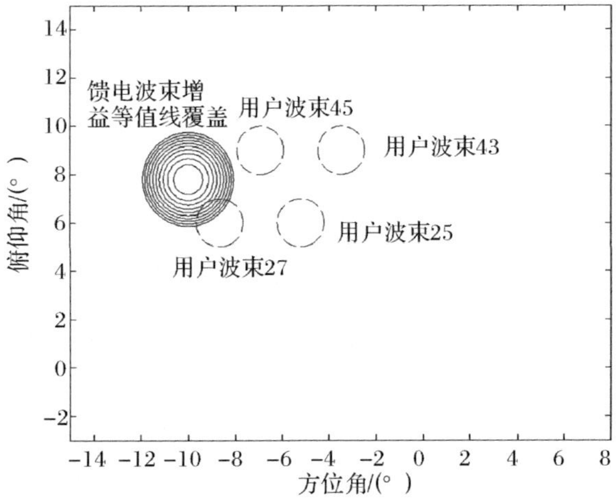

图 8.3-15　测试 19 号波束 C/I 时，喀什站所管理波束的仿真图

参 考 文 献

[1] 许国庆，毛新宏，贺中人，等．同步轨道通信卫星天线覆盖图在轨测试方法[J]．飞行器测控学报，2013(3)：7.